THE SERIES OF TEACHING MATERIALS FOR THE 14TH FIVE-YEAR PLAN OF "DOUBLE-FIRST CLASS" UNIVERSITY PROJECT
“双一流”高校建设“十四五”规划系列教材

U0829810

WUSHUI CHULI DASHUJU
MONI YU YOUHUA

污水处理大数据模拟与优化

主　编　杨永奎
副主编　赵　林

天津大学出版社
TIANJIN UNIVERSITY PRESS

图书在版编目（CIP）数据

污水处理大数据模拟与优化 / 杨永奎主编 ; 赵林副主编. -- 天津 : 天津大学出版社, 2024. 12. -- （“双一流”高校建设“十四五”规划系列教材）. -- ISBN 978-7-5618-7891-0

Ⅰ. X703

中国国家版本馆CIP数据核字第2024XH1249号

出版发行	天津大学出版社
地　　址	天津市卫津路92号天津大学内（邮编：300072）
电　　话	发行部：022-27403647
网　　址	www.tjupress.com.cn
印　　刷	廊坊市瑞德印刷有限公司
经　　销	全国各地新华书店
开　　本	787mm×1092mm　1/16
印　　张	12.5
字　　数	320千
版　　次	2024年12月第1版
印　　次	2024年12月第1次
定　　价	48.00元

前　言

当前正处于我国生态文明建设的关键时期，可持续发展与碳达峰碳中和，对污水和地下水处理过程提出了减污降碳协同增效的更高要求。其中，处理工艺的多要素在线监测、全过程数字化分析和智能化调控是关键。本书在介绍污水和地下水处理工艺和技术的基础上，适应目前减污降碳和智能控制的时代发展趋势，建立了基于在线实时监测和大数据分析的处理过程模拟和工艺智能控制知识框架。

本书首先介绍了水质自动连续监测技术；然后介绍了水质软测量监测技术；进而介绍了基于大数据的机器学习模拟；然后依次介绍了污水处理传统活性污泥工艺、缺氧-好氧工艺（AO 工艺）、厌氧-缺氧-好氧工艺（AAO 工艺）、间歇式活性污泥工艺、氧化沟工艺、物理化学工艺和多相抽提工艺的模拟及优化；最后介绍了污水处理数据可视化与过程智能控制。

本书由天津大学环境科学与工程学院杨永奎任主编，总体统筹编写工作；天津大学环境科学与工程学院赵林任副主编。全书共分为 12 章。第 1 章由杨永奎负责，刘嘉澍参与编写；第 2 章由杨永奎负责，马晓珂参与编写；第 3 章由杨永奎负责，李洋参与编写；第 4 章由杨永奎负责，赵文参与编写；第 5 章由杨永奎负责，罗潇参与编写；第 6 章由赵林负责，李一晗参与编写；第 7 章由赵林负责，王语姝参与编写；第 8 章由赵林负责，张缘参与编写；第 9 章由赵林负责，黄俊翔参与编写；第 10 章由赵林负责，曲森参与编写；第 11 章由杨永奎负责，耿宏志参与编写；第 12 章由杨永奎负责，张缘参与编写。

在本书的编写过程中，参考并引用了前人的部分研究成果，在此对所引用资料的所有作者、单位及相关人员表示感谢。

由于编者水平和时间有限，书中难免存在错误和疏漏之处，恳请同行专家和广大读者批评指正。

编者

2024 年 7 月于天津

目　　录

第 1 章　绪论 …… 1
1.1　水质在线实时监测方法 …… 1
1.2　工艺模拟和大数据分析概述 …… 2
第 2 章　水质自动连续监测技术 …… 4
2.1　有机物指标 …… 4
2.1.1　化学需氧量 …… 4
2.1.2　生化需氧量 …… 6
2.2　固体浓度 …… 6
2.2.1　悬浮物 …… 6
2.2.2　混合液悬浮固体 …… 7
2.3　氮和磷 …… 8
2.3.1　总氮 …… 8
2.3.2　氨氮 …… 9
2.3.3　硝酸盐氮和亚硝酸盐氮 …… 11
2.3.4　可溶性正磷酸盐 …… 11
2.3.5　总磷 …… 12
2.4　溶解氧和呼吸速率 …… 13
2.4.1　溶解氧 …… 13
2.4.2　呼吸速率 …… 15
2.5　pH 值 …… 15
2.6　温度和流量 …… 16
2.6.1　温度 …… 16
2.6.2　流量 …… 18
2.7　生物毒性 …… 19
2.7.1　基于传统水生生物的毒性指标 …… 19
2.7.2　基于发光细菌的毒性指标 …… 21
参考文献 …… 22
第 3 章　水质软测量监测技术 …… 24
3.1　污水处理中的软测量技术基础 …… 24
3.1.1　软测量技术的内涵 …… 24
3.1.2　软测量技术的基本环节 …… 24
3.2　污水处理中的软测量建模方法 …… 26
3.2.1　软测量建模方法概述 …… 26

3.2.2 基于统计回归的污水处理软测量模型……26
3.2.3 基于人工神经网络的污水处理软测量模型……31
3.2.4 基于深度学习的污水处理软测量模型……37
3.3 污水处理中的软测量模型应用……39
3.3.1 BOD 软测量模型……39
3.3.2 TN 软测量模型……42
3.3.3 TP 软测量模型……43
参考文献……46
第 4 章 基于大数据的机器学习模拟……48
4.1 数据驱动的机器学习模型概述……48
4.1.1 数据驱动的机器学习原理……48
4.1.2 传统机器学习模型……49
4.1.3 深度机器学习模型……49
4.1.4 强化机器学习模型……50
4.2 污水处理过程数据的获取与预处理……51
4.2.1 数据的获取……51
4.2.2 数据清洗……51
4.2.3 数据转换……51
4.2.4 数据插值……52
4.2.5 数据降维……52
4.3 机器学习在污水处理工艺水质预测模拟中的应用……53
4.3.1 常规污染物……53
4.3.2 特征污染物……54
4.3.3 复合污染物……54
4.4 机器学习在污水处理过程控制中的应用……54
4.4.1 污水处理过程的优化……55
4.4.2 污水处理工艺的过程控制……56
4.4.3 污水处理过程的故障诊断与预警……57
4.4.4 污水处理过程的成本控制……58
参考文献……59
第 5 章 污水处理传统活性污泥工艺模拟与优化……61
5.1 活性污泥法模型的发展过程……61
5.1.1 活性污泥法模型形成的背景……61
5.1.2 活性污泥法模型的成熟与改良……62
5.2 活性污泥法模型的建立过程……63
5.2.1 活性污泥法建模要素……63
5.2.2 活性污泥法模型构建……63
5.3 活性污泥法模型的选择与求解……65
5.3.1 模型选择的原则……65

5.3.2 模型数学解析方法的选择……65
5.3.3 模型稳态求解及初值确定……66
5.4 活性污泥法的综合计算模型……67
5.4.1 活性污泥法 1 号模型……67
5.4.2 活性污泥法 2 号模型……67
5.4.3 活性污泥法 2D 模型……68
5.4.4 活性污泥法 3 号模型……68
5.5 基于活性污泥模型的计算软件……69
参考文献……71
第 6 章 污水处理 AO 工艺模拟及优化……73
6.1 AO 工艺的过程控制和优化……73
6.1.1 控制目标、参数和变量……74
6.1.2 脱氮影响因素分析……76
6.2 基于 FCASM3-Hydro 耦合模型的 AO 处理模拟……79
6.2.1 FCASM3-Hydro 耦合模型假设……79
6.2.2 FCASM3-Hydro 耦合模型建立……80
6.2.3 FCASM3-Hydro 耦合模型应用……80
6.3 基于神经网络和 ASM2D 复合模型的水质预测模拟……83
6.3.1 水质预测的必要性……83
6.3.2 水质预测方案……84
6.3.3 水质预测仿真系统……87
6.3.4 水质预测效果分析……91
6.4 基于两级模糊神经网络的溶解氧优化模拟……92
6.4.1 溶解氧控制方案……92
6.4.2 溶解氧控制效果分析……93
6.5 基于动态模糊神经网络的回流比优化模拟……94
6.5.1 回流比控制方案……94
6.5.2 回流比控制效果分析……94
参考文献……94
第 7 章 污水处理 AAO 工艺模拟及优化……96
7.1 AAO 工艺的过程分析……96
7.1.1 AAO 工艺的过程控制分析……96
7.1.2 AAO 工艺的影响因素分析……98
7.2 基于 FCASM3-Hydro-Temp 耦合模型的 AAO 工艺过程模拟……101
7.2.1 AAO 工艺 FCASM3-Hydro-Temp 耦合模型假设……101
7.2.2 AAO 工艺 FCASM3-Hydro-Temp 耦合模型建立……101
7.2.3 AAO 工艺 FCASM3-Hydro-Temp 耦合模型应用……102
7.3 基于 ASM2D 模型的水质预测模拟优化……105
7.3.1 基于 WEST 软件的模型构建……105

7.3.2 模型参数灵敏度分析 …… 106
7.3.3 模型出水水质预测分析 …… 106
7.4 基于 ASM3P 模型的内回流比模拟优化 …… 112
7.4.1 内回流比控制方案 …… 112
7.4.2 内回流比控制效果分析 …… 112
7.5 基于自适应模糊神经网络的溶解氧模拟优化 …… 113
7.5.1 溶解氧浓度控制方案 …… 113
7.5.2 溶解氧浓度控制效果分析 …… 113
参考文献 …… 114
第 8 章 污水处理间歇式活性污泥工艺模拟及优化 …… 115
8.1 基于模糊逻辑控制的 SBR 系统模拟 …… 115
8.1.1 SBR1 反应阶段的模糊控制 …… 115
8.1.2 SBR2 反应阶段的模糊控制 …… 120
8.2 基于学习和优化的智能控制的 SBR 工艺模拟 …… 121
8.2.1 基于 BP 神经网络的 SBR 工艺模拟 …… 121
8.2.2 基于仿人智能控制的 SBR 工艺模拟 …… 123
8.3 智能化 SBR 污水处理系统的设计与实现 …… 126
8.3.1 SBR 工艺自动控制系统的常用形式 …… 126
8.3.2 SBR 处理技术对自控系统的要求及选择 …… 127
8.3.3 PROFIBUS 网络配置需求 …… 128
8.3.4 控制系统结构及运行模式需求 …… 129
8.3.5 控制系统软件需求 …… 130
参考文献 …… 130
第 9 章 污水处理氧化沟工艺模拟及优化 …… 132
9.1 氧化沟工艺简介 …… 132
9.1.1 工艺原理 …… 132
9.1.2 工艺类型 …… 133
9.1.3 技术特征 …… 133
9.1.4 工艺特点 …… 133
9.2 氧化沟工艺污水处理厂现场试验 …… 134
9.2.1 污水处理厂概况 …… 134
9.2.2 常规水质指标监测 …… 135
9.2.3 进水 COD 组分监测 …… 136
9.2.4 水力弥散系数测定 …… 136
9.3 氧化沟工艺污水处理厂多场耦合模型研究 …… 137
9.3.1 FCASM4 模型的建立 …… 137
9.3.2 FCASM4-Hydro 耦合模型的建立 …… 137
9.3.3 FCASM4-Hydro-Temp 耦合模型的建立及校核 …… 138
9.3.4 FCASM4- Hydro-Temp 耦合模型数值模拟运用 …… 139

9.3.5 FCASM4-Hydro-Temp 耦合模型数值模拟结果 …… 141
9.3.6 最佳工艺组合筛选 …… 141
9.4 基于人工神经网络的氧化沟工艺水质预测模型研究 …… 143
9.4.1 人工神经网络概述 …… 143
9.4.2 基于 LSTM 神经网络的 COD、NH_4^+ -N 和 TP 水质预测模型 …… 144
9.4.3 基于改进 BP 神经网络的 TN 和 TP 水质预测模型 …… 146
9.4.4 基于 RBF 和 DRNN 组合神经网络的 BOD 水质预测模型 …… 148
参考文献 …… 149
第 10 章 污水处理物理化学工艺模拟及优化 …… 150
10.1 重力沉降工艺模拟及优化 …… 150
10.1.1 重力沉降工艺模拟 …… 150
10.1.2 重力沉降罐结构优化 …… 154
10.2 溶气气浮工艺模拟及优化 …… 156
10.2.1 溶气气浮工艺模拟 …… 156
10.2.2 溶气气浮单元结构优化 …… 158
10.3 过滤工艺模拟及优化 …… 161
10.3.1 过滤工艺模拟 …… 161
10.3.2 过滤布水工艺优化 …… 163
10.4 用于混凝工艺的模糊神经网络模拟 …… 164
10.4.1 混凝工艺出水水质预测系统模拟 …… 164
10.4.2 混凝工艺加药控制系统模拟 …… 166
10.5 用于高级氧化工艺的 BP 神经网络模拟 …… 167
10.5.1 高级氧化工艺出水水质预测系统模拟 …… 167
10.5.2 高级氧化工艺加药控制系统模拟 …… 168
参考文献 …… 170
第 11 章 污染地下水多相抽提工艺模拟及优化 …… 171
11.1 污染地下水 MPE 技术的原理、工艺流程和应用场景 …… 171
11.1.1 技术原理 …… 171
11.1.2 工艺流程 …… 172
11.1.3 应用场景 …… 172
11.2 多相抽提技术中的多相流数值模拟 …… 173
11.2.1 模型概化及参数设置 …… 173
11.2.2 污染多相流数学模型 …… 174
11.2.3 污染多相流 TMVOC 模型 …… 176
11.3 多相抽提技术中的工艺参数优化模型 …… 177
11.3.1 构建 MPE 优化算法 …… 177
11.3.2 建立输入文件与读取模型数据 …… 177
11.3.3 编码参数集 …… 178

11.3.4 运行并读取结果 …… 178
11.3.5 优化计算结果 …… 178
参考文献…… 179
第 12 章 污水处理数据可视化与过程智能控制 …… 181
12.1 污水处理数据可视化与过程智能控制概述…… 181
12.2 污水处理数据可视化技术体系 …… 181
12.2.1 工艺数据分析技术流程 …… 181
12.2.2 工艺数据的采集、预处理与建模…… 181
12.2.3 工艺数据可视化监测系统设计 …… 182
12.3 城市智慧污水处理厂 …… 184
参考文献…… 186

第 1 章　绪论

1.1　水质在线实时监测方法

水质在线实时监测的常用方法包括化学法、光谱法、生物法、软测量法等。

1. 化学法

化学法利用化学反应和物理化学反应来精确测定水样中的各种成分，涵盖滴定法、分光光度法、电化学法等，每种方法都有其独特的优势和应用场景。滴定法通过精确的化学计量关系，可以准确测定水样中的特定离子或化合物的含量。分光光度法利用物质对光的吸收特性，通过测量吸光度来计算物质的浓度，适用于多种水质参数的检测。电化学法通过测量电导率、电位等电学参数，反映水样中溶解性离子的含量和氧化还原状态。化学法以其高精确度、高稳定性和广泛的适用性，在水质监测领域发挥着不可替代的作用。

2. 光谱法

光谱法利用光学原理，通过测量水样对光的吸收、散射以及荧光等特性来评估水质。其中，紫外-可见分光光度法是最常用的光谱分析技术之一，它能够快速、准确地测定多种水质参数。光纤光谱仪等现代光学仪器的发展，使光谱法在水质在线实时监测中得到广泛应用。光谱法具有非接触、实时、多参数同时监测等优点，能够实现对水质的快速、全面评估。此外，光谱法还具有灵敏度高、重现性好等特点，能够准确反映水质变化，为水质管理和保护提供有力支持。

3. 生物法

生物法利用水生生物对水体污染物质的敏感性和适应性，通过观察生物的生长、繁殖及行为变化来评估水质。这种方法不仅能够反映水样的物理化学性质，还能够揭示水体的生态健康状况。例如，通过监测鱼类等水生生物的存活率、生长速度等指标，评估水体中有毒有害物质的含量；通过观察微生物群落结构和功能的变化，了解水体的自净能力和污染程度。生物法具有灵敏度高、特异性强的特点，能够直观地反映水体的综合污染状况。同时，生物法还具有操作简单、成本低廉等优点，适用于各种规模的水质监测工作。然而，需要注意的是，生物法受到生物种类、环境条件等多种因素的影响，因此在应用过程中需要综合考虑各种因素，以确保监测结果的准确和可靠。

4. 软测量法

软测量法采用间接测量的思路，通过选择与难以直接测量的水质变量密切相关的易测辅助变量，基于统计回归、人工神经网络、深度学习等方法，建立污水处理水质指标的软测量模型，并对模型进行校正优化，从而构建辅助变量与难以直接测量的待测变量间的数学关系，实现污水处理过程的计算机实时监测和预报，实现污水处理出水的优化排放。

1.2 工艺模拟和大数据分析概述

机器学习方法的核心在于利用选定的模型对输入数据进行深入学习，从复杂的数据集中提取有价值的特征和信息，归纳出合理的趋势，进而准确地进行数据预测。由于研究的复杂性，构建数据驱动的模型成为一种有效的研究手段。这种方法允许在预测值与实测值之间存在偏差时，重新调整模型参数或结构，提高预测的准确性和可靠性。机器学习方法能够有效地处理大数据，进行非线性回归、分类、预测、异常数据点诊断以及为多目标系统寻找最优决策方案，是解决复杂工程问题的重要工具。此外，机器学习方法具有较高的容错性，能够适应输入数据的较大变化，特别是在污水处理领域，机器学习方法已被广泛应用于解决实际工程问题，如提高水质预测的准确率，提高故障诊断和调控效率，取得了显著进展。

传统活性污泥工艺涉及多种生物化学反应（简称“生化反应”）过程，对该工艺进行模拟，需要将实际的生化反应过程转化为相应的概化模型，即以一系列数学模型表达反应过程。基于活性污泥法确定的数学模型是对该工艺控制程序开展大数据训练与模拟的基础。活性污泥模型（ASMs）是国际水污染研究与控制协会提出的活性污泥法综合性模型，以ASMs为基础的污水处理模拟与优化控制软件可以通过衔接大数据相关技术，实现污水处理优化运行管理的智能化控制。

对于缺氧-好氧（AO）污水处理工艺，全耦合活性污泥模型 ASM2 利用改进的两步硝化-反硝化理论描述脱氮过程，并指出生物除磷过程是由非反硝化聚磷菌、反硝化聚磷菌和聚糖菌共同实现的，同时认为水解过程是所有异养微生物共同作用的结果。基于神经网络的水质预测模型的优点在于可较好地处理非线性、非稳态、多因素复杂水质变化过程以及通过数据的训练和学习来优化模型预测结果。与此同时，ASM2 模型能对有机物、氮、磷的去除过程进行模拟，这弥补了先前模型无法描述除磷过程的缺点。

全耦合活性污泥模型同样可用于厌氧-缺氧-好氧（AAO）工艺，通过建立活性污泥系统生物去除营养物质的细观机理模型 ASM2D，引入硝化-反硝化过程的中间产物亚硝酸盐，实现了对两步硝化-反硝化过程的模拟。ASM2D 模型可以定量描述活性污泥系统中的有机物降解、氮转化和磷循环等过程，在 ASM2 模型基础上增加了聚磷菌的反硝化反应过程，对除磷过程的描述更加完备。

在序批式活性污泥法（SBR）工艺中，模糊逻辑控制和神经网络预测技术的应用优化了处理效率和稳定性。通过模糊化处理复杂的污水处理过程，模糊逻辑控制器智能调节曝气量，确保系统在不同操作条件下的最佳性能。神经网络则利用其优势，预测各项关键参数的变化，如化学需氧量（COD）和溶解氧（DO）值，进而优化曝气设定。这些先进技术的结合，提升了 SBR 工艺的智能化管理水平，为实际污水处理工程的优化提供了可靠的理论和技术支持

对于污水处理氧化沟工艺，FCASM4 模型在 FCASM3 模型的基础上，考虑了活性污泥系统中可能存在的物理化学（简称“物化”）过程、厌氧消化过程，将模型原有的有机碳转化理论、直接利用理论替换为直接利用理论与储存理论相结合的新的有机碳转化理论。此外，FCASM4 模型还将易生物降解基质 S_s 细分为乙酸 S_A、丙酸 S_{PRO} 及可发酵的有机物 S_F。通

过引入人工神经网络模型为治理污水提供了新途径。神经网络技术不仅能预测污水水质的关键参数，为污水处理厂的调控提供依据，还能减少水质未达标排放情况发生的次数，加快水资源再利用进程。

在污水处理物化工艺中，数值模拟是指通过计算机结合数值计算和图像显示的方法，完成对工程、物理、化学等各类问题的研究。神经网络是一种运算模型，其借助计算机从信息处理角度对人脑神经元网络进行模拟，从而建立某种简单模型，按照不同连接方式构成不同神经网络。近年来，数值模拟和神经网络技术已广泛应用于气象、水文、污染排放预测等非线性预测领域，并已成功解决许多实际问题，表现出良好的智能特性。

对于污染地下水多相抽提工艺，多相抽提（MPE）技术作为当前国内外处理工业场地地下水有机污染的主要技术之一，通过抽取污染区域的地下水和非水相液体（NAPL）污染物到地面进行分离、处理，达到迅速控制并修复污染的效果。MPE 对环境扰动小，应用灵活，适用于中低渗透性（渗透系数 K 为 10^{-5}~10^{-3} cm/s）土质的修复，对挥发性较强的污染物及 NAPL 污染物具有较好的修复效果。MPE 技术结合多相流数值模型，模拟有机污染物在不同水文地质条件下的迁移转化过程，为研究地下水中有机物的污染与防治提供科学依据。

第 2 章　水质自动连续监测技术

2.1　有机物指标

2.1.1　化学需氧量

化学需氧量（COD）是环境水质标准及污水、废水排放标准的控制项目之一。一般是在恒定条件下，由物质的氧化能力及氧化速度，间接反映水中污染物质的含量，即根据耗去的物质的量，求得污染物的化学需氧量。测量 COD 所使用的物质需氧化能力强、氧化速率高，通常使用高锰酸钾或重铬酸钾（测得的 COD 分别用 COD_{Mn} 和 COD_{Cr} 表示）。这种基于氧化反应的试验方法，需要一定的氧化条件，对试样的体积，所用物质的种类、数量，加热的方法、温度、时间，容器形状，进行氧化的液体特性和反应终点的确定方法，数据的表示方法，等等，均有规定。

作为水质监测分析中最常测定的项目，COD 是评价水体污染的重要指标之一。对于河流和工业废水的研究及污水处理厂的处理效果评价，COD 是一个重要而相对易得的参数，它反映水中还原性物质的含量，是环境监测中的必测项目。为此，发明一些快速、完善、可靠的 COD 测定方法已成为广大环境科研工作者努力的目标。近年来，对 COD 测定方法的研究，包括改进标准法以及研发其他 COD 快速测定方法，都已取得了一定的进展。《化学需氧量（COD_{Cr}）水质在线自动监测仪技术要求及检测方法》（HJ 377—2019）规定了 COD_{Cr} 水质在线自动监测仪的技术要求、性能指标及检测方法。

2.1.1.1　化学法

考虑到 COD 数据的累积性和连续性，应尽可能使试验自动化。COD 自动测定仪器由试样采集器、试样计量器、氧化剂溶液计量器、氧化反应器、反应终点测定装置、数据显示仪、试验溶液排出装置、清洗装置以及程序控制装置等组成。测定仪器的核心是氧化反应器和反应终点测定装置。反应终点测定可采用电化学分析法或分光光度法，主要采用电化学分析法，其测定原理如下：在水样中加入已知量的重铬酸钾溶液，并在强酸介质中以银盐作催化剂，经沸腾回流后，用硫酸亚铁铵滴定水样中未被还原的重铬酸钾，由消耗的硫酸亚铁铵的量换算出消耗的氧的质量浓度，即根据硫酸亚铁铵的用量计算出水样的化学需氧量。

COD 自动测定仪器的工作流程如下。①废水采样，用离心泵或潜水泵进行一级抽提，用蠕动泵进行二级抽提，进行 20 mL 定量采集。②加入溶液，使用全气动方式将各种腐蚀性较强的溶液分别压到定量瓶中，将定量后的各种溶液和水样压入消解瓶中。③向水样中加入 $K_2Cr_2O_7$、H_2SO_4 等，置于恒温电热板上进行加热氧化消解，回流以风冷和水冷相结合的方式完成。④加入试亚铁灵指示剂，然后再用硫酸亚铁铵对消解后的溶液进行氧化还原滴定，并由计算机控制的精密注射泵完成氧化还原滴定的数据计量，由光电信号准确测得滴定终点。⑤废液由特制的耐酸玻璃电磁阀排放。用蒸馏水清洗管路后,返回初始状态进行下一循环过程。整个检测过程按国家标准在计算机控制下自动完成。采集的数据经处理后,由计算机显示结果,并进行打印、存储,从而完成工业废水 COD 的自动检测。

COD 自动测定仪器间歇地对流动检测溶液取样并自动测定,整个过程由相当复杂的分析程序构成,包括检测溶液的自动输送、计量、稀释,各种试剂溶液的计量、输送、注入,氧化反应、反应终点的自动检测,COD 数据的自动显示以及反应槽等的自动清洗等。有 COD 自动测定仪器内部设置检测水槽的,也有采用靠旁通管在试样计量前通水的。因为存在水垢及微生物附着,所以需要经常清洗。由移液管采集、计量、检测试样及试剂溶液的手工操作改为自动操作的原理已有一系列的论述,本书只对 COD 自动测定仪器中处于流动状态的试样溶液及储存在容器内的试剂溶液的间歇采集、计量方法加以介绍。

试样和试剂的采集、计量、输送大致有以下两种方法。

(1)利用自然水压的溢流计量法:试样槽内经常变化的试样,经电磁阀被导入试样计量管并从溢流口溢流。用计时器确定电磁阀的开启时间,并必须彻底清除上一次测定的试样的影响,利用自然水压向反应槽送液;同时将稀释水样经计量后送入反应槽。

(2)加压输送-溢流计量法:试样经过滤后方可使用,在向试样槽送入加压空气的同时,打开试样计量管上、下部的隔膜空气阀,使试样返回原处。利用计时器(时间继电器)设定电磁阀的开启时间。一旦送入加压空气,经过计量的试样就立即被送入反应槽。同样,稀释水样也在计量后送入反应槽。

2.1.1.2　光谱法

污水浊度是干扰吸光度测量的重要因素,悬浮颗粒所造成的光的散射或吸收会对吸光度产生很大的影响,从而影响测量结果的准确性。为了消除浊度的影响,有研究者提出了污水 COD 双波长检测方法。该方法将同一光源发出的光分成两束,分别经过两个单色器,得到两束波长分别为 254 nm 和 546 nm 的单色光,利用斩光器将这两束光以一定的频率交替通过同一个样品池,光吸收信号被检测器接收并送至处理系统,计算出这两束光的吸光度之差,该差值与被测水样的浓度正相关。为了解决复杂水样中多组分的精确测定问题,寻求一种具有普遍适用性的紫外吸收光谱法已经成为研究者的工作重点。近年来,利用紫外或紫外-可见全波段光谱扫描法替代传统的单、双波长紫外吸收光谱法,并将偏最小二乘回归(PLS)、人工神经网络等数学算法应用于全波段光谱吸光度与水质 COD 的定量相关解析,均得到精确的预测结果。全波段光谱扫描法基于传统的单波长吸收光谱法,其不但继承了单波长吸收光谱法测量快捷、无化学污染、实时监测的特点,还可以针对不同类型的水样单独建立神经网络模型,提高了仪器的适用性和测量精度,适用于污水现场的连续在线监测。

紫外吸收光谱法 COD 测定技术采用的是物理方法,即在朗伯-比尔定律的基础上利用吸光度与 COD 的关系求得 COD,与传统的化学法相比,该法具有如下优点:操作维护简单、故障率低、无须添加化学试剂、无二次污染、测试时间短、响应时间一般在 1 min 以内,可以实现真正的在线监测。因此,与传统 COD 测定方法相比,紫外吸收光谱法具有明显的优势,是一种能够在连续监测领域广泛应用的技术。根据紫外-可见光全光谱扫描技术研制的全光谱 COD(含附加多参数)检测仪的典型产品为“JQ UV/Vis-online 紫外-可见光全光谱浸入式在线多参数水质分析仪”。该仪器基于凹面全息光栅和双光路测试技术,采用棒状结构和开放型流通池，配备自动清洗装置，可直接浸入水中实现水质的原位检测。除快速测定水样 COD 外，还可实现溶解有机碳（DOC）、总有机碳（TOC）、硝酸盐氮、色度、浊度、悬浮物（SS）、温度以及 UV_{254}（在 254 nm 波长紫外光下的吸光度）等多个水质参数的同步检测。

2.1.2 生化需氧量

生化需氧量（BOD）也是环境水质标准和污水、废水排放标准中的控制项目，是非常重要的有机性水质污染指标之一。BOD 一般定义为在 20 ℃条件下微生物在好氧条件下氧化废水中的有机污染物所消耗的氧的量。对于地表水、工业废水和生活污水的五日生化需氧量（BOD_5），《水质　五日生化需氧量（BOD_5）的测定　稀释与接种法》（HJ 505—2009）对它的测定有下述规定：通常情况下是指水样充满完全密闭的溶解氧瓶，在（20 ± 1）℃的暗处培养 5 d ± 4 h 或（2+5）d① ± 4 h，分别测定培养前后水样中溶解氧的质量浓度，由培养前后溶解氧的质量浓度之差，计算每升样品消耗的溶解氧量，以 BOD_5 的形式表示。若样品中的有机物含量较多，BOD_5 的浓度大于 6 mg/L，样品需适当稀释后测定；对不含微生物或微生物含量少的工业废水，如酸性废水、碱性废水、高温废水、冷冻保存的废水或经过氯化处理的废水等，在测定 BOD_5 时应进行接种，以引进能分解废水中有机物的微生物。当废水中存在难以被一般生活污水中的微生物以正常的速度降解的有机物或含有剧毒物质时，应将驯化后的微生物引入水样，进行接种。

生化需氧量常使用检压法进行测定，其原理是测定好氧性微生物的呼吸作用，主要使用摆轮式插头检压计。测定过程如下：把经过预处理的试样注入培养瓶，使试样与二氧化碳吸收剂一起密闭静置于（20 ± 1）℃的恒温箱内；在对瓶内试样进行搅拌时，由于好氧性微生物的反应，气相二氧化碳从试样中析出，被二氧化碳吸收剂吸收，培养瓶上部处于减压状态，可用压力计测定其压力降低值；压力计内部设短路导线，当压力计内的导电液体短路时，恒定电流加在硫酸铜溶液的电极上，因电解作用氧气产生，氧气被送到培养瓶的气相空间，利用电解中产生的氧气，时供时停，反复进行，使微生物培养瓶上部的气压保持稳定状态；此时，培养瓶液体中氧的消耗量即为 BOD；根据这种关系，把与电解中产生的氧气量成比例的电量自动记录下来，即可求得 BOD。

2.2 固体浓度

2.2.1 悬浮物

悬浮物（suspended solid，SS）包括有机物和无机物。污水中的悬浮物浓度与浊度有一定的关系，可以通过实验校正浊度值得到悬浮物浓度值。常用测量项目为总固体和总残渣。用测得的固体质量除以样品体积即可得到悬浮物浓度。总固体与总残渣之差为挥发性固体含量。挥发性固体的测量过程并没有精确地区分有机物和无机物，因为高温灼烧的对象并不只局限于有机物，一些盐类物质的挥发也会造成灼烧损失。污水处理领域的悬浮物指的是不能通过过滤器的固体物质。因此，过滤器的类型、孔径、厚度等参数，以及颗粒的性质、

① （2+5）d 的含义为：先在 0~4 ℃的暗处培养 2 d，接着在（20 ± 1）℃的暗处培养 5 d。

尺寸和数量都会影响悬浮物的测定。将通过过滤器的物质定义为溶解性固体。溶解性固体可用总残差减去悬浮物来计算。

SS 自动测定装置所采用的测定方法不外乎下述两种：一种是令光束射入试样，测定透过光和散射光的光强度而求得 SS 的浓度；另一种是过滤试样，捕集不溶于水的物质并将其干化后测定质量而求得 SS 的浓度。采用前一种方法的测定装置一般称为浊度计。SS 的自动测定大都使用浊度计，因为浊度计的响应性好，可以有效应用在水质管理中。对于浊度的测定，由于测定方法不同测定值会出现差异，以及存在色度的影响等问题，所以目前尚无统一的测定方法。比较流行的连续测定方法有透过光测定法、散射光测定法、透过光-散射光比较测定法、表面散射测定法等。

1）透射光测定法

透射光测定法最简便。试样槽两侧通常开有测定窗。由于测定窗的脏污会导致测定误差，因此要采取一些清洁措施，如装设自动刷、超声波清洗器、喷射清洗器等自动清洗装置，也可以采用降流式测定法，以避免此类问题。采用这种测量原理的在线测定浊度计常采用旋转刷来清洗试样槽的测定窗。另外，还可以通过程序控制进行试样槽的自动清洗和零位刻度的自动校正。清洗时，先通入清水，然后由电动机带动旋转刷进行洗刷。在光系统中，还可以安装温度调节器，通入干燥空气以防止测定窗结露。

2）散射光测定法

当光源发出的光束射入试样时，由于试样中杂质微粒的作用，光束会发生散射。由于这种散射光的光强度与试样中杂质微粒的量（即浊度）成正比，所以通过测定散射光的光强度即可求得浊度。这种方法与前述的透射光测定法一样，试样槽上通常也有测定窗，所以测定时也受到窗面脏污的影响。根据测定的散射光和入射光的角度关系，这种方法可分为 90°散射方式、向前散射方式和向后散射方式。

3）透过光-散射光比较测定法

透过光-散射光比较测定法交替或同时测定透过光与散射光的光强度，再求得二者光强度的比值，从而测出浊度。这种方法的特点是，由于使透过光和散射光的光路长度相等，因而减少了试样中色度的影响。这种方法有两种测定方式：①使用常用的带窗试样槽；②采用积分球。

4）表面散射测定法

表面散射测定法通过测定把光束照射到试样溢流面时所产生的散射光的光强度，求得试样的浊度。这种方法的测定原理与散射光测定法相同。其优点在于：没有直接接触试样的测定窗；测定的线性度好；使用等效散射板进行校正，简化了校正工作；等等。

2.2.2　混合液悬浮固体

混合液悬浮固体（mixed liquid suspended solid，MLSS）浓度，又称污泥浓度，是指 1 L 曝气池混合液中所含悬浮固体的干重，它是衡量反应器中活性污泥量含量的一个指标。MLSS 包括微生物菌体、微生物自生氧化产物、吸附在污泥絮体上不能被微生物降解的有机物和无机物。由于 MLSS 的测定比较方便，所以工程上往往将其作为估计活性污泥中微生物数量的指标。在进行工程设计时，希望维持较高的 MLSS，以缩小曝气池容积，节省占地面积和投资，但 MLSS 也不能过高，否则会导致氧气供应不足。一般反应器中的 MLSS 应控制在 2 000~6 000 mg/L。

2.3 氮和磷

2.3.1 总氮

氮的存在形式分为有机氮、氨氮、硝酸盐氮、亚硝酸盐氮和氮气。氨氮和有机氮统称为总凯氏氮。总氮（total nitrogen，TN）是有机氮与无机氮（包括氨氮、亚硝酸盐氮、硝酸盐氮）之和，其在水中的浓度应高于任何一种氮，从制定标准的严格性来讲，其浓度上限与水体类别的设定原则应大于氨氮、硝酸盐氮和亚硝酸盐氮三者之和，原因是测定这三者时只测定无机氮部分，而水体中有机氮的含量也是比较高的，此部分的测定要经过将有机氮转化为无机氮的消解过程（紫外消解或高温消解）。《地表水环境质量标准》（GB 3838—2002）中总氮的标准值为 0.2~2.0 mg/L。总氮的实验室分析方法是碱性过硫酸钾消解-紫外分光光度法。目前，总氮在线自动分析仪所用的测定方法主要有过硫酸盐消解-光度法和密闭燃烧氧化-化学发光分析法。

城市生活污水和工业废水中含有大量的氮和磷，污水处理厂要对其进行处理，监测污水和处理后出水中的氮和磷成为污水处理厂运行的重要环节。对于 TN 排放总量控制，手工采样和监测分析的工作量很大，且难以达到高频次，因此采用 TN 在线自动监测仪是最佳选择。对 TN、TP 在线自动监测仪的要求如下：测定得到的数据必须和标准方法测定的结果有良好的一致性和可比性；性能稳定，日常维护工作量小；性能与价格比低，运行费用较低。

TN 在线自动监测仪主要使用紫外分光光度法和化学发光法。紫外分光光度法以《水质　总氮的测定　碱性过硫酸钾消解紫外分光光度法》（HJ 636—2012）为基础，将含氮化合物用 $K_2S_2O_8$ 分解并氧化为 NO_3^-，由紫外分光光度法测得 TN。值得注意的是，这一方法受溴化物的干扰。化学发光法不受干扰影响，被认为是自动在线监测的首选方法。此法由载气将水样带入装有催化剂的反应管中，通过高温或低温密闭燃烧将含氮化合物氧化为 NO，再令其与臭氧发生器产生的 O_3 反应，然后测量化学发光强度。因此，TN 自动监测仪一般采用 120 ℃碱性 $K_2S_2O_8$ 消解紫外吸收光谱法、60 ℃或 80 ℃碱性 $K_2S_2O_8$ 紫外消解紫外吸收光谱法、150 ℃或 160 ℃碱性 $K_2S_2O_8$ 消解流动注射紫外吸收光谱法、95 ℃碱性 $K_2S_2O_8$ 紫外电解消解紫外吸收光谱法和 700~850 ℃热分解化学发光法。

1）碱性 $K_2S_2O_8$ 消解紫外吸收光谱法（120 ℃）

在水样中加入 $K_2S_2O_8$ 溶液和 NaOH 溶液，在 120 ℃下加热氧化分解 30 min，水样中的含氮化合物被分解成 NO_3^-；待被消解的水样冷却至一定温度后，分取一部分试样，加 HCl 调节至 pH=2~3，然后在 220 nm 波长处测量吸光度值，进而计算出水中的总氮浓度值。

2）碱性 $K_2S_2O_8$ 紫外消解紫外吸收光谱法（60 ℃或 80 ℃）

在水样中加入 $K_2S_2O_8$ 溶液和 NaOH 溶液，在 60 ℃或 80 ℃条件下用紫外线照射，水样中的含氮化合物被分解成 NO_3^-；待被消解的水样冷却至一定温度后，分取一部分试样，加 HCl 调节至 pH=2~3，然后在 220 nm 波长处测量吸光度值，进而计算出水中的总氮浓度值。

该方法的优点是在常压下进行低温氧化分解。

3）碱性 $K_2S_2O_8$ 消解流动注射紫外吸收光谱法（150 ℃或 160 ℃）

将水样经过载液输送到检测器，在此过程中完成加热、添加试剂、分解含氮化合物、显色及定量等步骤。首先，载液将水样导入并加入碱性 $K_2S_2O_8$ 溶液，在 150 ℃或 160 ℃下被加热分解，水样中的含氮化合物被分解成 NO_3^-；待试样冷却至一定温度后，加 HCl 调节至 pH=2~3，然后在 220 nm 波长处测量吸光度值，进而计算出水中的总氮浓度值。该方法的特点是测定时间大大缩短。

4）碱性 $K_2S_2O_8$ 紫外电解消解紫外吸收光谱法（95 ℃）

在水样中加入 $K_2S_2O_8$ 溶液和 NaOH 溶液，在 95 ℃条件下用紫外线照射，同时进行电解，使水样中的含氮化合物分解成 NO_3^-；待被消解的水样冷却至一定温度后，分取一部分试样，加 HCl 调节至 pH=2~3，然后在 220 nm 波长处测量吸光度值，进而计算出水中的总氮浓度值。

5）热分解化学发光法（700~850 ℃）

取一定量的水样，通过载气注入内有催化剂的高温分解炉（700~850 ℃），将水样中的含氮化合物氧化分解成 NO，然后通过臭氧将 NO 氧化成 NO_2。此过程产生的激发态 NO_2^* 转变成稳定的 NO_2，同时发出 590~2 500 nm 波长的光。发射出的光的强度与氮的浓度成正比，因此可通过测量发射出的光的强度检测总氮。该方法的优点是无须使用试剂，检测时间短，可测定海水。

2.3.2　氨氮

氨氮（ammonia nitrogen）是污水中氮的最主要的存在形式。由于氨氮在水中转化成亚硝酸盐和硝酸盐时要消耗水中的溶解氧，所以氨氮是污水处理的主要污染物之一。《氨氮水质在线自动监测仪技术要求及检测方法》（HJ 101—2019）规定了氨氮水质在线自动监测仪的技术要求、性能指标及检测方法，指导用于地下水、地表水、生活污水和工业废水的氨氮水质在线自动监测仪的生产设计、应用选型和性能检测。

氨氮在线传感器中氨气敏电极将氨氮在碱性条件下转化为氨气，氨选择性电极检测氨气的含量。这种传感器的测量范围为 0.1~1 000 mg/L，响应时间一般小于 5 min。色度电极可以通过测量样品的颜色测定氨氮：将铵离子转化为氨氮，形成黄色化合物，用比色法测定；还可以生成蓝色沉淀，同样用比色法测定。色度电极的测量范围为 0.1~100 mg/L，响应时间一般为 5~20 min。氨的一般分析方法有滴定法和可见光分光光度法（如靛酚法），新方法有隔膜式氨电极法。这些分析法中能用于自动分析的是靛酚法和隔膜式氨电极法，下面对其进行具体介绍。

2.3.2.1　靛酚法

1）测定原理

向试样中加入氢氧化钠溶液并用蒸汽蒸馏，产生的氨被硫酸或硼酸溶液吸收，再加入显色试剂（次氯酸或酚溶液），然后以 625 nm 左右的波长测定铵离子反应所生成的靛酚蓝的吸光度，从而间接求出氨浓度。

2）方法特性

此法的测定范围为 0.1~1 mg/L；氨浓度不在此范围时，测定前须对试样进行稀释或浓缩处理。氨浓度高时稳定显色所需的时间短，氨浓度低时时间长。在 25 ℃条件下进行显色操作时，氨浓度为 0.5 mg/L 时，吸光度达到稳定的时间约为 20 min，氨浓度为 0.1 mg/L 时约需 60 min。变色后需 20~30 min 才能达到显色稳定。靛酚蓝的显色强度受到 pH 值的影响。在测定时，尽可能将变色时的 pH 值稳定在 10~11.4，以取得良好的再现性。亚铁离子、铜离子的浓度在 0.15 mg/L 以下时，对检测均无影响；铁离子、铜离子的浓度在 1 mg/L 以下时，添加乙二胺四乙酸（EDTA）可消除其产生的影响；脂肪族胺类无干扰，而芳香族胺类有干扰；*p*- 氨基苯酚等物质在碱性溶液中与酚反应生成靛酚蓝，因而会造成干扰；对苯二酚无干扰。另外，加入质量分数为 30% 的过氧化氢溶液可以氧化羟胺以消除其干扰。

2.3.2.2 隔膜式氨电极法

1）测定原理

当 pH>11 时，溶于水中的铵离子以溶解氨的形式存在。此溶解氨可以透过用高分子材料制成的选择性隔膜。在膜内设置的玻璃电极表面上，氨与一定浓度的氯化氨内充液发生反应，故氢离子浓度随着氨浓度的变化而变化。若知道此反应平衡时的氢离子浓度，则可间接知道试样中氨的浓度。

2）隔膜式氨电极的构造

把 pH 值测定用的玻璃电极和氯离子电极构成的内部电极均放入外壳管中，内充液为浓度恒定的氯化铵溶液，将可以透过氨气的高分子材料制成的隔膜敷在管端。隔膜式氨电极的性能取决于电极的性能，故充分了解电极性能，对仪器的维护管理尤为重要。

3）隔膜式氨电极的特性

氨电极的电极电势与氨浓度的对数存在线性关系。所测氨浓度的范围较广，为 0.05~1 000 mg/L，但在低浓度范围（0.1 mg/L 以下），浓度的测定会因隔膜受沾污而失去重复性。针对这种情况，须定期更换或清洗隔膜。隔膜厚度、孔径、隔膜与内部玻璃电极膜面密贴的情况等是影响氨电极响应速度的重要因素。一般从低浓度向高浓度变化时，响应较快，反之则慢。氨浓度从 0 变化到 0.1 mg/L 时，达到一定电极电势的时间是 2~3 min，从 0.1 mg/L 到 1 mg/L 时需 1~2 min，而从 10 mg/L 变化到 0.1 mg/L 左右时，电极电势达到稳定状态一般需 10 min 左右。溶解氨与溶液中的氢离子结合成铵离子，氨的离解状态受测定时 pH 值的影响。因为隔膜对溶解氨选择性透过，所以溶于水中的离子不会造成干扰；又由于在强碱性条件下测定，故二氧化碳、氮的氧化物、二氧化硫、硫化氢等酸性气体亦不存在影响。但从碱性角度看，试样中有能透过隔膜并使内充液 pH 值变化的物质时，会产生干扰。这类物质种类不多，有代表性的是挥发性有机胺类。综上所述，本法因有隔膜存在，干扰物质少，对直接检测受污染的城市河道或污水处理厂水样中的氨浓度极为有效。

2.3.2.3 基于人工嗅觉的检测方法

1）测定原理

基于嗅觉传感器的氨氮分析仪是基于氨氮的化学特性及相间分布物理规律和人工嗅觉原理而开发的快速氨氮检测仪器。其检测原理是，先采用强碱将样品中的铵离子逐出使之变成氨气，再采用金属氧化物半导体型气体传感器阵列进行检测，通过复杂算法建立一种气相检测浓度反演的水中氨氮检测方法。此类氨氮检测仪有手动进样和自动进样两种模式。其中，传感器阵列既要成本低、寿命长，又需要对待测气体具有良好的敏感性和快速响应能力。在控制与检测电路部分，可以通过模式识别等信号处理技术克服多数气体传感器选择性不够强的固有弱点。

2）氨氮检测仪的特性

基于人工嗅觉的氨氮检测方法受限于气体传感器的选择性和灵敏度，以及基于人工嗅觉模拟的模式识别信号处理技术。通常，该方法的检测范围为 0.5~100 mg/L（以 N 计），该方法适用于污水处理进出水及工艺过程中氨氮指标的检测。响应速度与待测物质浓度有关，当待测物浓度较低时，传感器响应速度慢。该方法不需要特殊的预处理，只需加入少量 NaOH，整个测试时间可控制在 5 min 之内。该方法采用氨气逐出 + 气敏检测的方式，有效避免了水体样本的基质干扰，且测试过程不受溶液搅拌状态的影响。虽然金属氧化物半导体型气体传感器受环境温度、湿度的影响较小，但是当反应腔与检测腔在一个密闭容器中时，反应腔湿度对传感器的影响会较大，仍有可能影响传感器的信号，因此需要进行环境湿度的校正。

2.3.3　硝酸盐氮和亚硝酸盐氮

氨氮可氧化为亚硝酸盐氮和硝酸盐氮。生活污水中只含有少量硝酸盐氮，而具有硝化功能的污水处理厂的出水中硝酸盐氮的含量可高达 30 mg/L。硝酸盐氮和亚硝酸盐氮是很多光合自养菌的基本营养元素，有时是限制生长元素。硝酸盐氮在线传感器一般有以下三种类型可供选择。

1）电极传感器

电极传感器分为两种，一种是硝酸盐氮电极，另一种是氨选择性电极。后者将硝酸盐氮还原为氨氮进行测定，响应时间小于 10 min。

2）基于分光光度法进行测量的传感器

该传感器基于紫外吸收光谱原理，无须使用化学药剂。硝酸盐氮在 220 nm 处有特征吸收。该传感器的测量原理建立在紫外分光光度测定法的基础上。测量范围为 0.1~100 mg/L，响应时间小于 5 min。

3）基于比色法进行测量的传感器

首先使用镉还原法将硝酸盐氮还原为亚硝酸盐氮，然后形成红色偶氮（染色），最后用比色法测定；也可以使用肼（联氨）还原法，然后形成红色偶氮（染色），最后再用比色法测定。

亚硝酸盐氮是氨氮氧化为硝酸盐氮以及硝酸盐氮还原为氮气的中间产物。测定亚硝酸盐氮可使用分光光度法，若使用 5 cm 光程的比色皿和绿色滤光片，测量范围为 5~50 μg/L（以 N 计）。若样品中亚硝酸盐氮的含量较高，则需要进行稀释测定。

2.3.4　可溶性正磷酸盐

磷在水中的存在形式主要有正磷（$H_2PO_4^-$、HPO_4^{2-}、PO_4^{3-}）、聚磷（磷酸盐的聚合物）和有机磷。生活污水中多含有聚磷，工业废水中往往含有正磷。所有聚磷都会逐渐水解为比较稳定的正磷,有机物的生物降解过程也会逐渐释放出正磷。正磷又会再次被生物体利用。有机磷一般在生化过程中形成,人体排泄物和厨余中含有一定量的有机磷。在废水生物处理过程中,有机磷可以转化为正磷。磷酸盐的测定比较复杂,由于其可与一些物质作用产生一些有颜色的物质,故可以用分光光度法进行测定。

钒钼酸法:钒钼酸铵同磷酸盐作用会生成黄色物质(钒钼磷酸),基于此原理可用光度计测量磷酸盐的含量,测量范围为 0.1~20 mg/L,响应时间少于 12 min。

钼蓝法:磷酸盐与钼酸铵反应生成的磷钼黄可被抗坏血酸还原为磷钼蓝,基于此原理可用光度计测量磷酸盐含量,测量范围为 0.1~5 mg/L, 响应时间少于 12 min。

2.3.5 总磷

总磷(total phosphorus,TP)包括溶解态的磷、颗粒状的磷、有机磷和无机磷。在我国有关的水质标准中,总磷的环境标准值范围如下:地表水中为 0.02~0.4 mg/L;污水中为 0.1~100 mg/L。目前,总磷在线自动分析仪所用的测定方法主要有过硫酸盐消解-光度法、紫外线照射-钼催化加热消解法、FIA-光度法。

总磷的测定以《水质　总磷的测定　钼酸铵分光光度法》(GB 11893—1989)规定的钼酸铵分光光度法为基础。《总磷水质自动分析仪技术要求》(HJ/T 103—2003)规定了地表水、工业污水和市政污水的总磷水质自动分析仪的技术性能要求和性能试验方法,用于规范该类仪器的研制生产和性能检验。总磷自动监测仪一般采用 120 ℃ $K_2S_2O_8$ 消解-磷钼蓝光度法、95 ℃ $K_2S_2O_8$ 紫外消解-磷钼蓝光度法、150 ℃或 160 ℃ $K_2S_2O_8$ 消解-流动注射-磷钼蓝光度法、95 ℃光催化紫外线照射电分解-磷钼蓝光度法、160 ℃ $K_2S_2O_8$ 消解-磷钼黄电量测量法。

1)$K_2S_2O_8$ 消解-磷钼蓝光度法(120 ℃)

取适量水样,加入 $K_2S_2O_8$ 溶液,在 120 ℃下加热 30 min,水样中的含磷化合物被分解成 PO_4^{3-};被消解的水样冷却至一定温度后,分取一部分试样,加入钼酸铵溶液,再加入抗坏血酸,生成磷钼蓝,然后在 880 nm 波长处测量吸光度值,进而计算出水中的总磷浓度值。

2)$K_2S_2O_8$ 紫外消解-磷钼蓝光度法(95 ℃)

水样中加入 $K_2S_2O_8$ 溶液和硫酸溶液,在 95 ℃下用紫外线照射,水样中的含磷化合物被分解成 PO_4^{3-};试样冷却后分取一部分,加入抗坏血酸和钼酸铵溶液,生成磷钼蓝,显色;然后在 880 nm 波长处测量吸光度值,进而计算出水中的总磷浓度值。该方法的优点是在常压下氧化消解。

3)$K_2S_2O_8$ 消解-流动注射-磷钼蓝光度法(150 ℃或 160 ℃)

流动注射法是将水样经载液输送至检测器进行检测的方法,在此过程中完成加热、添加试剂、分解含磷化合物、显色及定量等步骤。首先,载液导入水样,加入 $K_2S_2O_8$,含磷化合物在 150 ℃或 160 ℃下被加热分解,然后被消解成 PO_4^{3-}。试样冷却至一定温度后,加入钼酸铵溶液和抗坏血酸溶液,生成磷钼蓝,显色,然后在 880 nm 波长处测量吸光度值,进而计算出水中的总磷浓度值。该仪器的特点是测定时间大大缩短。

4)光催化紫外线照射电分解-磷钼蓝光度法(95 ℃)

首先,取适量水样并加入硫酸,在 95 ℃和光催化条件下用紫外线照射,同时进行电解,使水样中的含磷化合物消解成 PO_4^{3-}；然后，向试样中加入钼酸铵溶液和抗坏血酸溶液，产生显色反应，然后在 880 nm 波长处测量吸光度值，进而计算出水中的总磷浓度值。该方法的特点是在常压下消解且无须使用 $K_2S_2O_8$ 试剂。

5）$K_2S_2O_8$ 消解-磷钼黄电量测量法（160 ℃）

采用流动注射法；取一定量的水样，加入 $K_2S_2O_8$ 溶液，在消解环中于 160 ℃条件下加热氧化消解，使含磷化合物消解成 PO_4^{3-}；消解后的试样冷却后，在载液的流动过程中加入钼酸铵溶液，生成磷钼黄；得到的试样用库仑滴定，将磷钼黄还原成磷钼蓝；求出还原电量并 进而计算出总磷浓度值。

2.4　溶解氧和呼吸速率

2.4.1　溶解氧

溶于水中的氧叫作溶解氧（dissolved oxygen，DO），氧气是通过周围空气的流动和光合作用溶解在水中的。水中溶解氧的含量与空气中氧的分压有密切关系，氧气在水中的溶解度与水温和水中的含盐量有关。

溶解氧分析是测量溶解在水溶液内的氧气的含量，历来主要使用温克勒（Winkler）法以及此法改良后的碘量法，但这两种方法都不宜用于自动连续测定。后来，隔膜电极法研制成功，使溶解氧的测定得以自动连续进行，由此制成的水质监测仪器被广泛使用。虽然目前也在研制其他溶解氧自动连续测定方法，但最广泛使用的方法仍是隔膜电极法。

此外，还有利用光学检测方法对溶解氧进行自动连续测定的，这种方法采用特殊的测量探头，利用光学原理有效地消除样品中 pH 值波动、硫化氢、水中的化学物质或重金属的干扰，从而在更长的时间内提供更稳定、更准确的测量结果。该类仪器一年内无须校准，而且无须添加化学试剂及补充电解液，从而大大降低了仪器的维护工作量。

2.4.1.1　隔膜电极法

隔膜电极有两种形式：隔膜电池式和隔膜极谱式。隔膜极谱式的电极需进行极化，由于外加电压一般需 15 min 左右才能稳定，因此使用前通常要进行预热。隔膜电池式的两个电极由两种不同的、能自发极化产生电压的金属构成，其电压是自发产生的而不是外界提供的，因此使用时无须预热。

隔膜电池式电极的外壳端部使用溶解氧透过率高的透气隔膜（聚乙烯或聚四氟乙烯），正、负极和内充电解液被封入壳内。正极为铂、金、银等贵重金属，负极则为铅、铝等易氧化金属，电解液通常为氢氧化钠、氯化钾溶液。

隔膜极谱式电极在结构上几乎与隔膜电池式电极相同。隔膜极谱式电极以铂、金作阴极，Ag/AgCl 作阳极，电解液为 0.1 mol/L 的氯化钾（KCl）溶液，用硅橡胶渗透膜作透气膜。测量时，在阳极和阴极间加上 0.68 V 的极化电压，氧通过渗透膜在阴极消耗，透过膜的氧量与水中溶解氧的浓度成正比，因而电极间的极限扩散电流与水中溶解氧的浓度成正比，表计检测此电流并经运算变换成氧浓度。同时，热敏电阻检测溶液的温度，并对溶解氧浓度进行温度补偿。空气标定时的电流一般为 50~200 nA。

隔膜电极法溶解氧仪的输出信号经放大后由指示仪直接显示，故指示仪亦为溶解氧仪的组成部分之一。下面介绍使用溶解氧仪进行检测的一般方法。校正测定前，应先进行零位调整和刻度调整。首先是零位调整，将电极置于溶解氧浓度为零的水样中，将指示仪指针调到零。制备溶解氧为零的水样的方法如下：向水中吹进氮气约 10 min，以排出溶于水中的氧气；将易氧化物质 [如亚硫酸钠（Na_2SO_3）或连二亚硫酸钠（$Na_2S_2O_4$）等] 溶于水中。其次是刻度调整，即以空气饱和水作标准液，利用空气饱和水在一定温度下的溶解氧浓度为定值的性质进行调整。调整时，先用烧杯盛满水，用磁力搅拌器搅拌，用空气泵或双联球等吹进空气，将溶解氧电极浸入此水样中。空气饱和水中的溶解氧浓度与水中溶解物质的量有关，溶解物质浓度越高，饱和溶解氧浓度则越低。在零位调整和刻度调整结束之后，将电极浸入试样，从指示仪上读出溶解氧浓度。此时在电极附近的试样流速必须在 10 cm/s 以上。这是因为溶解氧透过隔膜到达负极，通过电化学反应产生电极电流，若试样趋于静止，会因向电极内部渗漏使电极隔膜附近的溶解氧减少，随之电极电流也减小，因而将产生测定误差。

2.4.1.2 比色检测法

有研究人员观察到，溶解氧浓度的高低与溶液中 I_2 析出导致的黄色深浅有关，因此发展出了一种基于比色的溶解氧检测方法，又称分光光度法。由于避免了滴定操作中的终点误判，比色法具有较高的准确性。通过测定显色后水样在 470 nm 处的吸光度，可以实现对待测样品中溶解氧浓度的检测。但是，比色法实现准确检测的首要前提是制备和测量与被测样品温度相同的饱和校正液，如果被测样品与校正液的温度相差较大，会造成较大的误差。目前，该方法的检测精度可达 0.2 mg/L，测定范围为 0~10.0 mg/L。结合流动注射分析技术可以实现对溶解氧的自动检测。

2.4.1.3 荧光检测法

荧光物质分子具有基态（自旋成对）、单重态（抗磁性）、三重态（顺磁性）等。基态是稳定的，能量最低。单重态和三重态能量高，并都具有不同的振动能级。当发光物质的分子、原子或离子吸收同频率的光辐射并发生共振时，电子会从稳定的基态跃迁到单重态。激发态的分子通过无辐射跃迁再回到能量最低的基态，在此过程中以光量子的形式产生辐射，形成荧光。由于振动弛豫的存在，所以发射光的能量必然低于激发光的能量，所以频率降低，波长升高，产生斯托克斯（Stokes）红移。影响光致发光荧光效率的因素包括激发光光强、溶剂的介电常数、体系温度、pH 值以及某些荧光猝灭效应（碰撞猝灭、能量转移、氧猝灭、自猝灭等）。其中，氧分子已被证实对一些荧光物质具有猝灭作用。这可能是由于顺磁性的氧分子与处在激发态的荧光物质分子相互作用，促进形成顺磁性的三重态荧光分子，也就是加速系间窜跃。

采用荧光检测法的溶解氧在线分析仪由溶解氧传感器和变送器两部分组成。传感器最前端的外罩上覆盖有一层荧光物质，LED（发光二极管）光源发出的蓝光照射到荧光物质上，荧光物质被激发，发出红光。光电池检测从红光发射到荧光物质回到稳态所需要的时间，这个时间只与蓝光的发射时间以及氧浓度有关。传感器中另有一个 LED 光源，在发射蓝光的同时发射红光，作为蓝光发射时间的参照。传感器周围的氧浓度越高，荧光物质发射红光的时间就越短。因此，通过测量这个时间，就可以计算出氧浓度。

2.4.2 呼吸速率

呼吸速率（oxygen uptake rate，OUR），也称氧利用速率，是指单位体积的好氧微生物在单位时间内消耗的溶解氧。呼吸速率是反映好氧微生物活性的敏感参数。通过测量呼吸速率可以估计微生物的生长速率、衰亡速率、硝化速率和水解速率等参数。由于呼吸速率能直接反映污水处理厂中微生物的生物活性，反映污泥与底物的共同作用，反映生化反应实际消耗的氧量，所以其是污水处理厂运行控制的重要参数。呼吸速率测量仪器已经在污水处理厂中运行了很长时间，具有较好的可靠性。目前，国内呼吸速率测量技术的发展还处于起步阶段，尚没有成型产品出现。呼吸速率测量仪进一步发展的趋势如下。①在线测量：几乎每家厂商都将在线测量作为仪器产品的必备功能，这与污水处理工艺对自动化的实际需要分不开。②多参数同时测量：一台仪器能够完成多种参数的测定，如毒性、呼吸速率、硝化特性等。③自动化与智能化：仪表的智能化是今后的发展趋势，这些仪器一般都能实现许多复杂的功能，具有一定智能。④软件系统逐步完善：对仪表提供的信息进行恰当分析与综合，得到对工艺控制有指导意义的参数值，开发实用性强的软件。

呼吸速率测量方法按照生物反应器是否密封，可以分为密闭式和开放式；按照被测污泥是否连续流动，可以分为连续式和间歇式。

密闭式方法中反应器密封，里面的活性污泥混合液不与外界大气接触，而开放式方法则相反，反应器不密封，内置曝气头，活性污泥混合液与外界大气存在氧交换。实质上，密闭式测量方法类似于在反应器的进口和出口处分别放置溶解氧电极，测量得到的溶解氧差值除以污泥停留时间（SRT）就是呼吸速率。改进后的方法只使用一个溶解氧电极，通过控制阀门使污泥周期性反向流动，类似于将溶解氧电极轮流放置在入口处和出口处，这样减少了系统误差。开放式测量时，污泥主要通过人工曝气获得氧气，降解系统中的底物。在活性污泥的内源呼吸状态下，有选择性地加入底物，可以实现多种参数的测量。

影响呼吸速率测量的条件变量很多，因此可以设计出许多测量方案，得到不同用途的测量结果。这些条件变量包括微生物、底物和时间等。目前，呼吸速率测量技术主要用于污泥活性测定、废水水质检测、模型参数估计和工艺优化控制。

2.5 pH 值

水是生物赖以生存的重要物质。水可以解离成氢离子和氢氧根离子，而氢离子的浓度（pH 值）是化学反应或生物化学反应的一个重要影响因素，在包括人类本身代谢在内的一切生物反应中以及人们日常生活中都起着十分重要的作用。实际上，给水处理和废水处理的单元过程，如酸碱中和、软化、沉淀、混凝、消毒和防腐等，都与 pH 值有关。在给定的温度下，可用 pH 值或氢离子活度来表征溶液的酸碱性。

测定 pH 值的方法包括指示剂法、氢电极法、氢醌电极法、锑电极法、玻璃电极法等。玻璃电极法是目前应用最为广泛的一种方法。在特殊情况下，如水中含氟量较高时，需要采用锑电极法。下面将着重介绍玻璃电极法和锑电极法。

1. 玻璃电极法

如果有一个玻璃薄膜介于两个具有不同 pH 值的溶液之间,那么横跨这个玻璃薄膜就产生一个电势差,而且此电势差与两溶液的 pH 值之差成正比。玻璃电极就是基于这个原理制成的。可通过在检测溶液中同时浸入一组玻璃电极和参比电极,并测量这两个电极间的电势差求得溶液的 pH 值。

与玻璃电极组合在一起的参比电极,其内极与玻璃电极的内极相同,电极内充液为浓度适当的氯化钾溶液。在参比电极的端部,为了与检测溶液进行电联系,设有一个液接部,其有多种形式。液接部处有微量的内部液渗出,从而与检测溶液接通电路。但是若液接部受到污染则将产生堵塞,使液间电势差增大,从而产生检测误差。测定 pH 值时,玻璃电极必须和参比电极配合使用。也有研究者研制了将这两种电极紧凑地合为一体的复合电极。由于玻璃电极的电势差随温度变化，所以测定时要把温度补偿电阻一起考虑进去。

2. 锑电极法

最初测定 pH 值时,锑电极的应用较普遍,随着玻璃电极的出现和其性能的提高,锑电极法几乎被废弃了。近来,考虑到一些特殊原因,如与玻璃电极相比,锑电极的力学强度要大得多,以及试样水中含有氟酸时不能使用玻璃电极,锑电极又重新得以应用。锑电极的测定原理为:很多金属裸置于空气中时,会产生一层氧化膜;若将金属放置于水中,则金属会与水发生化学反应生成水化合物;此时水化合物的电离平衡又与水溶液中的 OH^- 浓度有关;利用这一性质即可测定水溶液的 pH 值。

使用锑电极法测定 pH 值前应使用标准液校正检测仪器,这一点与玻璃电极相同。但是锑电极的电势变化与 pH 值并不完全呈线性关系。而且锑的材料不同,其电势也不一样。因此,在使用锑电极进行 pH 值测定之前,有必要先用两三种 pH 值标准液作出检测线,或进行分度校正。锑电极的测定范围也不如玻璃电极广,可测 pH 值为 2~12。锑电极内含有的不纯物,往往影响电极电势。如果不纯物是 Fe、As、Pb、Cu、Sn 等,即使质量分数仅为 0.01%,也会使 pH 值产生 0.1~0.2 的误差。在购买锑电极时,必须充分注意电极的纯度。

2.6 温度和流量

2.6.1 温度

从热平衡的观点看,温度可以作为物体内部分子无规则热运动剧烈程度的标志,温度高的物体,其内部分子的平均动能大;温度低的物体其内部分子的平均动能小。热力学第一定律指出:具有相同温度的两个物体,它们必然处于热平衡状态。当两个物体分别与第三个物体处于热平衡状态时,则这两个物体也处于热平衡状态,因而这三个物体将处于同一温度。据此,如果能用可复现的手段建立一系列基准温度值,就可把其他待测物体的温度和这些基准温度进行比较,得到待测物体的温度。根据传感器的测温方式,温度基本测量方法通常可分为接触式和非接触式两大类。

接触式温度测量的特点是感温元件直接与被测对象接触，两者进行充分的热交换，最后达到热平衡,此时感温元件的温度与被测对象的温度必然相等,温度计就可据此测出被测对象的温度。因此,接触式测温一方面有测温精度较高、直观可靠及测温仪表价格较低等优点;另一方面也存在由于感温元件与被测对象直接接触,从而影响被测对象的热平衡状态,接触不良会增加测温误差,以及被测介质具有腐蚀性及温度太高将严重影响感温元件的性能和寿命等缺点。根据测温转换的原理,接触式测温又可分为膨胀式、热阻式、热电偶式等多种形式。

非接触式温度测量的特点是感温元件不与被测对象直接接触,而是通过接受被测物体的热辐射能实现热交换,据此测出被测对象的温度。因此,非接触式测温具有不改变被测物体的温度分布、热惯性小、测温上限可设计得很高、便于测量运动物体的温度和快速变化的温度等优点。

1)膨胀式测温方法

膨胀式测温基于物体受热膨胀的原理进行温度测量,分为液体膨胀式和固体膨胀式两类。一般膨胀式测温对象的温度为 −50~550 ℃,该方法用于对温度测量或控制精度要求较低、无须自动记录的场合。膨胀式温度计的种类很多,按膨胀基体可分为液体膨胀式玻璃温度计、液体或气体膨胀式压力温度计及固体膨胀式双金属温度计等。

2)热电偶式测温方法

热电偶是工业和污水处理中温度测量应用最多的器件,它的特点是测温范围宽、测量精度高、性能稳定、结构简单且动态响应较好。热电耦的输出为电信号,可以实现远传,便于集中检测和自动控制。热电偶闭合回路中产生的热电势由温差电势和接触电势两种电势组成。

温差电势是指同一热电极两端因温度不同而产生的电势。当同一热电极两端温度不同时,高温端的电子能量比低温端大,因而从高温端扩散到低温端的电子数比相反方向的多,结果造成高温端因失去电子而带正电荷,低温端得到电子而带负电荷。当电子运动达到平衡后,导体两端便产生较稳定的电位差,即为温差电势。

接触电势是指两种互不作用的金属接触时在界面上产生的电势差值。两热电极由于材料不同而具有不同的自由电子密度,于是热电极接点的接触面处产生自由电子的扩散,从而使接触面上逐渐形成静电场,该静电场具有阻碍原扩散继续进行的作用,当达到动态平衡时,热电极接点处便产生一个稳定的电势差,这就是接触电势。接触电势的数值取决于热电偶两电极的材料和接触点的温度,接点温度越高,接触电势越大。

3)红外测温方法

红外辐射(俗称红外线)是一种人眼看不见的光线,但实际上它和其他光线一样,也是一种客观存在的物质。任何物体,只要温度高于绝对零度,就有红外线向周围空间辐射。红外线的波长范围为 0.76~1 000 μm。随着计算机、通信和网络技术的迅速进步,现代检测技术在信号放大器、模/数转换器、信号处理器、存储器、显示器等方面均有相应的发展,但在传感技术及其器件的研究与发展方面却相对缓慢,远远落后于实际需要。其中,光学温度传感技术是目前检测技术的重点与难点。

光纤温度传感器是采用光纤作为敏感元件或能量传输介质的新型测温传感器。可分为接触式和非接触式。光纤传感器由光源激励、光源、光纤(含敏感元件)、光检测器、光电转换及处理系统和各种连接件等部分构成。光纤传感器可分为功能型和非功能型两种形式。

功能型传感器利用光纤的各种特性，由光纤本身感受被测量的变化，光纤既是传输介质，又是敏感元件。非功能型传感器又称传光型传感器，由其他敏感元件感受被测量的变化，光纤仅作为光信号的传输介质。

在功能型光纤温度传感器中，光纤本身感受被测物体的温度变化，并引起传输光的相应变化，然后据此确定被测物体的温度与发生温度变化的位置。这类传感器目前仍处于研究阶段。

非功能型光纤温度传感器在研究、生产和实际应用中更为成功，现有多种类型，已实用化的有液晶光纤温度传感器、荧光光纤温度传感器、半导体光纤温度传感器等。液晶光纤温度传感器利用液晶的热色效应工作。例如，在光纤端面上安装液晶片，在液晶片中按比例混入三种液晶，当温度在 10~45 ℃范围内变化，液晶颜色由绿变成深红，光的反射率也随之变化，测量光强变化即可获知相应的温度，其精度约为 0.1 ℃。不同形式的液晶光纤温度传感器的测温范围为 -50~250 ℃。荧光光纤温度传感器的工作原理利用的是荧光材料的荧光强度随温度而变化，或荧光强度的衰变速度随温度而变化，前者称荧光强度型，后者称荧光余辉型。荧光光纤温度传感器在光纤头部粘接荧光材料，用紫外光进行激励，荧光材料将会发出荧光，检测荧光强度就可以检测温度。荧光强度型温度传感器的测温范围为 -50~200 ℃；荧光余辉型温度传感器的测温范围为 50~250 ℃。半导体光纤温度传感器利用半导体的光吸收响应随温度变化的特性，根据透过半导体的光强变化检测温度。温度变化时，半导体的透光率亦变化。当温度升高时，其透过光强将减弱，测出光强变化就可获知对应的温度变化。这类温度传感器的测温范围为 30~300 ℃。

2.6.2 流量

流量及处理量实时监测对污水处理厂的运行管理十分重要，其中水量是一个重要的控制参数。准确及时地掌握水量，对工艺控制及提高污水厂抵抗水力负荷冲击的能力有重要作用。传统的水量测量采用堰板或文丘里槽等，存在不能实时监测、实时显示的缺点。采用超声波流量计结合文丘里槽，或者采用电磁流量计、涡轮式流量计都能在现场或远程计算机上实时显示流量及累计处理量，实现准确计量处理水量以及为运行管理提供实时流量的目的。

2.6.2.1 超声波流量计

超声流量计（ultrasonic flowmeter，USF）是通过检测流体流动时对超声束（或超声脉冲）的作用测量体积流量的仪表。

1）传播时间法

声波在流体中传播，顺流方向上声波传播速度会增大，逆流方向上则减小，故同一传播距离会有不同的传播时间。利用传播速度之差与被测流体流速的关系求取流速的方法，称为传播时间法。按测量具体参数的不同，传播时间法又分为时差法、相位差法和频差法。

2）多普勒（效应）法

多普勒（效应）法的测定原理是，在静止（固定）点检测从移动源发射的声波会产生多普勒频移现象。

2.6.2.2　电磁流量计

电磁流量计的测量通道是一段无阻流检测件的光滑直管，不易阻塞而适用于测量含有固体颗粒或纤维的液固两相流体。同时，它不产生因检测流量而形成的压力损失，仪表的阻力仅是管道的沿程阻力，节能效果显著，对要求低阻力损失的大管径供水管道最为适合。电磁流量计测得的体积流量，实际上受流体密度、黏度、温度、压力和电导率（只要在某阈值以上）的影响不明显。与其他大部分流量仪表相比，前置直管段要求较低。电磁流量计的测量范围大，可选流量范围宽。电磁流量计的口径范围比其他类型的流量仪表宽。电磁流量计可测量正反双向流量，也可测脉动流量，只要脉动频率比励磁频率低得多。其仪表输出本质上是线性的。使用电磁流量计易于选择与流体接触件的材料品种，可应用于腐蚀性流体。

2.6.2.3　涡轮流量计

涡轮流量计（turbine flowmeter，TUF）是叶轮式流量（流速）计的主要品种。当被测流体流过传感器时，在流体作用下，叶轮受力旋转，其转速与管道平均流速成正比，叶轮的转动周期性地改变磁电转换器的磁阻值。检测线圈中，磁通量随之发生周期性变化，产生周期性的感应电势，即电脉冲信号，经放大器放大后，送至显示仪表显示。

由流量计的仪表系数与流量（或管道雷诺数）的关系曲线可知，仪表系数可分为两段，即线性段和非线性段。线性段的长度约为工作段的 2/3，其特性与传感器的结构、尺寸及流体黏性有关。非线性段的特性受轴承摩擦力、流体黏性阻力的影响较大。当流量低于传感器检测流量下限时，仪表系数随着流量变化迅速变化，压力损失与流量的平方成正比。当流量超过传感器流量上限时，要注意防止空穴现象。结构相似的 TUF 的特性曲线的形状相似，仅在系统误差水平方面有所不同。

传感器的仪表系数由流量校验装置校验得出，它与传感器内部流体的流动机理无关，把传感器比作一个黑匣子，根据输入（流量）和输出（频率脉冲信号）确定其转换系数，以便于使用。但要注意，此转换系数（仪表系数）的使用是有条件的，其校验条件是参考条件，如果使用时偏离此条件，系数将发生变化，变化的情况视传感器类型、管道安装条件和流体物性参数而定。

2.7　生物毒性

污水中含有成分复杂的各类有毒有害污染物质，会对生态系统的各级生物链产生不良影响，将生物受体的不良影响进行量化获得的生物毒性效应又称污水的生物毒性指标。生物毒性指标能够直接反映复杂水体中所有组分及环境因素的综合作用，包括各组分之间可能存在的叠加、拮抗或协同作用等。根据受试生物种类，生物毒性指标大致可分为基于传统水生生物的毒性指标和基于发光细菌的毒性指标两大类。

2.7.1　基于传统水生生物的毒性指标

在某种水环境条件下，利用传统水生生物（如鱼类、水蚤类或藻类等）受水体污染物的胁迫而产生的各种变化来表征水体污染程度的指标，称为基于传统水生生物的毒性指标。

1）基于鱼类的毒性指标

鱼类作为水生食物链的高层生物，其生命行为是水质毒性检测的重要指标。大量研究显示，鱼类胚胎发育初期具有较高的毒物灵敏度，这一特性对水质毒性检测和表征有重要意义。当水体中的有毒物质达到一定浓度时，鱼类表现出一系列中毒症状，包括食饵、生殖或形态变化，行为迟钝，种群数量和结构变化，等等，以此可以作为水质毒性的指标。此外，鱼类能够对所处的水环境压力作出反应，这些反应与鱼类的行为活动相关，如呼吸频率、鳃盖活动频率、咳嗽频率的改变等，也可以作为表征水体生物毒性的检测指标。已有研究表明，鱼类的某些血液学指标对外界存在的污染物较为敏感，但对环境胁迫因子的响应具有阶段性，由于血液学指标与机体的新陈代谢、生理状况关系密切，通过鱼类血液生理指标反映鱼体的应激反应，也可发展为一类基于鱼类的生物毒性指标。

基于鱼类的生物毒性在线测定技术的工作原理如下。鱼类暴露于有毒污染物中的行为变化、血液学指标、种群数量和结构变化等都可以作为毒性测试的指标。其中，鱼类行为变化是生物毒性在线测定技术的常见工作原理。此外，受试鱼种类各有不同，国际标准化组织和美国环境保护署等组织机构推荐的实验鱼有斑马鱼、黑头软口鲦、日本青鳉、孔雀鱼等小型鱼类。目前，基于上述受试鱼种行为变化的生物学指标已经被广泛应用于水质生物毒性评估和预警。

基于鱼类行为变化特性和基于水生生物回避行为制成的测定装置中，有代表性的是BEWs 水质安全在线生物预警系统。该系统以日本青鳉为受试种。日本青鳉隶属鳉科，个体小，体长 2.5~5.0 cm，可以耐受低溶解氧条件和较宽的水温及盐度范围。由于其生物学背景研究得非常充分，青鳉用于生物毒性测试实验已被多数国际组织认可，并于 20 世纪 80 年代被国际标准化组织列为毒性实验受试种之一。BEWs 水质安全在线生物预警系统包括由两个测试管组成的生物回避行为传感器，两个管路通过中间的两通相连，且彼此平行；两个管路中分别装有两组不锈钢监测电极，每组电极都由发射信号电极和接收信号电极组成，发射信号电极使测试管内形成一个正弦低压交流电场，接收信号电极能够感应电场的变化，并将其传送到信号采集装置，经处理后通过显示器进行显示。该系统通过采集多点监测获得的电信号显示受试生物的行为变化信号，并通过对电信号进行分析评估，实现原位、在线和实时的生物监测，并且可以对水体的未知污染物进行预警，对研究环境污染，尤其是突发、剧烈的事故性变化具有非常重要的指示作用。

2）基于水蚤类的毒性指标

水蚤是浮游动物中体形较小的一类，以藻类、真菌、碎屑物及溶解性有机物为食，同时又是鱼类的食物，是水生生态中物质循环和能量交换的关键因子。水蚤分布广泛，繁殖能力强，对毒物比鱼类更敏感，获取方便并且容易在实验室培养。在良好的自然条件下，水蚤进行无性生殖产生雌性后代，雄性后代的产生是对环境信号的反应。当水体受到污染时，有毒物质会影响水蚤的生长，干扰水蚤的生殖和发育，导致个体死亡。因此，目前常用水蚤的死亡率或繁殖能力作为毒性测试指标。此外，在污染胁迫作用下，水蚤的超氧化物歧化酶活性会发生变化，可以作为毒性评价的敏感指标。

3）基于藻类的毒性指标

在水生生态系统及水生食物链中，藻类是初级生产者，对水生生态系统的平衡和稳定起着十分重要的作用，其种类的多样性和生产的有机物的量直接影响水生生态系统结构和功能的稳定。因藻类个体小、繁殖快、对有毒物质敏感、易于分离和培养，研究者可直接观察其细胞水平上的中毒症状，且能在较短时间内得到化学物质对藻类许多世代及种群水平的影响，因此藻类在水质生物毒性测试中得到了广泛应用。常用的相关毒性测试指标有藻类细胞数、叶绿素含量、光合作用效率、细胞干重、最大比生长率等。

2.7.2　基于发光细菌的毒性指标

在某种水环境条件下，可利用发光细菌受水体污染物的胁迫产生的发光度的变化来表征水体的急性毒性水平。发光细菌是一类革兰氏阴性、兼性厌氧细菌。其个体尺寸为（0.4~1.0）μm×（1.0~2.5）μm，无孢子、荚膜，具有一根或数根端生鞭毛，最适生存温度为 20~30 ℃，适宜生存的 pH 值为 6~9。由于是海洋细菌，故其需要在 0.03 g/mL 的 NaCl 培养液中培养和使用。发光细菌在正常的生理条件下能够发射可见荧光，这种可见荧光波长为 450~490 nm，在黑暗处肉眼可见。

在一定条件下，发光细菌的发光强度是恒定的，在与外来受试物（无机毒物、有机毒物、抑菌物、杀菌物等）接触后，细菌新陈代谢受到影响，其发光强度将有所改变，发光细菌发光强度的变化程度可用发光检测仪测定出来。在一定浓度范围内，有毒物的浓度与发光细菌发光强度变化存在一定的比例关系，用精密仪器测出待测物作用前后荧光强度的变化，就可以推算出综合毒性的大小。发光细菌的水质毒性指标基于发光细菌相对发光度与水样毒性组分总浓度显著负相关，因而可通过生物发光光度计测定水样的相对发光度，以此表示其急性毒性水平。水质急性毒性水平选用相当的参比毒物氯化汞浓度来表征或半数有效浓度（EC_{50}）来表征。

基于发光细菌的生物毒性在线监测技术的检测原理如下。发光细菌的生物毒性检测方法基于发光细菌的相对发光度与水样毒性组分总浓度显著负相关的原理，因而可通过生物发光光度计测定水样的相对发光度，以此表示其急性毒性水平。该方法能较好地满足对水环境急性毒性快速、灵敏检测的要求。常选用发光较强、对人非致病的哈氏弧菌、费氏弧菌对环境中的有毒样本进行测定，以光电倍增管等装置检测其抑制程度，综合判断样本毒性，该技术被称为发光细菌毒性检测技术。

细菌荧光酶的生成由其基因组中的 lux 操纵子进行操控。细菌间通过释放的自诱导物感知菌群密度水平，当发光细菌的生长密度到达一定水平时，经过一系列诱导途径，启动荧光酶编码基因 luxAB 的转录，酶与长链脂肪醛 RCHO 同步生成，在 O_2 和 $FMNH_2$ 存在的情况下，生成中间氧化复合产物。中间产物不稳定，释放出 FMN、RCOOH、H_2O 和光子。在 FMN 还原酶和 RCOOH 还原酶、腺苷三磷酸（ATP）和其他物质参与下，维持发光反应底物的循环生成，持续发光。细胞代谢水平和酶的运作受外界有机、无机化学物质等因素影响，容易导致发光强度下降。当有毒有害物质与发光细菌接触时，发光强度改变。随着毒性物质浓度的增加，发光强度减弱，且发光强度减弱的程度与毒性物质的含量存在一定的相关性。因此，可利用发光细菌作为指示微生物，以发光强度的变化为指标，测定环境中有毒有害物质的生物毒性，从而对环境中的污染物质进行监测和进行污染风险评价。

自 20 世纪 50 年代以来，工业污染日益严重。由于研究水生生态系统复合污染的潜在影响越来越依赖毒性实验，需要发展一种短期、经济、快速的测试体系来代替传统的长期毒性检验。目前，许多国家，包括加拿大、法国、德国、意大利、墨西哥、荷兰、西班牙和美国，已将发光细菌方法作为标准的毒性测试方法。我国于 1995 年 8 月 1 日起实施应用发光细菌进行水质毒性测试的国家标准，即《水质　急性毒性的测定　发光细菌法》（GB/T 15441—1995）。在菌种选择方面，国内外大多采用天然的发光细菌进行水质毒性测定，GB/T 15441—1995 采用明亮发光结果杆菌的冻干粉，国际标准化组织（ISO）的相关标准采用费氏弧菌。欧盟各国集中采样后的联合研究数据分析结果表明，基于费氏弧菌的发光细菌毒性检测技术试验在不同国家和地区的不同设备间的数据重现性好，变异系数小，不同仪器间的差异对结果无影响。在此之后，各国的环境监测和研究机构采用该法快速测试环境样品的生物毒性。发光细菌检测法虽然具有很多优点，但有两个问题限制了其更早、更广泛的应用：一是发光细菌大部分是海洋细菌，在淡水或污染物浓度很高的污水中难以存活；二是野生型菌只能评估污染物的综合毒性，不能测定特定目标物的浓度。通过构建基因工程发光菌，可以解决以上问题。

参考文献

[1] 谢瑛珂. 基于光谱分析的多参数水质在线监测系统关键技术研究 [D]. 重庆：重庆大学，2021.

[2] 祁彧. 污水水质、流量自动监测系统的研究 [D]. 太原：太原理工大学，2011.

[3] WIESE J, STAHL A, HANSEN J. Applying and optimizing case-based reasoning for wastewater treatment systems[J]. AI communications，2005，18（4）：269-279.

[4] 项光宏，闻路红，王静，等. 水质在线监测技术研究及应用 [J]. 控制工程，2010，17（S1）：111-113.

[5] LEPOT M，TORRES A，HOFER T，et al. Calibration of UV/Vis spectrophotometers：a review and comparison of different methods to estimate TSS and total and dissolved COD concentrations in sewers，WWTPs and rivers[J]. Water research，2016，101：519-534.

[6] KOLB M，BAHADIR M，TEICHGRÄBER B. Determination of chemical oxygen demand（COD）using an alternative wet chemical method free of mercury and dichromate[J]. Water research，2017，122：645-654.

[7] 生态环境部. 化学需氧量（COD_{Cr}）水质在线自动监测仪技术要求及检测方法：HJ 377—2019[S]. 北京：中国环境出版集团，2019.

[8] 国家环境保护部. 水质　五日生化需氧量（BOD_5）的测定　稀释与接种法：HJ 505—2009[S]. 北京：中国环境科学出版社，2009.

[9] 国家环境保护总局. 地表水环境质量标准：GB 3838—2002[S]. 北京：中国环境科学出版社，2002.

[10] 国家环境保护部. 水质 总氮的测定 碱性过硫酸钾消解紫外分光光度法：HJ 636—2012[S]. 北京：中国环境科学出版社，2012.

[11] 生态环境部. 氨氮水质在线自动监测仪技术要求及检测方法：HJ 101—2019[S]. 北京：

中国环境出版集团，2019.

[12] 国家环境保护局. 水质　总磷的测定　钼酸铵分光光度法：GB 11893—1989[S]. 北京：中国标准出版社，1989.

[13] 国家环境保护总局. 总磷水质自动分析仪技术要求：HJ/T 103—2003[S]. 北京：中国环境科学出版社，2003.

[14] 于海，何苗，蔡强，等. 检测水中急性毒性污染物的发光细菌光纤传感器的研究 [J]. 环境科学，2008(2)：2375-2379.

[15] 李书钺. 一种发光细菌快速水质毒性检测仪的设计与研究 [D]. 重庆：重庆大学，2012.

第 3 章　水质软测量监测技术

作为衡量水体质量情况及变化规律的主要指标，污水处理过程的水质参数，如溶解氧（DO）、总氮（TN）、总磷（TP）、悬浮物（SS）、生化需氧量（BOD）、化学需氧量（COD）等为污水处理全流程的优化控制提供了重要的依据。部分参数（如 DO、流量、pH 值等）可以直接通过仪器快速测得，对此需要沿袭传统的检测技术发展思路，通过研制新型的过程测量仪表，以硬件形式实现过程参数的直接在线测量；也有一部分参数（如 COD、BOD、TN、TP 等）需要通过采样化验等手段获取，尤其是 BOD_5 需要经过 5 天之后才能得到化验结果，显然，该化验结果大大滞后于污水的排放过程，待知道出水水质指标 BOD_5 不合格时，早已排出大量不合格的处理水，造成二次污染。为了避免对这些难测水质参数的直接测量，软测量监测技术提供了新的解决办法，即采用间接测量的思路，将软测量监测技术应用于污水处理过程，建立出水水质 BOD_5 等参数的软测量模型，以实现污水处理过程的计算机实时监测和预报，达到出水的优化排放。

本章首先介绍污水处理中软测量技术的内涵及基本环节，然后详述基于统计回归、人工神经网络、深度学习的污水处理软测量模型的建模方法，最后以 BOD、TN、TP 为例，说明污水处理中软测量模型的应用过程。

3.1　污水处理中的软测量技术基础

3.1.1　软测量技术的内涵

软测量技术也称为软仪表技术，即将自动控制理论与生产工艺的知识结合起来，利用易于获取的其他测量信息（易测变量，又常称为辅助变量或二次变量），应用计算机技术，借助易测变量与难以直接测量的待测变量（常称为主导变量）之间的数学关系（软测量模型），通过计算实现对待测变量的估算。简言之，软测量技术主要是通过建立易测变量与难测变量间的映射关系来实现对难测变量的预测。与常规的硬件设备测量方法相比，软测量方法具有开发成本低、动态响应快、可维护性强等优点，对提高自动控制技术和现代工业生产水平具有十分重要的意义，已被广泛应用于实际的工业过程中。目前，软测量技术的研究已从静态发展到动态，从线性发展到非线性，从无校正发展到有校正。

3.1.2　软测量技术的基本环节

软测量技术是解决实际工业过程中难测主导变量实时预测问题的重要方法，通过选择与之密切相关的易测辅助变量，构建变量间的数学关系，即可实现对难测主导变量的预测，其详细实现过程如图 3-1 所示。

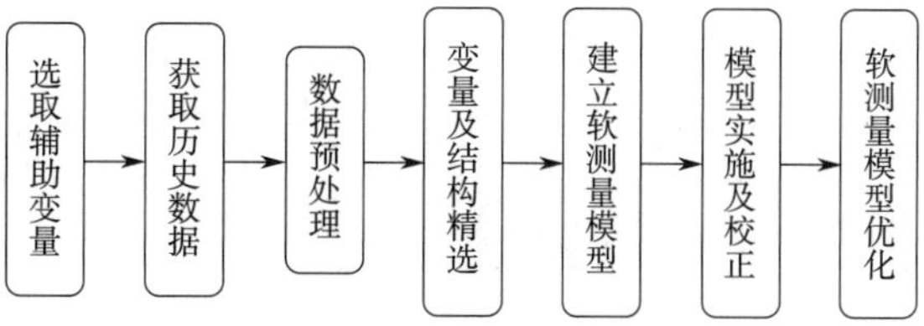

图 3-1　软测量技术的实现过程

实际应用时，软测量技术可简化为以下四个基本环节。

1）选取辅助变量

水质参数变量数目繁多且存在冗余变量，可导致模型的复杂度变高、预测效果变差、掩盖重要变量等问题。因此，在建立软测量模型之前需对辅助变量进行精确选取。辅助变量的选取原则是易于采集且与难测主导变量密切相关。在对辅助变量进行选取时，采用科学合理的选取方法，不仅能减少信息采集的工作量，还能简化模型结构，使软测量模型易于理解和观测。在通常情况下，选取辅助变量时，可根据生产过程的工艺机理等对易于测量的辅助变量进行确定，选取对主导变量具有重要影响的变量形成辅助变量集，然后根据统计方法进一步对变量集进行分析，确定最佳的辅助变量。比如，在地表水、地下水、江河、湖泊等水体中，水质硬度与电导率存在明显的线性相关性，因此，电导率常被选为辅助变量来监测循环水体系的水质硬度。

2）数据采集和预处理

软测量模型的有效建立依赖于数据，为保证过程测量数据的有效性，需要采取科学合理的方法对辅助变量数据进行采集和预处理。在采集过程中，应该均匀、有代表性地对过程数据进行采集，避免在一个小范围内反复采样，并尽量保证采集的样本能覆盖整个操作范围。从污水处理过程中获得的数据一般都会存在冗余和异常的情况，记录的污水处理厂的数据或许存在缺失值或其他形式的脏数据。因此，要想获取准确度较高的数据，通常需要充分结合水质参数特点，对现场采集到的数据进行预处理，包括异常数据剔除、缺失数据替补、数据归一化（标准化）等操作，从而在一定程度上降低数据的维度，有效地避免建立软测量模型时产生的计算复杂度，减小对所建模型性能的影响。

3）建立软测量模型

在现代污水处理厂中，历史过程和实验室数据通常被采集并存储在数据采集系统中。软测量技术就是通过找到污水处理过程中易测变量与难测变量之间的某种函数关系，根据这种函数关系，选择输入与输出变量，建立合适的网络模型，进而实现对难测变量的实时预测。作为软测量技术的关键，建模方法直接决定了软测量模型的性能。通常通过研究工艺机理或者对采集到的过程数据进行探索性分析，建立适用的软测量模型。目前，常用的软测量建模方法包括统计回归建模方法、人工神经网络建模方法、深度学习建模方法等。各种建模方法的详细描述见 3.2 节。

4）校正软测量模型

针对水质参数的动态时延特性，需要对水质参数的时间延迟进行合理估计，根据参数的时延估计结果对软测量模型的输入、输出变量进行时间配准。此外，对于复杂的工业过程，很难建立精确的软测量模型，而且随着时间的推移，伴随着传感器老化、工作点漂移等问题的出现，所建软测量模型的性能也会随之下降。为避免上述情况的发生，需要考虑软测量模型的持续性校正和更新优化问题，以适应不断变化的工况，保证模型的性能。

3.2 污水处理中的软测量建模方法

3.2.1 软测量建模方法概述

目前，软测量建模方法大致可分为三大类：机理建模、数据驱动建模以及机理建模与数据驱动建模的混合建模。

机理建模需要深入了解过程机理，这包括了解生产过程中的物理和化学规律，然后基于物料平衡、能量守恒或者动量守恒等建立数学模型。对于结构相对简易的过程，常采用解析法建立模型，而对于复杂过程，一般考虑建立相应的基本仿真模型，以软件包的形式提供使用。然而，机理模型虽能反映过程机理，但这类模型存在模型参数过多、难以适应过程的动态变化、模型输出结果与真实值相比误差较大等问题。

数据驱动建模是基于过程实测、操作数据或历史数据，利用数学回归、神经网络等方法训练出输入变量（易测水质参数）与输出变量（难测水质参数）间的映射关系，从而得到黑箱模型。这类模型从过程数据角度出发，无须了解过多的内部工艺机理，可在最低限度先验知识和假设的条件下建模，避免了对难测变量的人工检测，节约了人力和物力。然而当工况和环境干扰有较大改变，模型失配比较严重时，就会出现无法满足精度的情况。

混合建模是分别建立一个机理模型和一个数据驱动模型，然后将机理模型的输出值与实际过程真实输出值之间的误差作为数据驱动模型的预测值进行训练，最后用数据驱动模型的预测值补偿机理模型的输出，保证机理模型的预测精度。混合建模方法将另外两种建模方法的优势进行互补，既能充分反映工业过程机理，又能较为准确地实现变量预测。

3.2.2 基于统计回归的污水处理软测量模型

统计回归方法的主要思路是，通过选取对输出变量线性影响最大的输入变量，建立最优的多元统计回归方程。当采用统计回归的方法建立污水处理过程的软测量模型时，对于辅助变量较少的情况，利用多元逐步回归技术可以得到较理想的软测量模型；对于辅助变量较多的情况，可依据变量组合的基本假定，采用主元回归技术，对原问题进行降维处理，排除不重要的变量组合，进而得到较理想的软测量模型。

3.2.2.1 基于多元逐步回归（MSR）的软测量模型

多元逐步回归（MSR）实质上是一种建立“最佳”回归方程的计算方法，其基本思想是：在计算的过程中同时考虑到自变量的选入和剔除，以较少的计算量建立“最佳”的回归方程。该方法从一个自变量开始，把自变量逐个选入，每一步只选一个自变量，并且要求选入的自变量比所有未被选入的自变量中更显著。在选入自变量的同时还可以判断已在回归方程中的自变量是否还显著，若仍然显著，就让它继续保留在回归方程中，若变得不显著，那么立刻剔除，这样反复进行，直到自变量既不能被选入又不能被剔除为止，最后建立相应的

“最佳”回归方程。

双重筛选逐步回归法是指在考虑自变量的筛选过程中也考虑因变量的筛选，它的基本思想是：将因变量分组，并找出对每组因变量有影响的自变量，然后分别对各组因变量与对其有影响的自变量建立回归方程式，其具体计算步骤如下。

（1）先进行准备工作，设已取得 q 维自变量和 p 维因变量的数据矩阵，且已中心化，将它们记为

$$\boldsymbol{X}=[\boldsymbol{x}_1,\ \boldsymbol{x}_2,\cdots,\ \boldsymbol{x}_n]=\begin{bmatrix} x_{11} & x_{12} & \cdots & x_{1n} \\ x_{21} & x_{22} & \cdots & x_{2n} \\ \vdots & \vdots & & \vdots \\ x_{q1} & x_{q2} & \cdots & x_{qn} \end{bmatrix} \tag{3-1}$$

$$\boldsymbol{Y}=[\boldsymbol{y}_1,\ \boldsymbol{y}_2,\cdots,\ \boldsymbol{y}_n]=\begin{bmatrix} y_{11} & y_{12} & \cdots & y_{1n} \\ y_{21} & y_{22} & \cdots & y_{2n} \\ \vdots & \vdots & & \vdots \\ y_{p1} & y_{p2} & \cdots & y_{pn} \end{bmatrix} \tag{3-2}$$

把 $\boldsymbol{X}$ 和 $\boldsymbol{Y}$ 合成一个资料矩阵：

$$\boldsymbol{U}=\begin{bmatrix} \boldsymbol{X} \\ \boldsymbol{Y} \end{bmatrix} \tag{3-3}$$

$\boldsymbol{U}$ 的交叉乘积矩阵为

$$\boldsymbol{L}=\boldsymbol{U}\boldsymbol{U}^{\mathrm{T}}=\begin{bmatrix} \boldsymbol{L}_{XX} & \boldsymbol{L}_{XY} \\ \boldsymbol{L}_{YX} & \boldsymbol{L}_{YY} \end{bmatrix}=\begin{bmatrix} l_{11} & \cdots & l_{1q} & l_{1(q+1)} & \cdots & l_{1(q+p)} \\ \vdots & & \vdots & \vdots & & \vdots \\ l_{q1} & \cdots & l_{qq} & l_{q(q+1)} & \cdots & l_{q(q+p)} \\ l_{(q+1)1} & \cdots & l_{(q+1)q} & l_{(q+1)\ (q+1)} & \cdots & l_{(q+1)\ (q+p)} \\ \vdots & & \vdots & \vdots & & \vdots \\ l_{(q+p)1} & \cdots & l_{(q+p)\ q} & l_{(q+p)\ (q+1)} & \cdots & l_{(q+p)\ (q+p)} \end{bmatrix} \tag{3-4}$$

式中：$\boldsymbol{L}_{XX}=\boldsymbol{X}\boldsymbol{X}^{\mathrm{T}}$，$\boldsymbol{L}_{XY}=\boldsymbol{X}\boldsymbol{Y}^{\mathrm{T}}$，$\boldsymbol{L}_{YX}=\boldsymbol{Y}\boldsymbol{X}^{\mathrm{T}}$，$\boldsymbol{L}_{YY}=\boldsymbol{Y}\boldsymbol{Y}^{\mathrm{T}}$。

由中心化数据矩阵 $\boldsymbol{X}$、$\boldsymbol{Y}$ 计算得 $\boldsymbol{L}$ 初始阵为

$$\boldsymbol{L}^{(0)}=\begin{bmatrix} \boldsymbol{L}_{XX}^{(0)} & \boldsymbol{L}_{XY}^{(0)} \\ \boldsymbol{L}_{YX}^{(0)} & \boldsymbol{L}_{YY}^{(0)} \end{bmatrix} \tag{3-5}$$

用两个矩阵 $\boldsymbol{L}_1$ 与 $\boldsymbol{L}_2$ 分别记录自变量 $x_1,\cdots,x_q$ 和因变量 $y_1,\cdots,\ y_p$ 的筛选情况，用第 i $(i\leqslant q)$ 号变量表示自变量 x_i，第 $q+j\ (j\leqslant p)$ 号变量表示因变量 y_j。矩阵 $\boldsymbol{L}^{(m)}$ 对某一编号 $k(k\leqslant q+p)$ 进行消去变换得到 $\boldsymbol{L}^{(m+1)}$，记为 $\boldsymbol{L}^{(m)}\xrightarrow{(r)}\boldsymbol{L}^{(m+1)}$；记号 $\boldsymbol{L}^{(m)}\xrightarrow{(k,\ x)}\boldsymbol{L}^{(m+1)}$ 表示对 $\boldsymbol{L}^{(m)}$ 中 3 块子矩阵 $\boldsymbol{L}_{XX}^{(m)}$、$\boldsymbol{L}_{XY}^{(m)}$、$\boldsymbol{L}_{YX}^{(m)}$ 进行 k 消去变换，而子矩阵 $\boldsymbol{L}_{YY}^{(m)}$ 保持不变；记号 $\boldsymbol{L}^{(m)}\xrightarrow{(k,\ Y)}\boldsymbol{L}^{(m+1)}$ 表示只对 $\boldsymbol{L}^{(m)}$ 中的子矩阵 $\boldsymbol{L}_{YY}^{(m)}$ 进行 k 消去变换，而其他 3 块子矩阵 $\boldsymbol{L}_{XX}^{(m)}$、$\boldsymbol{L}_{XY}^{(m)}$、$\boldsymbol{L}_{YX}^{(m)}$ 保持不变。

因为在计算过程中要对自变量和因变量进行筛选，故取两个临界值：

$$F_x^*=F_{1-\alpha}\left(\frac{2}{p},\ n-\frac{q+p}{2}\right) \tag{3-6}$$

$$F_y^* = F_{1-\beta}\left(\frac{q}{2},\ n-\frac{q+p}{2}\right) \tag{3-7}$$

式中：α和β为给定的显著水平，并且令：

$$\boldsymbol{L}_1^{(0)} = \boldsymbol{L}_2^{(0)} = \boldsymbol{L}^{(0)} \tag{3-8}$$

即每建立一组因变量的回归方程，就称一个阶段的双重筛选结束。

（2）任意引入一个因变量y_j，即对$\boldsymbol{L}_1^{(0)}$和$\boldsymbol{L}_2^{(0)}$进行下面的消去变换：

$$\boldsymbol{L}_1^{(0)} \xrightarrow{(q+j,\ Y)} \boldsymbol{L}_1^{(1)},\quad \boldsymbol{L}_2^{(0)} \xrightarrow{(q+j)} \boldsymbol{L}_2^{(1)} \tag{3-9}$$

随后转入第（3）步。

（3）逐个检验是否要引入自变量，设此时已引入了p_0个因变量和q_0个自变量，$\boldsymbol{L}_1^{(0)}$和$\boldsymbol{L}_2^{(0)}$已相应变成$\boldsymbol{L}_1^{(m)}$和$\boldsymbol{L}_2^{(m)}$，计算：

$$A_i = 1-\frac{l_{2ii}^{(m)}}{l_{1ii}^{(m)}} \tag{3-10}$$

式中：$l_{1ii}^{(m)}$和$l_{2ii}^{(m)}$分别为$\boldsymbol{L}_1^{(m)}$和$\boldsymbol{L}_2^{(m)}$的（$i,\ i$）元素（$i=1,2,\cdots,q$）。

对已入选的自变量，$A_i<0$；对未入选的自变量，$A_i\geqslant 0$。从大于或等于0的A_i中找出最大的，记为A_{i_1}，计算：

$$F_{i_1} = \frac{n-p_0-q_0-1}{p_0}\cdot\frac{A_{i_1}}{1-A_{i_1}} \tag{3-11}$$

若$F_{i1}\leqslant F_x^*$，则不引入x_{i_1}，转入第（5）步。

若$F_{i1}>F_x^*$，则引入x_{i_1}，进行下述消去变换：

$$\boldsymbol{L}_1^{(m)} \xrightarrow{(i1,\ X)} \boldsymbol{L}_1^{(m+1)},\quad \boldsymbol{L}_2^{(m)} \xrightarrow{(i1)} \boldsymbol{L}_2^{(m+1)} \tag{3-12}$$

随后转入第（4）步。

（4）逐步检验是否要剔除自变量，设此时已引入了p_0个因变量和q_0个自变量，$\boldsymbol{L}_1^{(0)}$和$\boldsymbol{L}_2^{(0)}$已相应变成$\boldsymbol{L}_1^{(m)}$和$\boldsymbol{L}_2^{(m)}$，按式（3-10）计算A_i。

在小于0的A_i中找出最大（绝对值最小）的，记为A_{i_1}，计算：

$$\widetilde{F}_{i_1} = \frac{-(n-p_0-q_0)}{p_0}\cdot A_{i_1} \tag{3-13}$$

若$\widetilde{F}_{i_1}\leqslant F_x^*$，剔除$x_{i_1}$，进行下述消去变换：

$$\boldsymbol{L}_1^{(m)} \xrightarrow{(i_1,\ X)} \boldsymbol{L}_1^{(m+1)},\quad \boldsymbol{L}_2^{(m)} \xrightarrow{(i_1)} \boldsymbol{L}_2^{(m+1)} \tag{3-14}$$

然后转入第（3）步。

若$\widetilde{F}_{i_1}>F_x^*$，不剔除$x_{i_1}$，转入第（3）步。

（5）逐个检验是否要剔除因变量，设此时已引入了p_0个因变量和q_0个自变量，$\boldsymbol{L}_1^{(0)}$和$\boldsymbol{L}_2^{(0)}$已相应变成$\boldsymbol{L}_1^{(m)}$和$\boldsymbol{L}_2^{(m)}$，计算：

$$A_{q+j} = 1-\frac{l_{2(q+j)\ (q+j)}^{(m)}}{l_{1(q+j)\ (q+j)}^{(m)}} \tag{3-15}$$

式中：$j \leqslant p$。

对已入选的因变量，$A_{q+j}<0$，对未入选的因变量，$A_{q+j} \geqslant 0$。在小于 0 的 A_{q+j} 中找出最大的，记为 A_{q+j_1}，计算：

$$\widetilde{F_{q+j_1}} = \frac{-(n-p_0-q_0)}{p_0} \cdot A_{q+j_1} \tag{3-16}$$

若 $\widetilde{F_{q+j_1}} \leqslant F_y^*$，剔除 y_{j_1}，进行下述消去变换：

$$\boldsymbol{L}_1^{(m)} \overset{(q+j_1,\ Y)}{\rightarrow} \boldsymbol{L}_1^{(m+1)},\ \boldsymbol{L}_2^{(m)} \overset{(q+j_1)}{\rightarrow} \boldsymbol{L}_2^{(m+1)} \tag{3-17}$$

随后转入第（4）步。

若 $\widetilde{F_{q+j_1}} > F_y^*$，不剔除 y_{j_1}，转入第（6）步。

（6）逐个检验是否要引入因变量，设此时已引入了 p_0 个因变量和 q_0 个自变量，$\boldsymbol{L}_1^{(0)}$ 和 $\boldsymbol{L}_2^{(0)}$ 已相应变成 $\boldsymbol{L}_1^{(m)}$ 和 $\boldsymbol{L}_2^{(m)}$，按式（3-15）计算 A_{q+j}。

在大于 0 的 A_{q+j} 中找出最大的（绝对值最小），记为 A_{q+j_1}，计算：

$$F_{q+j_1} = \frac{n-p_0-q_0-1}{p_0} \cdot \frac{A_{q+j_1}}{1-A_{q+j_1}} \tag{3-18}$$

若 $F_{q+j_1} \leqslant F_y^*$，不引入 y_{j_1}，再转入第（7）步。

若 $F_{q+j_1} > F_y^*$，引入 y_{j_1}，进行下述消去变换：

$$\boldsymbol{L}_1^{(m)} \overset{(q+j_1,\ Y)}{\rightarrow} \boldsymbol{L}_1^{(m+1)},\ \boldsymbol{L}_2^{(m)} \overset{(q+j_1)}{\rightarrow} \boldsymbol{L}_2^{(m+1)} \tag{3-19}$$

随后转入第（4）步。

（7）给出第一组因变量的回归方程式，当既不能剔除又不能引入变量时，第一阶段的双重筛选停止，此时 $\boldsymbol{L}_1^{(0)}$ 和 $\boldsymbol{L}_2^{(0)}$ 已相应变成 $\boldsymbol{L}_1^{(e)}$ 和 $\boldsymbol{L}_2^{(e)}$，设选入的因变量为 $y_{j_1}, \cdots, y_{j_k}$，选入的自变量为 $x_{i_1}, \cdots, x_{i_k}$，则由 $\boldsymbol{L}_1^{(e)}$ 可写出第一组回归方程式：

$$\begin{cases} \hat{y}_{j_1} = \bar{y}_{j_1} + l^e_{1i_1(q+j_1)}\left(x_{i_1} - \bar{x}_{i_1}\right) + \cdots + l^e_{1i_1(q+j_1)}\left(x_{i_k} - \bar{x}_{i_k}\right) \\ \qquad \vdots \\ \hat{y}_{j_k} = \bar{y}_{j_1} + l^e_{1i_1(q+j_k)}\left(x_{i_1} - \bar{x}_{i_1}\right) + \cdots + l^e_{1i_1(q+j_1)}\left(x_{i_k} - \bar{x}_{i_k}\right) \end{cases} \tag{3-20}$$

式中：$\bar{y}_{j_1}, \cdots, \bar{y}_{j_k}$ 为因变量 $y_{j_1}, \cdots, y_{j_k}$ 的 n 个观察值的平均值；$\bar{x}_{i_1}, \cdots, \bar{x}_{i_k}$ 为自变量 $x_{i_1}, \cdots, x_{i_k}$ 的 n 个观察值的平均值。

第一阶段的双重筛选结束后，去掉第一阶段入选的因变量 $y_{j_1}, \cdots, y_{j_k}$，用剩下的因变量和全部自变量重复上述各步骤，进行第二阶段的筛选，建立第二组回归方程式，照此类推，直到全部因变量用完，这样就结束了整个双重筛选逐步回归过程。

昆明理工大学彭向华、冯丽辉采用 MSR 方法分别建立了污水处理出水中 BOD_5、TN、TP 的软测量模型，得到了污水处理过程主导变量的逐步回归模型。回归预测方程组为

$$\begin{cases} \hat{y}_1 = 0.031\,4x_1 + 3.041\,6 \times 10^{-5} x_5 \\ \hat{y}_2 = -0.062\,2x_1 + 0.140\,1x_2 - 0.000\,6x_4 - 3.626 \times 10^{-5} x_5 \\ \hat{y}_3 = -0.000\,7x_1 - 0.013\,1x_2 + 3.244\,8x_4 + 0.06 \times 10^{-5} x_5 \end{cases} \tag{3-21}$$

基于以上回归预测方程组，只需将预测数据样本中的辅助变量值分别代入，便可求出相对应的主导变量的估计值(即预测值)，预测效果基本与实测值相等。

3.2.2.2 基于主元回归(PCR)的软测量模型

主元回归(PCR)方法是建立在主元分析(PCA)基础上的，是一种数据压缩和信息提取方法，可以解决由数据共线性造成的正规病态矩阵而引发的问题。它将原始数据集合进行压缩处理，以较少的变量或因子来描述数据集的主要趋势，从而将高维数据矩阵降维，同时又不丢失数据的信息特征。

主元回归是建立前 k 个主元与因变量之间的线性关系，设因变量 y 关于主元 $t_1, t_2, \cdots, t_k$ 的回归方程为

$$y = a_1 t_1 + a_2 t_2 + \cdots + a_k t_k + \varepsilon \tag{3-22}$$

定义

$$\boldsymbol{\alpha} = [a_1,\ a_2, \cdots,\ a_k]^{\mathrm{T}} \tag{3-23}$$

$$\boldsymbol{y} = [y_1,\ y_2, \cdots,\ y_n]^{\mathrm{T}} \tag{3-24}$$

$$\boldsymbol{\varepsilon} = [\varepsilon_1,\ \varepsilon_2, \cdots,\ \varepsilon_n]^{\mathrm{T}} \tag{3-25}$$

$$\boldsymbol{T} = \begin{bmatrix} t_{11} & t_{12} & \cdots & t_{1k} \\ t_{21} & t_{22} & \cdots & t_{2k} \\ \vdots & \vdots & & \vdots \\ t_{n1} & t_{n2} & \cdots & t_{nk} \end{bmatrix} \tag{3-26}$$

式中：t_{ij} 和 y_j 分别为第 i 个主元 t_i 和 y 的第 j 次观测值(j=1, 2,⋯, k)，则主元回归方程可写为

$$\boldsymbol{y} = \boldsymbol{T\alpha} + \boldsymbol{\varepsilon} \tag{3-27}$$

主元回归系数 $\boldsymbol{\alpha}$ 的最小二乘解为

$$\hat{\boldsymbol{\alpha}} = \left(\boldsymbol{T}^{T}\boldsymbol{T}\right)^{-1}\boldsymbol{T}^{\mathrm{T}}\boldsymbol{Y} \tag{3-28}$$

这里：

$$\hat{\boldsymbol{\alpha}} = [\hat{a}_1,\ \hat{a}_2,\ \cdots,\ \hat{a}_k]^{\mathrm{T}} \tag{3-29}$$

则主元回归方程为

$$\hat{y} = \hat{a}_1 t_1 + \hat{a}_2 t_2 + \cdots + \hat{a}_k t_k \tag{3-30}$$

主元的表达式为

$$t_i = \boldsymbol{l}_i^{\mathrm{T}}\boldsymbol{x} = l_{i1}x_1 + l_{i2}x_2 + \cdots + l_{im}x_m \quad (i = 1,\ 2,\ \cdots,\ m) \tag{3-31}$$

将主元表达式代入主元方程，则可得因变量 $\boldsymbol{y}$ 关于自变量 $\boldsymbol{x}$ 的主元回归方程：

$$\hat{y} = \hat{\alpha}_1(l_{i1}x_1) + \hat{\alpha}_2(l_{i2}x_2) + \cdots + \hat{\alpha}_k(l_{ik}x_k) = \hat{\beta}_1 x_1 + \hat{\beta}_2 x_2 + \cdots + \hat{\beta}_m x_m \tag{3-32}$$

式中：

$$\boldsymbol{x} = [x_1,\ x_2, \cdots,\ x_m]^{\mathrm{T}} \tag{3-33}$$

$$\hat{\beta}_i = \hat{\alpha}_1 l_{i1} + \hat{\alpha}_2 l_{i2} + \cdots + \hat{\alpha}_k l_{ik} \quad (i = 1,\ 2,\ \cdots,\ m) \tag{3-34}$$

综上所述，因变量 y 关于自变量 $x_1,\ x_2, \cdots,\ x_m$ 的主元回归的步骤如下。

（1）对自变量 $x_1, x_2, \cdots, x_m$ 进行 n 次观测，求 $x_1, x_2, \cdots, x_m$ 的协方差阵 $\sum$。

（2）求 $\sum$ 的特征根 $\lambda_1 \geqslant \lambda_2 \geqslant \cdots \lambda_m \geqslant 0$ 及其相应的单位正交特征向量 $\boldsymbol{l}_1, \boldsymbol{l}_2, \cdots, \boldsymbol{l}_m$。

（3）可按前 k 个主元的累计贡献率

$$\eta_k = \frac{\sum_{i=1}^{k} \lambda_i}{\sum_{i=1}^{m} \lambda_i} \geqslant C \tag{3-35}$$

（4）根据自变量 $x_1, x_2, \cdots, x_m$ 的 n 个观测值 $x_{j1}, x_{j2}, \cdots, x_{jm}$（$j=1,2,\cdots,n$）算出前 k 个主元 $t_1, t_2, \cdots, t_k$ 的 n 个样本值 t_{ij}（$i=1,2,\cdots,k$ 且 $j=1,2,\cdots,n$）。

（5）计算 y 关于主元 t_i 的回归方程的系数 $\hat{\alpha}_1, \hat{\alpha}_2, \cdots, \hat{\alpha}_k$。

（6）计算 y 关于自变量 $x_1, x_2, \cdots, x_m$ 的回归方程的回归系数 $\hat{\beta}_1, \hat{\beta}_2, \cdots, \hat{\beta}_m$。

浙江工业大学穆秀春、俞立利用主元分析法进行辅助变量的精选，并建立起基于 PCR 的污水处理出水水质软测量模型。结果表明，基于主元回归的软测量模型可以较好地对输入数据和输出数据进行拟合，其精度也可以达到一定的水平。具体步骤如下。

首先，确定辅助变量和主元数目。模型的主导变量为 COD、NH_4^+-N 及 TP，辅助变量定为氧化还原电位（ORP）、DO 和 pH 值。为满足辅助变量的个数大于主导变量个数这一原则，针对每一个主导变量，建立三输入单输出的软测量模型。结合"厌氧—好氧—缺氧—好氧"不断循环的工艺过程，对周期性循环的 4 个过程分别建模，将经预处理的数据中用于建模的 74 组数据用于主元分析，得到 4 个反应过程中的主元方差贡献率和累计主元方差贡献率。在建立主元回归模型时，对训练数据采用不同的主元回归模型，根据它们在测试数据上产生的误差，选取最适当的主元回归模型，即通过保留不同数目的主元，建立若干模型，然后在检验数据上测试这些模型，并从中选择检验数据测试误差最小的那个主元回归模型。

其次，进行仿真结果分析。针对每个反应过程，最佳的主元个数都确定为 3。结合"厌氧—好氧—缺氧—好氧"工序中的每个反应过程，利用处理过的数据中的 74 组数据分别建立针对 COD、NH_4^+-N 及 TP 这 3 个主导变量的三输入单输出的主元回归模型（输出为 pH 值、ORP 和 DO），再将另外的 38 组数据用来检验模型，并分别计算出基于主元回归模型的拟合及预测的均方误差（MSE）。基于主元回归的软测量模型无论在拟合还是预测方面都仅有较小的误差，说明主元回归模型可以较好地对输入数据和输出数据进行拟合，观测的精度也可以达到一定的水平，这可能是因为在建立模型之前进行了主元分析，去掉了不太重要的主元变量，减小了噪声的影响。

3.2.3　基于人工神经网络的污水处理软测量模型

污水处理过程具有高度的复杂性、非线性、高维性、微观认识不完备性且为多变量，因素之间关系错综复杂，运用传统数值算法难以实现精确描述。人工神经网络（artificial neural network，ANN）是基于生物神经网络模拟而构建的一种信息处理系统，有着强大的信息存储能力和计算能力，具有并行性、自组织、自适应、非线性和容错性等特征，其能够根据对象输入/输出的数据直接建立模型，不需要对象的先验知识及复杂的数学公式推导，并且采用适当的训练算法就可以达到网络学习精度的目标。将 ANN 软测量方法应用于污水水质指标的实时检测，可充分利用神经网络很强的非线性逼近能力和学习能力，取得很好的效果，因此 ANN 在污水处理领域有广阔的应用前景。

3.2.3.1 基于 BP 神经网络的污水处理软测量模型

反向传播（back propagation，BP）神经网络具有很强的生物背景，具有多输入、多输出的特点，适用于多变量非线性函数的逼近，而且还具有结构简单、易于编程实现、可接受的学习速度和较好的泛化能力等特点，因而受到广泛应用。

昆明理工大学刘加森、张洪明以城市污水处理为研究对象，提出了以 BP 神经网络为基础的软测量模型建模方法，在 MATLAB 6.5 软件的神经网络工具箱上进行二次开发，建立了软测量模型，进一步通过模型对实际的污水水质结果进行软测量预测。基于 BP 神经网络的软测量模型的建立步骤如下。

1. 数据获取与预处理

实验数据来源于昆明市第五污水处理厂的生产统计月报和工艺运行参数报表。需对所获数据采取数据预处理。下面介绍预处理的操作过程。

1）剔除异常数据

通常采用统计假设检验法中的拉依达准则（3σ 准则），设样本数据为 $x_1, x_2, \cdots, x_n$，平均值为 $\bar{x}$，偏差为 $v_i = x_i - \bar{x}(i=1, 2, \cdots, n)$，按照贝塞尔（Bessel）公式计算出标准偏差，表达式为

$$s=\sigma=\left[\sum v_i^2/(n-1)\right]^{\frac{1}{2}} \tag{3-36}$$

如果某一样本数据 x_i 的偏差 v_i（$1\leqslant i\leqslant n$）满足：

$$|v_i|>3\sigma \tag{3-37}$$

则认为 x_i 是异常数据，应予剔除。

2）数据归一化处理

由于污水处理过程中所测量的数据有不同的工程单位，各变量的大小在数值上差异很大，直接使用原始测量数据进行计算可能丢失信息和引起数值计算的不稳定，因此对样本数据采用零均值标准化方法进行归一化处理，即对数据同时进行中心化-压缩处理，其数学表达式为

$$x_{ij}^*=\frac{x_{ij}-\overline{x_j}}{s_j} \tag{3-38}$$

式中：$i=1,2,\cdots,n$；$j=1,2,\cdots,p$。

经过数据归一化处理后，可使各变量的均值为 0，标准差为 1，进而消除不同特征因子量纲不同和数量级不同所带来的影响。

污水处理厂原始数据经过预处理后，共确定为 n 组，其中 m 组作为神经网络训练样本，对参数设定向量进行赋值后，即可进行模型训练。为了验证神经网络模型的性能，另取 $n-m$ 组数据作为校验样本，分析神经网络模型的计算值与实测值的误差。

2. 辅助变量的选取

神经网络输入变量的选取一直是个难点，一般通过对实际工况的了解和经验来确定，该

模型的数据来源于污水处理厂的生产统计月报和工艺运行参数报表，其中可以测量的辅助变量有 COD、pH 值、SS、DO、NH_4^+-N、NO_3^--N、水温、MLSS 等。例如，若以出水 BOD 作为神经网络的输出，根据活性污泥法工艺过程分析及对实时检测的数据的分析，可采用与 BOD 耦合和关联关系较大的进水 COD、SS、DO、pH 值和水温作为神经网络的输入。

3. 神经网络结构及算法的确定

确定 BP 神经网络结构主要是确定输入层、隐含层（也称隐藏层）及输出层三层网络结构，从而建立污水处理 BP 神经网络软测量模型。神经网络的输入层选取与 BOD 关系密切的进水 COD、SS、DO、pH 值和水温 5 个指标作为输入神经元；神经网络的隐含层神经元数目经过训练、搜索寻优确定（由于该层神经元数目的确定没有确定的公式，只能采用实验的方法，以网络输出的拟合效果和泛化能力为目标，通过试凑法，反复对比不同隐含层神经元节点数目的预测情况，最终确定当隐含层的神经元数目为 13 时，神经网络的预测性能最好）；输出层只有一个神经元，即 BOD。神经网络的信号由输入层经隐含层，一层一层向前传递，直到传递到输出层，并产生输出信号。其中，隐含层和输出层的激励函数分别为双正切 Sigmoid 函数和线性函数。

选择模型结构之后就要确定算法。算法可采用经典算法，也可采用改进算法。对 BP 神经网络权值修正量的计算采用数值优化算法，即勒文伯格-马夸尔特（Levenberg-Marquardt）规则；对径向基函数（RBF）网络隐含层到输出层间权值的计算采用最小二乘法。

4. 模型训练及校验

利用样本数据对网络进行训练，为了检验模型的有效性，一般将历史数据分成两部分：一部分用来训练模型，另一部分用来检验模型。如果模型的检验结果达到要求，即可将模型投入使用，否则需要修改模型的结构。

人工神经网络的学习过程是一个非线性优化过程，不可避免地会遇到局部极小点问题，使神经网络收敛慢或不收敛。人工神经网络的训练应考虑两个因素：一是神经网络学习的收敛速度及局部极小点性能对初始化权值、偏差矩阵十分敏感；二是由于样本集噪声的存在，学习过程中精度与准确度存在矛盾。对此采取两个策略，下面分别进行介绍。一是建模以预报准确度作为首要目标，精度作为次要目标。这里引入检验误差 err（检验样本网络输出值允许误差的上限）和准确度（不大于 err 的检验合格率）两个概念。用训练总平方误差衡量模型精度，精度不可过高，否则会诱导网络记住噪声。如何协调精度与准确度之间的矛盾，找出二者的最佳组合，尽可能实现模型性能最优化是数值试验的重中之重。另一个策略是通过加大随机初始化次数搜索模型满意解，对给定的网络结构及参数组合执行 1 000 次随机初始化权值、偏差矩阵搜索。

模型校验通常包括以下三个方面。

1）对模型的性能进行检验

对网络实际输出与期望输出进行指标检验，可反映出模型的逼近性能，通常采用四项指标，即相关系数（coefficient，COEF）、均方根误差（root-mean squared error，RMSE）、标准均方根误差（normalized root-mean squared error，NMSE）、平均百分误差（mean percentage error，MPE）。这些指标的计算式如下：

$$\mathrm{COEF}(x,\ y)=\frac{\sum_{i=1}^{n}(y_i-\bar{y})(x_i-\bar{x})}{\left[\sum_{i=1}^{n}(y_i-\bar{y})^2\sum_{i=1}^{n}(x_i-\bar{x})^2\right]^{1/2}} \tag{3-39}$$

式中：$\bar{y}=\frac{1}{n}\sum_{i=1}^{n}y_i$；$\bar{x}=\frac{1}{n}\sum_{i=1}^{n}x_i$。

$$\mathrm{RMSE}=\left[\sum_{i=1}^{n}(x_{1i}-x_{2i})^2/n\right]^{1/2} \tag{3-40}$$

$$\mathrm{NMSE}=\frac{\left[\sum_{i=1}^{n}(x_{1i}-x_{2i})^2/n\right]^{1/2}}{\left[\left(\sum_{i=1}^{n}x_{1i}/n\right)\left(\sum_{i=1}^{n}x_{2i}/n\right)\right]^{1/2}} \tag{3-41}$$

$$\mathrm{MPE}=\frac{1}{n}\sum_{i=1}^{n}\frac{|x_{1i}-x_{2i}|}{|x_{1i}|}\times 100\% \tag{3-42}$$

2）对模型的灵敏度进行检验

模型灵敏度是指目标值在多维空间中的每一点随各个自变量改变而改变的趋势。灵敏度曲线平缓表明该项输入对网络输出的影响很小，该项输入多余；灵敏度曲线出现突变或中断表示该项输入对网络输出的影响过强，此时模型模拟性能不稳定，误差较大。这两种情况都应避免，应继续搜索输入变量或调整输入变量的个数。

3）活性污泥系统动力学过程机理辅助判据

在模型验证阶段，要求模型输入与输出之间的定量映射关系应符合活性污泥系统动力学过程一般机理。但 ANN 作为一种统计型方法，学习样本包含噪声（其大小未知），这可能导致模型统计误差的出现。因此，建模中允许模型输入与输出定量映射关系中少量反常行为的出现，但在模型结构参数（模型网络拓扑结构、激活函数形式、权值、偏差矩阵等）寻优过程中应尽量避免这种情况。

5. 仿真结果分析

刘加森、张洪明建立了基于 BP 神经网络的 BOD 软测量预测模型，以 MATLAB 软件为仿真实验的工具，利用 MATLAB 自带的神经网络工具箱提供的训练函数对预测模型进行训练。在算法上采用 BP 算法的改进算法——Levenberg-Marquardt 算法，样本数据经过数据预处理后剩下 71 组数据，为了提高网络的泛化能力，将样本分为训练样本和校验样本两部分。71 组数据中均匀地选取其中的 75%（53 组）作为训练样本，选取 25%（18 组）作为校验样本。不断调整隐含层的神经元节点数，通过校验样本的预测结果找出效果较好时的网络结构。预测结果表明，采用 BP 神经网络建立污水处理的软测量模型是可行的。

校验样本基本符合训练样本的内在规律和趋势，又由于该软测量模型的训练样本数据和校验样本数据均来自昆明市第五污水处理厂的真实生产数据，说明该软测量模型具有合理的预测性能。虽然个别数据有一定程度的波动，但没有超出污水生产控制所容许的范围，仍可以根据该模型对污水处理的生产过程进行指导（如根据预测值是否超过某一范围控制吹氧的时间，这个时间的长短与污水处理成本的高低有很大关系）。

3.2.3.2　基于 RBF 神经网络的污水处理软测量模型

浙江工业大学管秋、王万良系统分析了污水水质指标（BOD、COD、TN、TP 等）和在线检测参数（pH 值、ORP、DO）之间的关系，提出了针对 SBR 的软测量模型。该模型以 BOD、COD、TN、TP 为软测量的输出主导变量，以 pH 值、ORP、DO 为输入辅助变量。结合 SBR 法的特点和神经网络建模的特点，建立了基于径向基函数（RBF）的污水指标软测量模型，并用污水处理的工程实验测定数据，对神经网络进行了训练，并进行了仿真模拟。结果表明，RBF 神经网络软测量方法能很好地实现对出水指标的实时估计，为实现闭环控制奠定了基础。以下为具体步骤。

1. 原始数据的采集与预处理

首先，根据大量采集的数据确定主要的输入输出模式，即确定 RBF 神经网络的输入与输出变量。对测量数据进行相关性分析，找出其中最主要的量作为输入变量与输出变量。事实上，在确定输入与输出变量时，可以结合先验知识进行分析。在确定了主要输入与输出变量后，要对其进行预处理，将数据变化到一定的范围（如 [0，1] 等）并剔除异常点，同时还可以检验其是否存在周期性、固定变化趋势或其他关系。对数据进行预处理的目的是使得到的数据便于神经网络学习和训练。

其次，由于神经网络是靠已有的经验进行训练的，因而过去的经验越丰富、越全面，训练过的神经网络性能才会越好。但是数据过多，虽能反映输入与输出之间的关系，但是会增加数据分析的代价和网络训练的时间，而数据过少则得不到正确的结果。因此，采集数据时，应该注意使数据尽量覆盖系统所有可能的工作范围，至少能反映出系统一定范围内的工作特性。如果提供给 RBF 神经网络的数据，不能从根本上反映出生化反应过程的特性，那么学习之后的 RBF 神经网络不可能具有与生化反应系统相同的功能。

最后，得到被建模系统的输入与输出数据后就可以利用 RBF 神经网络建立非线性系统模型。由于水处理系统的输入与输出变量各自的取值范围不同，为了便于神经网络学习，这些变量都需要进行归一化处理，也即前文所述的将输入与输出数据归一化。

对数据进行归一化处理的另一个目的是消除不同计量单位的数据对网络的影响。经过上述步骤处理获得的数据，才能使神经网络的学习和训练有效可靠。归一化通常采用的计算式为

$$q=\frac{x-x_{\min}}{x_{\max}-x_{\min}} \tag{3-43}$$

式中：x 为输入量；$x_{\max}$ 为输入量中的最大值；$x_{\min}$ 为输入量中的最小值；q 为归一化后的数据。

使用经过归一化处理后的数据训练神经网络，模型精度可得到很大程度的提高。

2. RBF 神经网络的学习

在 RBF 神经网络中，输出层和隐含层所完成的任务是不同的，因而学习策略也不同。输出层采用的是线性优化策略，学习速度较快；隐含层是对作用函数的参数进行调整，采用的是非线性优化策略，学习速度相对较慢。因此 RBF 神经网络的学习一般分两个层次进行。

RBF 中心的选择采用无监督的学习方法，可以采用 k均值聚类算法，具体步骤如下。

（1）初始化聚类中心 t_i（$i=1, 2,\cdots, M$）。从输入样本 X_j（$j=1, 2,\cdots, N$）中选择 M 个样本作为聚类中心。M 个中心尽量具有“代表性”，样板点密集的地方，中心点也适当多些。如果数据本身是均匀分布的，则中心也均匀分布。选用高斯函数，其方差 $\sigma=\dfrac{d}{\sqrt{2M}}$，其中 d 为各中心间的距离，这样使高斯函数的形状适中，既不太尖也不太平。

（2）用 k均值聚类算法把样本聚成 M 类，将类中心作为 RBF 神经网络的中心。

（3）计算输入样本聚类集合 θ_i（$i=1,2,\cdots,M$）中的输入样本数。

重复以上步骤，直到聚类中心的分布不再变化。最后以聚类中心作为 RBF 神经网络的中心，并计算方差，得到隐含单元的输出参数。

RBF 神经网络用于非线性动态系统建模主要有两种方式：一种是状态空间模型方式；另一种是输入输出模型方式。状态空间模型方式是根据被建模对象采用状态方程描述而提出的，可采用如下方法建模：

$$x(k+1)=f\left[x(k),\ u(k)\right]+w_k \tag{3-44}$$

$$y(k)=h\left[x(k)\right]+v_k \tag{3-45}$$

式中：$k=0,1,\cdots,n$；$f(\cdot)$和 $h(\cdot)$为非线性映射函数。

在实际应用时，能得到的被建模系统的数据一般是输入和输出数据，所以采用输入输出模型的方式建模比较有效。一般一个非线性系统可以表示成如下模型：

$$\boldsymbol{y}(k)=f[\boldsymbol{y}(k-1),\cdots,\boldsymbol{y}(k-n_y),\boldsymbol{u}(k-1),\cdots,\boldsymbol{u}(k-n_u),\boldsymbol{e}(k-1),\cdots,\boldsymbol{e}(k-n_e),\boldsymbol{e}(k)] \tag{3-46}$$

式中：n_y 为输出时延；n_u 为输入时延；n_e 为误差延迟；$f(\cdot)$为非线性映射函数；$\boldsymbol{y}(k)$ 为对象输出矢量；$\boldsymbol{u}(k)$ 为对象输入矢量；$\boldsymbol{e}(k)$ 为误差矢量。

$\boldsymbol{y}(k)$、$\boldsymbol{u}(k)$、$\boldsymbol{e}(k)$具体表示为

$$\begin{cases}\boldsymbol{y}(k)=\left[y_1(k),\cdots,\ y_m(k)\right]^{\mathrm{T}}\\ \boldsymbol{u}(k)=\left[u_1(k),\cdots,\ u_r(k)\right]^{\mathrm{T}}\\ \boldsymbol{e}(k)=\left[e_1(k),\cdots,\ e_n(k)\right]^{\mathrm{T}}\end{cases} \tag{3-47}$$

则有

$$\boldsymbol{y}(k)=f[\boldsymbol{y}(k-1),\cdots,\ \boldsymbol{y}(k-n_y),\ \boldsymbol{u}(k-1),\cdots,\ \boldsymbol{u}(k-n_u)]+\boldsymbol{e}(k) \tag{3-48}$$

则有

$$\boldsymbol{x}(k)=f[\boldsymbol{x}(k)]+\boldsymbol{e}(k) \tag{3-49}$$

因此，如果用一个 RBF 神经网络来逼近非线性系统，则该 RBF 神经网络的输入输出方程为

$$\hat{\boldsymbol{y}}=\hat{f}[\boldsymbol{x}(k)] \tag{3-50}$$

式中：$\hat{f}(x)$ 为神经网络针对非线性系统 $f(x)$建立的输入输出模型。

3. 仿真结果分析

管秋、王万良对实际污水处理运行过程的分析数据进行处理，得到反映污水处理质量指标复杂关系的实验数据，以此作为 RBF 神经网络的训练数据。他们使用 23 组实测的实验

数据作为训练和仿真数据。该实例分别给出了 COD、NH_4^+-N 和 NO_3^--N 的仿真输出和实际输出的对照。结果表明，RBF 神经网络可以很好地实现对 COD、NH_4^+-N 和 NO_3^--N 的软测量，估计处理的污水的水质，从而决定曝气量、反应时间，控制出水水质，实现各种活性污泥法过程的实时反馈控制。由于废水中的 BOD 与 COD 总是成一定的比例关系，在现实情况中，总是求得 COD，然后由它们之间的比例求取 BOD。因此，在构建实际的 RBF 模型时，可将 BOD 和 COD 并为一个输出节点。

3.2.4　基于深度学习的污水处理软测量模型

软测量技术具有经济可靠、响应迅速、维护简单、可连续给出主导变量信息等优点，但软测量中存在很多亟须解决的问题，如辅助变量选取问题、无标签样本利用问题、大数据样本下的预测速度与精度问题等。深度学习具有可自动进行特征提取、特征选择，以及大样本下预测精度高、泛化能力强等优点。因此，将深度学习与软测量结合起来，利用深度学习来解决软测量中遇到的辅助变量选取问题、半监督学习问题，可提高预测的效率及精度，有很大的科研价值与应用前景。

3.2.4.1　基于 DAE-SVR 的污水处理软测量模型

上海交通大学林禹君建立了基于深度自编码器（DAE）-支持向量回归（SVR）的污水水质软测量模型，DAE-SVR 模型包含输入模块、数据预处理模块、特征选择模块、预测模块（输出模块），辅助变量作为软测量模型的输入，主元变量作为软测量模型的输出，DAE 作为特征选择模块，SVR 作为预测模块。

进行软测量建模前，要先对输入数据进行预处理。因为辅助变量通常量纲不同，包含微小的噪声，通过一定的数据预处理手段，可以使处理后的数据更有利于 DAE 进行无监督训练。因为 DAE 模型要求输入在 [0,1] 区间，因此必须对数据进行归一化。在数据预处理之后，在无监督训练模块中，为了防止训练时过拟合，会将数据分为训练集、交叉验证集、测试集。如果数据针对训练集与交叉验证集的效果均较好，则说明模型本身泛化能力较强。

选择去噪的自编码器作为特征选择模型的原因如下。

（1）DAE 具有很强的近似多变量非线性复杂函数的能力，可以将数据变换到更适合 SVR 进行回归的特征空间。因为每层 DAE 进行特征变换，实际上都是在将数据投影到更低维的流形曲面，保留沿着流形曲面方向的变化，忽略曲面正交方向上的变化。因为 DAE 加噪声相当于在原样本点附近做微小的变化，而训练准则是最小化重建误差，因此那些与流形曲面正交的方向上的变化会被忽略，相当于加噪声后仍然可以变换回原样本，这也说明输入存在冗余信息。但是一旦噪声过大，超过不同样本之间的距离，就很难变换回原样本。因此，DAE 变换可以使原本很复杂的样本分布变得更加平滑，而这个更平滑的特征表达有利于后续的预测。

（2）PCA、PLS 进行的均是线性变换，无法表示非线性变换。而其他的特征选择方法（如逐步回归）过程较复杂，且需要不断增加或删除变量，耗时过长。通过加正则化项的方式做特征选择，如 Lasso 回归、岭回归，属于较为粗糙的辅助变量选择。Lasso 回归主要利用 L_1 范数稀疏化的特性进行特征选择，但是这个特征选择的效果与超参数的选择有关，且 Lasso 回归是针对线性回归而言的，对于非线性回归效果较差。

（3）基于 DAE 的特征选择是无监督学习过程，因此可以利用无标签样本来提升模型的训练精度。在传统的回归问题中，无标签样本无法用于有监督的预测。但是无标签样本的获得成本是相当低廉的，相比有标签样本的获取要容易得多，且在数量上有很大优势，如果可以充分利用这些无标签样本，可以提高无监督学习的准确率，进而提高有监督预测的准确率。

（4）DAE 可以将数据映射到一个低维的流形曲面，可以消除噪声，因为原始数据中存在着噪声，这些噪声可能来自测量误差，也可能来自系统本身运行过程中的偏差，或者是环境导致的数据漂移，而通过探究数据的本质结构，可以消除那些与流形曲面正交的噪声，而保留沿着流形曲面的变化。此外，将数据映射到一个低维流形曲面，可以使原本线性不可分的样本在新的特征空间变得线性可分，也可以使在原特征空间中无法进行线性回归的样本在变换之后可以通过线性回归的方式更高精度地进行预测。

选择 SVR 作为预测器的原因是 SVR 在软测量建模领域是一个强有力的工具，对于小样本具有优秀的预测及泛化能力。常见的回归方法有岭回归、Lasso 回归、逐步线性回归，但是这些方法都是针对线性回归问题的。即使选用核函数先进行非线性变换，依然达不到 SVR 回归的效果。因为 SVR 采用结构风险最小来代替经验风险最小，通过一个控制结构复杂度的超参数在预测精度与结构复杂度之间取得平衡。容许有一定量的样本偏移回归曲线，使模型有一定的抗噪声能力。

基于 DAE-SVR 进行污水处理软测量建模的步骤如下。

（1）根据历史数据与经验分析选取辅助变量，根据经验及先验选取合适的、易测量的辅助变量。

（2）对数据进行预处理，通常要对数据进行归一化处理以统一量纲，进行白化处理消除变量间方差不一致造成的影响。

（3）利用 DAE 进行逐层特征变换，利用交叉验证数据设置训练停止条件，若模型在交叉验证数据集时效果变差，应调整学习率或及时停止训练，防止过拟合。

（4）通过获得权值对训练数据及测试数据进行逐层特征变换得到高层特征表示。

（5）对变换后的数据进行预处理，将处理后 DAE 的输出作为 SVR 模型的输入。

（6）选择 SVR 模型的核函数。

（7）用十倍交叉验证训练 SVR 模型并选择合适的正则化参数与核函数参数，因为 SVR 的参数较难选择，因此采用网格搜索法找到比较合适的训练参数。

（8）利用测试数据计算模型预测精度，估计模型的泛化误差。

（9）利用基于 DAE-SVR 的软测量模型进行主元变量预测。

3.2.4.2 基于 DAE-NN 的污水处理软测量模型

上海交通大学林禹君建立了基于深度自编码器（DAE）-神经网络（NN）的污水水质软测量模型。将 DAE 作为无监督预训练模块，通过逐层预训练最小化重建误差，得到网络权值。将 DAE 训练后的权值作为多层神经网络的初始权值，通过有标签样本对权值进行全局调优，得到最终训练好的模型。这里之所以采用 DAE-NN 的方法，原因如下。

（1）多层神经网络对复杂函数具有很好的近似能力，但是通常泛化能力较差，这是因为多层神经网络是一个高度非线性的函数，对这个高度非线性的函数进行优化时，因为本身损失函数非凸,故很难找到全局最优解,通过梯度下降法只能找到局部最优解。整个优化函数的非线性,导致存在很多局部最优解,在通过误差 BP 算法求解时,很容易陷入较差的全局最优解。但是如果使用堆栈的 DAE 作为无监督预训练模块,则可以大大改善这种容易陷入较差局部最优解的情况。因为经过逐层的 DAE 预训练得到初始权值,这些权值相较于随机初始化的权值而言,更靠近好的局部最优解。

(2)单层神经网络在节点足够多的时候也可以表达任意函数,所以若一开始随机初始化权值,则此时函数的输出与目标输出相差较大,即初始的权值变化量较大,可能会导致最高层的权值变化很大而陷入较差的局部最优解,即相当于越靠近输入层权值变化越小,越靠近输出层权值变化越大,使网络非常容易过拟合。

(3)传统的神经网络的激活函数是 Sigmoid 函数,在训练后期,Sigmoid 函数处于饱和区,此时权值调整量非常小,使权值易陷入局部最优解难以脱离。采用 DAE 设置权值初始值,则神经网络只需要在原来权值的基础上微调即可,不需要在很大的范围内寻找好的局部最优解,更容易获得好的预测结果。

(4)从信息论的角度来看,每层的 DAE 相当于从输入层到隐含层的一个非线性变换,因为信息在传递的过程中不会增加,在将 x 从原始的特征空间变换到 y 所在的特征空间时,希望可以尽可能多地保留 x 的信息。而最小化重建误差的过程,相当于最大化隐含层 y 到 x 的条件熵,即 y 尽可能多地包含了 x 的信息。通过这种逐层变换,将 x 映射到更高层的特征空间,尽可能多地保留了有用信息,并去除冗余,获得了表达能力与泛化能力更强的模型。

基于 DAE-NN 进行污水处理软测量建模的步骤如下。

(1)根据历史数据与经验分析选取辅助变量。

(2)进行数据预处理。

(3)预训练无监督模型。

(4)逐层训练堆栈的自编码器权值。

(5)利用堆栈的去噪自编码器训练,利用得到的权值初始化多层神经网络。

(6)根据有监督的训练准则及有标签的训练样本训练多层神经网络。

(7)对训练好的模型进行交叉验证。

(8)根据基于 DAE-NN 的软测量模型对主元变量进行预测。

3.3　污水处理中的软测量模型应用

3.3.1　BOD 软测量模型

出水 BOD 是衡量污水处理效果的重要指标之一,它的值常通过实验室离线分析方法进行获取,整个分析过程需要消耗大量时间,导致污水处理过程无法得到及时调控,进而影响污水处理成本和污水排放质量。为了能够实时获取出水 BOD,基于数据驱动的出水 BOD 软测量方法将污水处理过程中的一些水质参数,如流量、温度、pH 值以及 DO 等作为软测量模型的辅助输入变量,建立关于出水 BOD 的软测量模型,可实现对出水 BOD 的实时预测。

在污水生物处理中,微生物增长和底物降解之间存在着一定的关系，1951 年霍克莱金(Heukelekian)等通过大量开展废水生物处理实验研究,提出了二者的基本关系式：

$$\frac{\mathrm{d}X}{\mathrm{d}t}=Y\frac{\mathrm{d}s}{\mathrm{d}t}-k_{\mathrm{d}}X \tag{3-51}$$

式中：$\frac{\mathrm{d}X}{\mathrm{d}t}$ 是微生物的净增长率 [mg/(L・d)]；$\frac{\mathrm{d}s}{\mathrm{d}t}$ 是底物的利用率 [mg/(L・d)]；Y 是产率系数；k_{d} 是内源呼吸系数(衰减系数);X 是反应器中微生物的浓度(mg/L)。

活性污泥降解底物是一个耗氧的过程,氧含量对反应速率的影响得到了学术界的公认,主要体现为对最大底物利用速率 K 和衰减系数 k_{d} 的影响。迄今,人们都主张利用氧量开关函数(switching function)表示 DO 对 K 和 k_{d} 的影响,如 $\frac{\mathrm{DO}}{k_{\mathrm{O}}+\mathrm{DO}}$,其中 k_{O} 为氧饱和常数(mg/L),其定量地反映了 DO 对 K 和 k_{d} 的影响,一般认为 k_{O} 在 0.2 mg/L 左右。如果考虑到 DO 对反应速率的影响,用上式对基本方程进行修正,则基本方程就变为

$$\frac{\mathrm{d}X}{\mathrm{d}t}=\left(Y\frac{KXs}{k_{\mathrm{s}}+s}-k_{\mathrm{d}}X\right)\frac{\mathrm{DO}}{k_{\mathrm{O}}+\mathrm{DO}} \tag{3-52}$$

$$\frac{\mathrm{d}s}{\mathrm{d}t}=\frac{KXs}{k_{\mathrm{s}}+s}\cdot\frac{\mathrm{DO}}{k_{\mathrm{O}}+\mathrm{DO}} \tag{3-53}$$

微生物在活动的过程中对溶解氧的消耗主要有两个方面:一是代谢有机物时消耗的氧;二是微生物自身内源呼吸消耗的氧。因此,工程界一般使用这两者叠加的方法来计算微生物消耗的溶解氧的量,其具体数学表达式为

$$\Delta_{\mathrm{O}}=a_0Q\Delta_{\mathrm{s}}+b_0VX \tag{3-54}$$

式中：Δ_{O} 是微生物在一天活动中消耗的溶解氧；Δ_{s} 是废水进出系统的浓度差(用 BOD 衡量)；a_0 和 b_0 是比例系数,都是温度的函数。

应用劳伦斯-麦卡蒂模型,将式(3-54)写成微分形式：

$$\frac{\mathrm{dDO}}{\mathrm{d}t}=-\left(a\frac{KXs}{k_{\mathrm{s}}+s}+bX\right)\frac{\mathrm{DO}}{k_{\mathrm{O}}+\mathrm{DO}} \tag{3-55}$$

式中:a、b 是温度的函数。

对于回流完全混合处理系统,溶解氧净变化速率 = 溶解氧净输入速率 − 溶解氧消耗速率,则式(3-55)可写为

$$\frac{\mathrm{dDO}}{\mathrm{d}t}=\frac{Q}{V}\left(\mathrm{DO}_{\mathrm{i}}-\mathrm{DO}\right)+k_{\mathrm{L}}a\left(\mathrm{DO}_{\mathrm{s}}-\mathrm{DO}\right)-\left(a\frac{KXs}{k_{\mathrm{s}}+s}+bX\right)\frac{\mathrm{DO}}{k_{\mathrm{O}}+\mathrm{DO}} \tag{3-56}$$

式中：DO_{i} 是输入废水的溶解氧浓度(一般很小)；$k_{\mathrm{L}}a$ 是在实际工艺环境中氧气的总传递系数；DO_{s} 是废水中溶解氧的平均饱和浓度,主要与氧气的气相分压和温度有关,不同情况下的取值一般可以通过经验公式确定。

$\frac{\mathrm{dDO}}{\mathrm{d}t}$ 和 $\frac{Q}{V}\left(\mathrm{DO}_{\mathrm{i}}-\mathrm{DO}\right)$ 相对于其他三项来说是非常小的,量级为 mg/(L・d),而其余三项的量级一般都是 g/(L・d),可将式(3-56)等号左边的项和等号右边第一项忽略不计。同时假设在一定的曝气设备下,曝气效果和曝气流量成正比,因此式(3-56)改写为

$$0=\delta Q_{\mathrm{a}}\left(\mathrm{DO}_{\mathrm{s}}-\mathrm{DO}\right)-\left(a\frac{KXs}{k_{\mathrm{s}}+s}+bX\right)\frac{\mathrm{DO}}{k_{\mathrm{O}}+\mathrm{DO}} \tag{3-57}$$

式中：Q_{a} 是曝气流量（$\mathrm{m^3/s}$）；$k_{\mathrm{L}}a=\delta Q_{\mathrm{a}}$。

一般情况下，k_{O} 和 DO 的比值很小，因此有

$$\frac{\mathrm{DO}}{k_{\mathrm{O}}+\mathrm{DO}}\approx 1 \tag{3-58}$$

于是得到模型公式：

$$0=\delta Q_{\mathrm{a}}\left(\mathrm{DO}_{\mathrm{s}}-\mathrm{DO}\right)-\left(a\frac{KXs}{k_{\mathrm{s}}+s}+bX\right) \tag{3-59}$$

在活性污泥法废水处理系统正常运行的情况下，出水 BOD 的值很小，也就是说系统是运行在较低底物浓度下的，因此 $s/(k_{\mathrm{s}}+s)\approx s/k_{\mathrm{s}}$，所以有

$$0=\delta Q_{\mathrm{a}}\left(\mathrm{DO}_{\mathrm{s}}-\mathrm{DO}\right)-\left(\frac{aK}{k_{\mathrm{s}}}Xs+bX\right) \tag{3-60}$$

整理得，即

$$s=a'\frac{Q_{\mathrm{a}}(\mathrm{DO}_{\mathrm{s}}-\mathrm{DO})}{X}-b' \tag{3-61}$$

式中：$a'=k_{\mathrm{s}}\delta/aK$，$b'=bk_{\mathrm{s}}/aK$，都是温度的函数。

为了使模型参数本身不包含温度值即模型参数与温度无关，再将系数 a' 和 b' 按照温度展开，最终所有参数合并，并展开为温度的函数，有

$$s=m_1\frac{Q_{\mathrm{a}}(\mathrm{DO}_{\mathrm{s}}-\mathrm{DO})}{X}T^2+m_2\frac{Q_{\mathrm{a}}(\mathrm{DO}_{\mathrm{s}}-\mathrm{DO})}{X}T+m_3\frac{Q_{\mathrm{a}}(\mathrm{DO}_{\mathrm{s}}-\mathrm{DO})}{X}+m_4T^2+m_5T+m_6 \tag{3-62}$$

式（3-62）即为最终推得的水处理过程 BOD 软测量机理模型的建模公式。输入变量为 Q_{a}（曝气流量）、T（温度）、X（t 时刻混合液中挥发性污泥的浓度，即浊度）、DO（溶解氧），输出变量为 s（底物浓度）即 BOD。

机理模型得到的 BOD 软测量值与实测值通常存在一定的偏差，可采用递推最小二乘算法对机理模型的数据进行补偿。递推最小二乘法的基本思想可概括为：本次（新）的估计值 $\hat{\theta}(k)$ = 上次（老）的估计值 $\hat{\theta}(k-1)$ + 修正项。其不需要在计算机中存储和重复计算以往的全部输入、输出数据，可大大减少数据存储量和计算工作量，特别适用于在线实时辨识计算。以 BOD 的实测值作为输出，机理模型软测量值作为输入进行辨识，得到辨识参数 a_1、a_2、b_1、b_2。递推最小二乘法对 BOD 机理模型的补偿项为

$$a_1y(n-1)+a_2y(n-2)+b_1u(n-1)+b_2u(n-2) \tag{3-63}$$

将补偿项加回机理模型公式即得到 BOD 软测量混合公式，实现对机理模型的补偿：

$$\begin{aligned}s=&m_1\frac{Q_{\mathrm{a}}(\mathrm{DO}_{\mathrm{s}}-\mathrm{DO})}{X}T^2+m_2\frac{Q_{\mathrm{a}}(\mathrm{DO}_{\mathrm{s}}-\mathrm{DO})}{X}T+m_3\frac{Q_{\mathrm{a}}(\mathrm{DO}_{\mathrm{s}}-\mathrm{DO})}{X}+m_4T^2+\\&m_5T+m_6+a_1y(n-1)+a_2y(n-2)+b_1u(n-1)+b_2u(n-2)\end{aligned} \tag{3-64}$$

此外，限定记忆最小二乘法每增加一组最新的观测数据，同时随机丢弃一组最早的观测数据，使数据长度始终保持不变，可有效克服数据饱和现象，防止估计值发散，亦适用于

BOD 机理模型的补偿。限定记忆最小二乘法对 BOD 机理模型的补偿项为

$$a_1y(n-1)+a_2y(n-2)+b_1u(n-1)+b_2u(n-2) \tag{3-65}$$

从仿真结果来看,限定记忆最小二乘法对 BOD 机理模型公式的补偿,基本能够达到与实测值一致的效果,显著提高模型的精度和可靠度。

3.3.2 TN 软测量模型

作为污水处理厂的关键水质指标, TN 的测定多依赖于实验室环境下的人工化验,检测方式操作专业度较高,信息的获取具有一定的时间滞后性,不利于污水处理厂的快速反应和决策。青岛理工大学姚怡帆首先通过相关性分析构建数据集,并选择性能强大的 SVR 机器学习算法用于进水 TN 的软测量建模,然后通过网格搜索法优化算法参数,选择不同算法下的最佳参数,从而构建了污水处理厂进水 TN 软测量模型。具体步骤如下。

(1)获取数据并进行数据预处理,包括缺失值处理、异常值处理、数据无量纲化。以进水量、进水 NH_4^+-N、pH 值、COD_{Cr} 和 SS 作为辅助变量,进水 TN 为标签变量构成进水 TN 数据集。

(2)利用支持向量机的回归功能对进水 TN 进行软测量预测。进水 TN 软测量所用数据集数据空间由 5 个特征变量 $\boldsymbol{x}_{ij}^{\mathrm{T}}$ 和 1 个标签变量 $\boldsymbol{y}_{\mathrm{TN}}^{\mathrm{T}}$ 组成,超平面为 5 维,决策边界可表示为

$$\boldsymbol{x}_{ij}^{\mathrm{T}}=[x_{1j},\ x_{2j},\ x_{3j},\ x_{4j},\ x_{5j}]^{\mathrm{T}} \tag{3-66}$$

$$\phi(x_i)=\mathrm{kernel}([x_i]^{\mathrm{T}}) \tag{3-67}$$

$$f(\boldsymbol{x}_{ij}^{\mathrm{T}})=\boldsymbol{w}^{\mathrm{T}}\phi(x_i)+b \tag{3-68}$$

式中:j=1,2,3,…,n,表示每个特征对应的 n 个样本;$\boldsymbol{w}^{\mathrm{T}}$ 表示每个特征的参数向量;b 表示在决策空间中的截距; $\phi(x_i)$ 表示将数据映射到高维空间的非线性变换,也是模型采用的核函数。

为了保证所代表的超平面能较好地拟合数据,令 $\boldsymbol{w}^{\mathrm{T}}$ 最小,引入损失函数 ε,相当于以模型预测值为中心在其两侧构建一条宽度为 ε 的容错空间,若训练样本在容错空间内,则认为模型预测准确。需要满足以下约束条件:

$$\min\frac{\|\boldsymbol{w}\|^2}{2}\ \text{且}\ \left|y_{\mathrm{TN},\ j}-\boldsymbol{w}^{\mathrm{T}}\left[x_i\right]^{\mathrm{T}}-b\right|\leqslant\varepsilon \tag{3-69}$$

利用拉格朗日对偶函数,引入松弛变量 ξ_j 和 ξ_j^* 将不等式转化为

$$\min\left[\frac{\|\boldsymbol{w}\|^2}{2}+C\sum_{j=1}n(\xi_j+\xi_j^*)\right] \tag{3-70}$$

式中:C 为惩罚项系数,其取值决定容许误差的大小。

这里所用的核函数 kernel 为 RBF,可用于构建数据之间的偏非线性关系。其中, RBF 核函数的表达式为

$$\phi(x_i)=\mathrm{e}^{-\gamma\|x_i\|}\quad(\gamma>0) \tag{3-71}$$

式中:γ 为核函数系数,其取值直接影响 RBF 函数的曲线趋势。

惩罚项系数 C、核函数系数 γ 的取值对 SVR 决策边界的形成至关重要,其取值大小直

接影响 SVR 模型对预测数据的拟合情况。

（3）为建立性能良好的预测模型，采用网格搜索法寻找 SVR 模型预测进水 TN 浓度的最佳参数。具体步骤如下。

首先，设置参数 C 的搜索步长为 i，则取值范围内共有 m 步；γ 的步长为 j，取值范围内共有 n 步；由此，基于 C 和 γ 构成一个二维网络（$m \times n$），网格上的每一个交点都对应一组（C, γ）值。

其次，通过交叉验证的方式对模型进行学习训练，获得对应于该组参数的预测结果，以拟合度作为预测结果的评估指标，记为 R^2。

再次，将各组（C, γ）值对应的 R^2 用三维曲面绘出，X、Y 轴代表 C，Z 轴对应 R^2；可观察参数间相互作用对预测效果的影响程度，选取准确率最高的参数组合为当前最优参数，记为 $(C, \gamma)_{max}$。

接着，绘制上个步骤的三维曲面图，图中不同的冷暖色程度代表 R^2 的大小。R^2 越大，颜色越趋近于红色，代表模型学习训练的效果越好；R^2 越小，颜色越趋近于紫色，代表模型学习训练的效果欠佳。

最后，按照 9 ∶ 1 的比例将数据集划分为训练集和测试集，训练集用于进行学习，向学习后的模型输入测试集的特征数据得到预测结果，评估不同参数下的预测结果；通过对比，确定最佳的模型构建方法。

（4）由 RMSE、平均绝对误差（MAE）和 R^2 三项指标，可对模型精度、拟合情况进行评价。网格搜索法对模型效果的提升有一定的作用，且普遍适用于 SVR 模型。经过分析，在预测进水 TN 时，RMSE、MAE 和 R^2 分别为 4.705 884、3.710 298、0.725 884。这证明，SVR 是预测进水 TN 的较优模型，可应用于进水 TN 的软测量监测工作。

3.3.3 TP 软测量模型

作为污水处理厂的关键水质指标，TP 的测定操作烦琐，实时性不好，而相关的仪器仪表价格昂贵且维护成本较高，信息的获取具有一定的时间滞后性，不利于污水处理厂的快速反应和决策。江南大学李畅首先采取 k最近邻（k-nearest neighbor，kNN）方法进行缺失值填充，完成数据预处理，并选择机器学习的极端梯度提升（XGBoost）算法进行总磷的软测量建模，然后通过网格搜索法调整 XGBoost 算法的参数，从而构建了污水处理出水总磷的实时预测软测量模型，取得了较好的预测精度。具体步骤如下。

1. 数据采集和预处理

考虑到污水中各参数的采集难度及其对 TP 的影响程度，选取温度 T、pH 值、DO 和总悬浮固体（TSS）四个参数作为辅助变量。将相应的传感器测量数据实时传送到数据采集仪，数据采集仪将实时数据发送到中央控制室的计算机中。考虑到采集数据需要的人力和时间因素，确定采集 8 个批次的数据，每批次数据的采集周期为 14 d，采样间隔为 15 min，每批次数据 1 344 组。

实际工业过程中，数据采集时可能出现数据缺失，因此采用 kNN 算法对采集的数据进行预处理，将缺失的数据填充完整。kNN 算法通过测量不同特征值之间的距离进行分类。它的思路是：如果一个样本在特征空间中的 k 个最相似（特征空间中最邻近）的样本中的大多数属于某一个类别，则该样本也属于这个类别，其中 k 通常是不大于 20 的整数。利用 kNN 算法对污水处理过程中采集的数据集进行填充包括以下步骤。

（1）获取污水处理过程中采集的数据集，保留并供步骤（7）使用。

（2）对数据集中的数值型属性列进行数据标准化处理，以满足 kNN 模型支持的数据格式。

（3）由于污水处理过程中每批次采集的无缺失值数据集的数据量不大，将步骤（2）预处理后的数据随机拆分为训练数据集和验证数据集。

（4）设定 kNN 模型参数 k 的区间为 [4,6]，基于训练数据集和不同的 kNN 模型参数 k，构建 kNN 模型簇。

（5）利用模型优化目标函数筛选最优 kNN 模型，污水参数数据缺失值类型为数值型，目标函数 S 为

$$S=\frac{1}{\sqrt{\frac{1}{m}\sum_{f=1}^{m}(g_f-\hat{g}_f)^2}+\varepsilon} \tag{3-72}$$

式中：m 为验证集的数据样本数；g_f 为验证集中每个样本在缺失值数据列的真实值；$\hat{g}_f$ 为 g_f 对应的模型填充值；ε 为平滑因子。

（6）基于验证数据集的原始数据和预测数据，依据模型优化目标函数对 kNN 模型簇进行筛选，得到最优 kNN 模型 MQ。

（7）基于缺失值数据构建缺失值矩阵，代入模型 MQ 得到预测数据集，并对其进行反标准化复原数据，完成缺失值的预测和智能填充。

2. 软测量建模

采用 XGBoost 算法进行软测量建模，此算法是对梯度提升树（GBRT）算法的优化，相较于 GBRT 算法，XGBoost 算法对目标函数进行了泰勒展开，并加入正则项，有效降低了模型过拟合的风险。

对于训练数据集 $\{(x_1, y_1),(x_2, y_2),\cdots,(x_n, y_n)\}$，$n$ 为样本数量，x_i 为输入样本，y_i 为与 x_i 对应的真实值，$i=1, 2, \cdots, n$。使用 XGBoost 算法对污水处理过程参数 TP 进行软测量建模时，首先定义由损失函数和正则项组成的目标函数，表达式为

$$\mathrm{obj}(\theta)=L(\theta)+\Omega(\theta) \tag{3-73}$$

式中：$L(\theta)$ 为损失函数；$\Omega(\theta)$ 为正则化惩罚项。

回归树中的预测结果 $\hat{y}_i$ 为

$$\hat{y}_i=\sum_{k=1}^{K}f_k(x_i) \tag{3-74}$$

式中：K 为回归树的数量；$f_k(x_i)$ 为每一棵树的得分值；θ 为使目标函数最小时所需要求出的参数。

对式（3-74）进行整理可得

$$\mathrm{obj}(\theta)=\sum_{i=1}^{n}l(y_i, \hat{y}_i)+\sum_{k=1}^{K}\Omega(f_k) \tag{3-75}$$

式中：$l(y_i, \hat{y}_i)$ 为第 i 个样本的预测误差；$\Omega(f_k)$ 为第 k 棵分类回归树的正则项。

$$\Omega(f_k) = \alpha T + \frac{1}{2}\lambda \sum_{j=1}^{T} \omega_j^{\ 2} \tag{3-76}$$

式中：T 为第 t 棵树中总叶子节点的个数；ω_j 为第 j 个叶子结点的得分值；α、λ 为常数，表示正则惩罚中的参数。

然后，输入采集的 6 个批次的污水水质参数数据进行模型训练，对于第 t 轮迭代，模型的目标函数可表示为

$$\text{obj}^{(t)} = \sum_{i=1}^{n} l\left[y_i,\ \hat{y}_i^{(t-1)} + f_t(x_i)\right] + \sum_{k=1}^{K} \Omega(f_k) + C \tag{3-77}$$

式中：$f_t(x_i)$ 为加入的第 t 棵分类回归树；常数 C 为前 t-1 棵树的复杂程度。

进一步地，将第 t 轮迭代的目标函数用泰勒级数展开，可得

$$\text{obj}^{(t)} \cong \sum_{j=1}^{T}\left[\left(\sum_{i\in I_j} g_i\right)\omega_i + \frac{1}{2}\left(\sum_{i\in I_j} h_i + \lambda\right)\omega_j^2\right] + \alpha T + C \tag{3-78}$$

式中：g_i 为 $l[y_i,\ \hat{y}_i^{(t-1)}]$ 对 $\hat{y}_i^{(t-1)}$ 的一阶导数；h_i 为 $l[y_i,\ \hat{y}_i^{(t-1)}]$ 对 $\hat{y}_i^{(t-1)}$ 的二阶导数。

进一步化简可以得到最终的目标函数：

$$\text{obj}^{(t)} \cong \left[\sum_{j=1}^{T}\left(\sum_{i\in I_j} g_j\right)\omega_i + \frac{1}{2}\left(\sum_{i\in I_j} h_i + \lambda\right)\omega_j^2\right] + \alpha T \tag{3-79}$$

式中：I_j 为在第 j 个叶子结点上的样本。

显然，此时只需寻找一个最优的权重值，即可获得最优的目标函数值。因此，将目标函数 $\text{obj}^{(t)}$ 对 ω_j 求偏导并令其等于 0，可以求出最优权重值为

$$\omega_j^* = -\frac{\sum_{i\in I_j} g_i}{\sum_{i\in I_j} h_i + \lambda} \tag{3-80}$$

将 ω_j^* 代入即可得最优的目标函数值：

$$\text{obj}^{(t)} = -\frac{1}{2}\frac{\left(\sum_{i\in I_j} g_i\right)^2}{\sum_{i\in I_j} h_i + \lambda} + \alpha T \tag{3-81}$$

3. 参数调整

XGBoost 的参数调整一般指的是调整 booster 参数，booster 参数取决于使用哪种 booster，常用的 booster 有树模型和线性模型。由于树模型的性能一般比线性模型好得多，因此选择使用树模型并调整其相应的参数。树模型的主要参数及其特征如下。

（1）eta：学习速率，默认值为 0.3，通过减少每一步的权重，提高模型的鲁棒性，典型值为 0.01~0.4。

（2）n_estimators：弱学习器的最大迭代次数，或者说最大的弱学习器的个数，默认值为 100。

（3）min_child_weight：决定最小叶子节点样本权重和，默认值为 1。这个参数用于避免过拟合。当它的值较大时，可以避免模型学习到局部的特殊样本，但是如果这个值过高，会

导致欠拟合。

（4）max_depth：树的最大深度，默认值为6。该值越大，模型会学到更具体、更局部的样本。典型值为3~10。

（5）gamma：指定了节点分裂所需的最小损失函数下降值，默认值为0。这个参数的值越大，算法越保守。

（6）subsample：控制对每棵树随机采样的比例，默认值为1，典型值为0.5~1。

（7）colsample_bytree：控制每棵树随机采样的列数的占比（每一列是一个特征），默认值为1，典型值为0.5~1。

针对上述参数的调整，采用网格搜索法，按照参数调整顺序，逐个寻找最优值。XGBoost参数调优步骤如下：

①确定eta为0.1；

②固定eta，确定n_estimators的搜索区间为[50，800]，通过网格搜索法找到最优值；

③max_depth和min_child_weight参数调优，搜索区间分别为[1，15]和[1，5]；

④gamma参数调优，搜索区间为[0，1]；

⑤subsample和colsample_bytree参数调优，搜索区间均为[0，1]；

⑥保持eta和n_estimators的乘积不变，降低eta并使用更多的决策树。

通过上述参数调整，最终得到针对出水TP的booster参数，eta为0.2，n_estimators为600，min_child_weight为1，max_depth为1，gamma为0，subsample为0.5，colsample_bytree为0.8。

4. 仿真评估

选择R^2、RMSE和MAE三个回归指标进行仿真效果评估，R^2、RMSE、MAE分别为0.954 7、0.009 2、0.004 9。

综上，为解决污水处理过程中关键参数TP难以实时在线测量的问题，首先使用*k*NN算法进行缺失值填充，有效解决了实际采样数据存在缺失值的问题；进一步地，提出了一种基于XGBoost算法的软测量方法并建立软测量模型，实现了对出水TP的实时预测。仿真结果表明，该方法有较高的预测精度。

参考文献

[1] 刘载文，魏伟. 污水处理过程优化控制系统[M]. 北京：中国轻工业出版社，2014.

[2] 王威. 基于动态时延估计的污水处理过程出水BOD软测量建模方法研究[D]. 长沙：中南大学，2022.

[3] 邱禹. 面向污水处理的软测量建模研究及其应用[D]. 广州：华南理工大学，2017.

[4] 张志军，刘炯天. 水质调控与煤泥水处理[M]. 北京：冶金工业出版社，2019.

[5] 郭龙航. 污水处理关键水质变量软测量模型的输入选择与结构选择：集员方法[D]. 北京：北京工业大学，2020.

[6] 杨吉祥. 污水处理软测量技术研究进展[J]. 净水技术，2020，39（4）：12-18.

[7] 林禹君. 基于深度学习的软测量建模研究[D]. 上海：上海交通大学，2016.

[8] 柴俊伟. 基于混合算法的污水处理过程关键参数软测量建模与优化 [D]. 兰州：兰州理工大学，2023.

[9] 李卡奇. 自优化软测量建模方法以及污水处理过程的应用研究 [D]. 广州：华南理工大学，2022.

[10] 陈兆波，任月明. 污水处理厂测量、自动控制与故障诊断 [M]. 北京：化学工业出版社，2009.

[11] 周文君. 基于改进的最小二乘支持向量机污水软测量建模研究 [D]. 马鞍山：安徽工业大学，2019.

[12] 何丹，林来鹏，李小勇，等. 基于改进粒子群算法优化 BP 神经网络的废水处理软测量模型 [J]. 华南师范大学学报（自然科学版），2021，53（2）：114-120.

[13] 唐迪. 基于深度网络的半监督软测量研究 [D]. 上海：上海交通大学，2018.

[14] 任忠铭. 基于自组织递归 RBF 神经网络的出水 BOD 软测量研究 [D]. 北京：北京工业大学，2019.

[15] 王伟同. 数据驱动的污水处理过程 BOD 软测量研究 [D]. 兰州：兰州理工大学，2023.

[16] 姚怡帆. 污水处理厂总氮、总磷数据驱动模型的建立及研究 [D]. 青岛：青岛理工大学，2023.

[17] 李畅，潘丰. 基于 XGBoost 的出水氨氮和总磷浓度的软测量研究 [J]. 计算机与数字工程，2021，49（5）：1003-1008.

第 4 章　基于大数据的机器学习模拟

当前，诸如人工智能（AI）、海量数据分析和区块链技术等尖端信息技术正迅速进步并持续推进社会的数字化转型。这些新兴技术的综合应用已经成为学术界研究的热点，展现出巨大的发展潜力。随着跨行业数据量的爆炸性增长，大数据技术的应用前景受到了广泛关注。

随着大数据和计算机建模技术的融合应用，污水处理系统的智能化模型开发迎来了创新途径。众多学者设计了多样化的算法模型，这些模型被广泛应用于工艺优化、系统故障分析及动态监控等关键环节，目的是进一步提升污水处理设施的自动化操作性能。污水处理的高效管理对提升居住品质和城市形象极为关键。智能技术在水处理领域的应用正逐步成为行业发展的必然选择。这种智能化处理手段不仅有助于降低能源消耗，还对社会的可持续发展和实现碳达峰碳中和目标具有积极的推动作用。

4.1　数据驱动的机器学习模型概述

4.1.1　数据驱动的机器学习原理

机器学习模型，作为一种典型的黑盒系统，其核心在于通过输入与输出之间的关联来捕捉变量间的直接因果联系。这种模型通常不揭示内部过程的变化，但在处理生物过程和环境影响等复杂系统时，由于研究的复杂性，构建数据驱动的模型成为一种有效的研究手段。与那些依赖复杂数学公式和大量先验知识的机理模型和专家系统不同，机器学习模型能够利用特定的算法对原始数据进行深入学习，从而挖掘数据中隐含的特征，并利用这些特征来拟合复杂的关系，实现分类、预测和控制等功能。根据模型处理输入数据的方式，机器学习可以被划分为有监督学习、无监督学习以及半监督学习等类型。此外，根据所使用的算法和对数据的依赖程度，机器学习模型还可以进一步细分为传统机器学习、深度学习和强化学习等不同的类型。

在机器学习模型的训练过程中，数据集被划分为三个关键部分：训练集、测试集和验证集。首先，利用选定的机器学习算法，通过训练集对模型进行初步训练。接着，使用验证集对模型进行微调，通过调整超参数来优化模型性能。最后，通过将测试集数据输入模型，并比较模型的预测输出与实际结果，评估模型的预测能力和泛化能力。评价模型准确性的参数包括相关系数、平均绝对百分比误差（MAPE）、平均绝对误差（MAE）、均方根误差（RMSE）、相对标准偏差（RSD），以及性能效率和精度等。常见的机器学习方法有随机森林、支持向量机、人工神经网络、深度学习、模糊控制等。每种算法都有其独特的优势和适用场景，算法之间还可以相互结合，以提高模型的精度和效率。

机器学习方法的核心在于利用选定的模型对输入数据进行深入学习，从复杂的数据集中提取有价值的特征和信息，归纳出合理的趋势，进而准确地进行数据预测。这种方法允许在预测值与实测值存在偏差时，重新调整模型参数或结构，以提高预测的准确性和可靠性。机器学习方法能够有效地处理大数据，进行非线性回归、分类、预测、异常数据点诊断以及为多目标系统寻找最优决策方案，是解决复杂工程问题的重要工具。此外，机器学习方法具有较高的容错性，能够适应输入数据的较大变化，特别是在污水处理领域，机器学习方法已被广泛应用于解决实际工程问题，如提高水质预测的准确率、故障诊断和调控效率，并取得了显著的进展。

4.1.2　传统机器学习模型

传统机器学习专注于算法的开发与学习过程，涵盖统计学、概率论、函数逼近等多个理论领域。经过长期的研究与发展，众多算法已经被开发出来，并在模式识别、计算机视觉、自然语言处理等多个领域取得了实际应用。在环境科学领域，传统机器学习模型主要包括线性回归模型、支持向量机等。

4.1.2.1　线性回归模型

线性回归模型通过确定一个线性假设函数来构建模型，该函数能够以线性方式组合数据。这些模型的构建通常依赖于多元线性回归、岭回归、Lasso 回归和弹性网等算法。这些模型因其简洁性和易于实现而广受欢迎，其优势在于能够明确地展示各个变量对模型的贡献，从而提供较高的解释性。例如，冯丽辉等采用多元线性回归技术开发了一种水质监测的软测量模型，并将其有效应用于昆明一家污水处理厂的 AAO 工艺流程。易卜拉希米（Ebrahimi）等运用多元统计分析结合多元线性回归对一家污水处理厂的氧化沟工艺进行了性能评估，基于五年的水质数据，构建了一个预测模型，该模型的相关系数为 0.68。李俊基于一家污水处理厂的监测数据，包括 pH 值、DO、COD、氨氮等指标，建立了一个氨氮预测模型，通过反复进行数据筛选以排除异常值，该模型的预测精度可实现 R^2=0.87。

4.1.2.2　支持向量机

支持向量机（SVM）是一种依据最小化结构风险原则和统计学习理论发展出的机器学习技术。在回归分析领域，SVM 被特别称为支持向量回归（SVR），其目标是确定一个最优的决策边界，使数据点到该边界的偏差总和最小。SVM 在处理小规模且具有高维非线性特征的数据集时显示出其独特的优势，已广泛应用于多个机器学习任务。例如，研究者利用污水处理厂的每日监测数据，结合粒子群优化（PSO）和最小二乘法支持向量机（LSSVM）开发了一个水质预测模型，该模型在预测出水的 COD 和 BOD 时准确度均超过 80%。此外，主成分分析结合最小二乘支持向量机（MKPCA-LSSVM）的方法也被用于开发基于 SBR 的出水 COD 预测模型，其能够根据进水流量、SS、DO、曝气时间、pH 值、ORP、MLSS 和温度等参数预测出水的 COD。

4.1.3　深度机器学习模型

深度学习作为机器学习的一个重要分支，其核心在于模拟人脑神经网络的处理机制，以此来构建分析模型。与常规的机器学习模型相比，深度学习模型更注重从大量数据中提取信息，以提高预测的准确性。传统机器学习模型受其结构限制，通常只包含有限的非线性转换层，这在处理复杂数据模式时可能会限制其性能。相比之下，深度学习模型通过多层非线性结构，能够进行复杂的数据特征转换，从而在模拟复杂概念和模式方面具有优势。然而，模型的深度增加也意味着参数数量的增加，这就需要依赖大规模数据集和高性能计算资源。

深度学习的概念最早可以追溯到 1943 年的麦卡洛克-皮茨（McCullock-Pitts，MCP）神经元模型，而 1986 年引入的 BP 算法为神经网络的发展奠定了基础。神经网络由输入层、多个隐含层和输出层组成，每个层级由多个神经元构成，通过权重连接、偏置和激活函数处理信息。通过前向和反向传播机制，神经网络能够优化参数，以获得数据的最佳表示。但是，增加隐含层的数量可能会导致梯度消失问题，限制了网络深度的增加。2006 年，Hinton 等提出了深度学习的概念，并采用逐层预训练方法来克服这一难题。

在污水处理领域，深度学习模型也展现出了其潜力。例如，研究者利用污水厂的日常监测数据构建了 BP 神经网络模型，该模型对出水总氮浓度预测的准确度超过 98%。还有研究者使用长短期记忆（LSTM）神经网络构建模型，高准确度地预测了出水总氮。此外，基于实验室数据，使用尺度共轭梯度（SCG）前馈神经网络构建了 SBR 工艺的出水总氮预测模型，并通过替代可控参数增强模型可控性。

这些研究表明，深度学习技术在污水处理等实际工业应用中具有巨大的潜力，能够通过分析和处理大量数据提高预测和评估的准确性。

4.1.4 强化机器学习模型

强化学习，作为一种区别于传统监督学习的算法，其核心在于无须大量标注数据即可进行模型训练。该方法通过允许模型与其所处环境进行动态交互，依据环境对模型行为的反馈来优化其决策过程，目的是发展出一套能够高效完成任务的最优行为策略。强化学习系统通常由五个基本要素构成：智能体（agent）、环境（environment）、行为动作（action）、系统状态（state）以及奖励信号（reward）。在训练周期内，智能体会在允许的行为空间内连续执行动作，这些动作会影响环境状态，进而从环境中获得反馈。智能体依据当前状态和接收到的反馈，遵循特定策略来选择并执行下一个动作序列，目的是学习到一个能够最大化累积奖励的最优策略。

至今，强化学习已在机器学习界占据了极其重要的地位，它被视为迈向真正人工智能的关键一步，并已经在多个行业中得到应用，如机械工程、自动驾驶车辆、控制系统优化以及电子竞技等。一个著名的例子是围棋程序 AlphaGo，它利用深度强化学习算法战胜了多名世界围棋冠军。在污水处理领域中，强化学习算法模型也有所应用。Q 学习算法是强化学习算法中的一个典型代表，它通过创建一个 Q 表来记录系统状态变量及其潜在收益，然后利用这个 Q 表来确定最优的动作选择。在污水处理的应用场景中，Q 学习算法能够有效地优化污水处理反应器的水力停留时间（HRT）。

尽管在环境保护领域，特别是在水污染治理方面，强化学习的应用还不是非常普遍，但其在决策制定方面的潜力预示着它在未来的智能水污染管理中可能扮演重要角色。

4.2 污水处理过程数据的获取与预处理

在污水处理的数字化管理中，数据的采集、预处理和优化是实现有效监控和决策的基础。随着信息技术的快速发展，特别是物联网（IoT）技术的应用，污水处理过程的自动化和智能化管理变得日益可行。

4.2.1 数据的获取

数据采集是整个数据处理流程的起点，它涉及从污水处理过程中收集各种水质参数和操作数据。这些数据对理解污水处理过程的动态特性、优化工艺参数和预测系统性能至关重要。

物联网技术通过部署传感器网络，实现对污水处理设施的全面监控。传感器收集的数据通过无线或有线网络传输到中央处理单元，进行存储和分析。这种技术的应用不仅提高了数据采集的实时性和准确性，还减少了人工干预，降低了运营成本。在实际应用中，数据采集系统需要考虑多个方面，包括传感器类型、数据采集频率、数据传输安全性和系统的可扩展性。传感器的选择应基于其对目标参数的灵敏度、稳定性和抗干扰能力。数据采集频率应根据污水处理过程的特性和实时监控的需求来确定。在数据传输过程中，安全性和完整性是关键的考虑因素，通常采用加密和认证机制来保护数据。

4.2.2 数据清洗

数据清洗是确保数据分析准确性的关键步骤，它涉及一系列复杂的处理过程，旨在消除原始数据集中的噪声、异常值、缺失值和不一致性。这一过程通常包括：识别和处理数据中的异常值，这些异常值可能是由测量误差或数据输入错误造成的；填补或删除缺失值，以保证数据集的完整性；纠正数据中的不一致性，确保数据格式和单位的统一。此外，数据清洗还涉及数据的规范化，如归一化和标准化，其目的是使数据更适合分析和建模。在数据清洗过程中，还必须考虑数据安全和隐私保护，确保在处理数据时遵守相关法规。通过这些细致入微的处理，数据清洗不仅提高了数据质量，还为数据科学项目的成功开展奠定了基础。

1）异常值检测

异常值可能是由传感器故障、数据录入错误或外部干扰造成的。异常值的检测通常涉及统计测试，如标准差测试或箱形图分析。一旦检测到异常值，可以采用不同的方法进行处理，包括替换、删除或使用预测模型估计异常值。

2）噪声过滤

噪声可能是由传感器的随机波动或外部环境的干扰造成的。噪声过滤通常采用平滑技术，如移动平均或高斯滤波。这些方法可以有效地去除噪声，但同时也可能降低数据的分辨率。

4.2.3 数据转换

在某些情况下，原始数据可能需要转换以满足分析模型的要求。常见的数据转换方法包括对数转换、标准化和归一化。对数转换可以减小数据的偏度，标准化可以使数据具有相同的量纲，归一化则可以将数据缩放到一个统一的范围。数据归一化是数据预处理中的一个重要环节，尤其是在进行机器学习模型训练之前。由于污水处理数据可能具有不同的测量单位和量级，直接使用这些数据进行分析可能会导致模型性能下降。归一化处理可以将所有数据缩放到一个统一的范围，如 [0, 1]，使不同特征之间的比较更加公平，同时也加快了算法的收敛速度。

归一化的方法有多种，包括最小-最大归一化、Z 得分归一化和小数定标归一化等。最小-最大归一化通过减去最小值并除以范围来实现，Z 得分归一化使用均值和标准差来转换数据，而小数定标归一化则通过移动数据小数点的位置来实现。归一化方法的选择取决于数据的特性和分析的目标。

4.2.4 数据插值

数据插值是处理缺失数据的一种常用技术。在污水处理数据采集过程中，由于设备故障、维护不当或数据传输错误等原因，缺失值是不可避免的。线性插值是一种简单且常用的插值方法，它根据数据点之间的线性关系来估计缺失值。除了线性插值，还可以使用多项式插值、样条插值等更复杂的方法，以适应不同的数据特性。

在实际应用中，插值方法的选择应基于数据的特性和缺失模式。例如，对于时间序列数据，可能需要使用时间相关的插值方法，如样条插值或时间序列插值；对于随机缺失的数据，可以使用基于相似性或距离的插值方法，如 *k*最近邻插值。

4.2.5 数据降维

数据降维旨在减少数据集中的变量数量，同时尽可能保留原始数据的重要信息。在污水处理数据中，可能存在大量的相关变量，这些变量中可能存在冗余信息。通过降维，可以简化模型，提高计算效率，同时减少过拟合的风险。常用的数据降维方法主要包括主成分分析（PCA）、独立成分分析（ICA）等。

PCA 是一种统计方法，它通过正交变换将相关变量转换为一组线性不相关的变量，即主成分。PCA 可以用于探索数据的结构，降低数据的维度，同时保留大部分变异性。ICA 是一种计算方法，它将多变量信号分解成统计上独立的非高斯信号源。ICA 常用于信号处理和特征提取，特别是在数据源具有统计独立性的情况。线性判别分析（LDA）是一种有监督学习的降维技术，它寻找最佳的投影方向，使得类别之间的分离度最大。LDA 对于分类问题特别有用，因为它试图最大化类间可分性。局部线性嵌入（LLE）是一种非线性降维算法，它通过保持数据点之间的局部邻近关系来寻找数据在低维空间的最佳表示。LLE 可以用于保持数据的局部结构，处理非线性结构的数据特别有效。核主成分分析（KPCA）是一种非线性降维方法，它使用核函数来处理非线性问题，能够更准确地反映数据的内在结构。KPCA 通过映射到高维空间来处理非线性关系，常用于复杂的模式识别问题。

在实际应用中，选择哪种降维方法取决于数据的特性和分析的目标。例如，如果数据具有明显的非线性结构，可能需要使用 LLE 或 KPCA；如果数据的类间可分性是关键，LDA 可能是更好的选择。

4.3　机器学习在污水处理工艺水质预测模拟中的应用

在当今世界，污水处理厂面临着既要保证水质达到排放标准，又要降低能源消耗和运行成本的双重挑战。因此，改善污水处理厂的运行模式，更好地控制污水处理工艺，以及获取更多水质信息以调节控制系统参数，已经成为一个重要的发展方向。随着新型传感器、物联网、云计算、监视控制与数据采集（SCADA）系统等的广泛应用，从污水处理系统中获取了大量的水温、pH 值、浊度、流量、COD、BOD、色度、DO、水位等数据。这些数据为机器学习在污水处理领域的应用提供了坚实的基础。基于庞大的数据集，机器学习可以从中寻找规律，并根据历史记录有效预测未来的发展趋势，从而应用于污水处理的监测和预警，以了解污水处理过程的实时状态，也能及时预测未来出水水质、处理效果及可能会发生的故障等。

4.3.1　常规污染物

在污水处理过程中，有许多污染物指标需要关注，包括 COD、BOD_5、营养物质指标，以及重金属和有机污染物等。机器学习模型，尤其是 ANN，在模拟、预测和优化污染物的去除方面发挥了重要作用。

1）COD

COD 是衡量水中有机物污染程度的重要指标。在污水处理厂的生化和理化处理过程中，已经开发出多种模型来模拟、预测和优化 COD 的去除。例如，研究者开发了针对伊斯肯德伦废水处理厂的活性污泥法，并使用 ANN 模型预测了废水 COD 的决定系数，R^2 达到了 0.632。此外，还有研究者开发了基于自适应神经模糊推理系统（ANFIS）的模型，用于预测造纸厂废水的 COD 去除率，均方误差低至 1.0%，R^2 为 0.982。此外，遗传算法（GA）优化的 ANN 模型（GA-ANN 模型）在厌氧消化操作的多目标优化中表现出较低的均方误差和更高的相关系数。这些结果表明，人工神经网络模型广泛应用于单一模型来理解生化处理过程，而组合模型（如 GA-ANN 和 ANFIS）可在模拟中得到更好的结果。

2）BOD_5

BOD_5 是衡量水中可生物降解的有机物的量的指标。在废水生化处理过程中，ANN、模糊逻辑（FL）和神经网络集成（NNE）等模型被用于模拟、预测和优化 BOD_5 的去除。例如，使用 ANN 模型预测曝气扩散污水处理厂 BOD_5 去除的有效性，R^2 值为 0.63~0.81。此外，Nadiri 等发现，使用 SCFL 模型预测大不里士废水处理厂 BOD 废水的 MAPE 为 4%，优于单个 FL 模型。这些结果表明，机器学习模型在预测和优化 BOD_5 去除方面具有较高的准确性和有效性。

3）营养物质

在废水的生化和理化处理过程中，营养物质的去除同样重要。人工神经网络模型被用于预测和优化氮、磷等营养物质的去除。例如，利用接触曝气法预测处理废水的氮含量，该模型的预测精度可达 90%。此外，还有研究者开发了增强生物除磷技术，并通过改进的多目标 PSO 算法获得了废水处理中硝酸盐的最优设置值。这些实践表明，机器学习模型在模拟和优化营养物质去除方面具有巨大的潜力。

4.3.2 特征污染物

1）重金属

RBF-ANN 模型被成功集成到乳化液膜技术中，旨在预测铜的去除效率。相较于其他类型的神经网络模型，RBF-ANN 展现出更快的训练速度。该模型的预测结果与实验数据高度一致，R^2=0.997，这一结果与 Messikh 等 2015 年的研究一致。在水溶液中，对镉离子（Cd^{2+}）吸附效率的分析表明，Cd^{2+} 的吸附主要受 pH 值的影响，这是基于 ANFIS 的研究结果。此外，人工神经网络也被用于预测藻类在废水处理中对特定离子的修复效率。结果表明，对于 3 价和 5 价离子系统，藻类修复效率的峰值分别达 85% 和 88%。3 价和 5 价离子系统的实验数据都与模型模拟数据高度吻合，这证实了所开发的人工神经网络模型能够有效地模拟并确定这些离子的去除过程。多层感知器（MLP）神经网络在预测氨基硫脲改性壳聚糖对铅离子（Pb^{2+}）去除效率的影响时，展现了卓越的预测精度，R^2 值极高。

2）有机污染物

ANN 已被证实能够有效预测海水中多环芳烃的光降解过程。在预测亚甲基蓝和孔雀石绿的去除效率方面，MLP 神经网络显示出比 RBF 神经网络更高的预测精度。比较多元线性回归（MLR）和 GA-ANN，发现 GA-ANN 在模拟酰胺在碳纳米管上的吸附行为时更为准确，R^2=0.986，远高于 MLR 模型的准确性（R^2=0.751）。此外，ANN 还被用于优化壳聚糖/沸石固定床柱对水中微污染物（如双酚 A 和卡马西平）的去除，显示出良好的去除效率。在针对 2-硝基苯酚的太阳降解研究中，ANN 的预测能力超过响应面法（RSM），R^2=0.987 7。卷积神经网络（CNN）在废水中微塑料污染物的分类中展现了 89% 的高准确率，证明了 ANN 在环境污染物处理和监测中的潜力。

4.3.3 复合污染物

MLP-ANN 和 RBF-ANN 被用于预测 SBR 的污染物去除效率，其中 COD、TP 和 NH_4^+-N 的去除率分别达 86%、79% 和 93%。这些模型的 R^2 介于 0.90~0.99，RMSE 接近零，MLP-ANN 在计算性能上优于 RBF-ANN。堆叠去噪自编码器（SDAE）是一种深度学习网络，在预测 COD、NH_4^+-N 和 TN 的去除率时，其 RMSE 值比其他五个模型更低，三项指标的 RMSE 分别为 5.94、1.27 和 1.26。BP-ANN 模型在 SBR 过程中对 COD 和 NH_4^+-N 的去除的预测准确，实验误差为 3.3%，R^2=0.95。梯度提升回归树（BRT）和 BP-ANN 模型均能有效预测和模拟亚甲基蓝的吸附情况，且 Cd^{2+} 在核桃炭处理中的 R^2 超过 0.98。BP-GA-ANN 和 MLP-ANN 模型在模拟水溶液中 Pb^{2+} 和孔雀石绿的去除方面表现出色，去除率至少为 98.7%，R^2 值极高。随机森林模型在预测六种重金属（Zn^{2+}、Cu^{2+}、Pb^{2+}、Cd^{2+}、Ni^{2+}、Fe^{3+}）的去除效率时，展现了良好的预测精度和性能。总体而言，废水中重金属的去除主要依赖于物理和化学方法，人工神经网络及其集成模型因 R^2 值接近 1 而被广泛应用于此领域。

4.4 机器学习在污水处理过程控制中的应用

在污水处理行业，随着环境保护法规的日益严格和公众环保意识的提高，污水处理厂的运营效率和成本控制成为关键议题。传统的污水处理过程大多依赖人工操作或半自动化系统，这些方法在处理效率和能源消耗方面存在局限性。污水处理过程的控制目标是高效去除污染物，同时在水质达标的前提下实现节能降耗。传统控制方法，如模型预测控制，面对污水处理过程中的高度不确定性时，往往难以达到预期效果。相比之下，机器学习方法能够根据实时监测数据全面评估污水处理系统的运行状态，预测未来水质变化，监测预警未知异常，实现对污水处理过程的反馈和微调。近年来，大数据和机器学习技术的发展为污水处理过程控制和自动化提供了新的解决方案，有助于提高处理效率，降低运营成本，并确保处理过程的稳定性。

4.4.1　污水处理过程的优化

在生物废水处理领域，经验的应用常常面临挑战，因为不同废水处理厂的操作条件和环境差异较大，导致一个厂的成功经验难以直接应用于另一个厂。为了解决这一问题，从业者们开发了多种智能模型，包括 ANFIS 和 ANN，用以评估和优化好氧生物废水处理工艺。

Huang 等的结果表明，ANFIS 模型在曝气性能评估方面的表现优于 ANN 模型。具体来说，ANFIS 模型的 R^2=0.99，而 ANN 模型的 R^2 值则相对较低，这表明 ANFIS 模型在预测准确性上具有显著优势。Sattar 等则基于自适应学习网络（EPR 和 MT）进行模型开发，对三种不同曝气方式的效率进行了评价和预测。结果显示，EPR 模型的性能优于 MT 模型，因为 EPR 模型能够为每个处理方案提供独立的方程，而 MT 模型则需要多个方程来描述。Tay 和 Zhang 应用神经模糊（NF）模型预测高速厌氧处理过程的性能，包括厌氧流化床（AFBR）、厌氧过滤器和上流厌氧污泥毯反应器（UASB）对不同干扰的响应。结果表明，NF 模型能够有效模拟这些系统的性能，其中 AFBR 的体积甲烷生产率、进水 TOC 和挥发性脂肪酸（VFA）的 RMSE 分别为 0.146、6.67 和 6.55，对应的 R^2 分别为 0.99、0.83 和 0.72。Sahely 和 Bagley 将贝叶斯网络（BNs）应用于诊断厌氧废水处理系统的干扰，其中挥发性悬浮固体（VSS）的浓度高达 25 000 mg/L，COD 去除率和甲烷产量分别提高到 98% 和 25 L/d。Carrasco 等针对废水处理过程中的突然有机过载，开发了一种模糊专家系统（ES），用于诊断试点污水处理厂的状态，分析其运行趋势，并为操作人员提供可靠的信息和建议。Bagheri 等为了监测污泥体积指数（SVI），开发了两种 ANN 模型（MLP-ANN 和 RBF-ANN）来预测污水处理厂的污泥膨胀。MLP-ANN 模型的预测结果更为准确，具有最高的 R^2 值（0.99）和最低的 RMSE（4 mL/g）。Han 等使用面向信息的算法和 LM 算法构建自组织递归 RBF 神经网络，以提高 SVI 在生物废水处理中的预测精度。在这项尝试中，故障变量的检测精度达 1.0%，证明了所提出的智能检测方法是有效的。Hamedi 等使用人工神经网络、基因表达编程和最小二乘支持向量机，模拟和优化膜生物反应器的性能。这些智能模型能够根据操作条件和环境差异计算膜污染阻力，对不同废水处理厂的膜生物反应器性能进行个性化评估和优化，从而提高处理效率和减少膜污染。其中，最小二乘支持向量机表现出最佳的优化效果，具有最低的 MSE（0.000 2）和最高的 R^2 值（0.99）。Dehghani 等建立了 ANFIS 和广义模糊欧几里得（GFO）混合模型，用于从短期到长期的流水流量建模和预测。该混合模型在预测精度和效率方面优于单独的 ANFIS 模型。

这些研究不仅展示了智能模型在废水处理领域的潜力，也为未来的研究和实践提供了宝贵的参考和指导。通过应用这些技术，可以提高污水处理的效率和稳定性，同时降低运营成本。智能模型的应用为污水处理厂提供了有效的性能评估、优化和故障诊断工具，有助于应对废水处理过程中的各种挑战。

4.4.2 污水处理工艺的过程控制

机器学习在污水处理控制领域的应用多种多样。最初，机器学习仅被用作支持决策的辅助系统，帮助工程技术员更好地判断和决策。但随着各类方法的不断优化，已有研究人员开发了自动收集数据的系统，并以特定的方式升级知识库，相关指令直接发送到工程执行终端，完成整个控制过程。在污水生物处理系统中，DO是重要的控制参数之一，曝气量直接影响污水处理效果和系统运行成本。针对这一问题，机器学习方法被研究者应用于控制曝气系统，实现节能降耗的目标。意大利摩德纳市政污水处理厂和新加坡某污水处理厂利用基于神经网络的模型控制器预测主要工艺变量，适当调整曝气量以实现高效和经济的运行效果；也有研究者利用深度学习中的马尔科夫决策过程（MDP）寻求污水厂的最佳曝气点，通过不断调整曝气点位置以实现更好的曝气效果。除了控制DO，利用机器学习还可以调整污水处理工艺中的其他参数（如ORP和pH值等），以寻求更好的处理效果。

ANN和GA是污水处理系统控制中使用最多的两种机器学习方法，这两种算法自适应能力强，处理动态问题的效果好。例如，在某大型城市污水处理厂，基于ANN运行的软传感器成为工厂操作员识别污水状态的重要工具，可协助技术人员及时调整污水设施的运行状态。此外，这两类算法近年来也发展了许多改进模型，主要应用案例包括：使用仿真基准模型1（BSM1）自组织RBF神经网络模型预测并控制DO；利用比例-积分-微分（PID）神经网络对氨氮浓度和硝态氮浓度进行解耦控制；在新加坡某污水厂实例中，自学习前反馈算法被用于替代传统的PID控制方法，以实现负荷预测，通过系统反馈持续微调曝气量，达到降低能耗的目的。此外，近年来研究者还开发了许多新的机器学习方法应用方式，如使用GA算法改进人工神经网络模型，将基于GA算法优化的神经网络用于活性污泥过程模拟模型进行最优控制，其中包括控制曝气、调整泵的运行参数和降低处置成本等内容，极大地优化了污水处理厂运行过程中的无必要消耗和违规操作次数；利用Q学习算法，将不同的HRT作为环境中的变量，将出水COD和磷浓度作为环境变量所带来的收益（污染物出水浓度低即收益高，出水浓度高即收益低）来构建Q表格，寻求能够取得最大收益的环境变量，达到控制SBR中的HRT优化除磷流程的目的；基于机器学习的软传感器预测不可观测的天气情况，根据天气情况调整污水处理系统进水的状态，以达到优化污水处理控制系统的目的。

在自动加药方面，机器学习算法被用于预测污水处理厂的碳源投加量和混凝剂投加量，以更精确地进行控制。李晨修采用粒子群优化的BP神经网络算法实现了对污水处理厂碳源投加量的预测；卢友杰采用一种“前馈＋模型＋反馈”模型实现了对污水过程中混凝剂投加量的准确预测。根据以上讨论，在污水处理领域，常见的机器学习算法有ANN、SVM、深度神经网络（DNN）、逻辑回归（LR）、回归树（DTR）、LSTM及它们的组合模型，其中应用最频繁的为ANN、SVM及其衍生方法。有研究发现，当样本数量较少时，SVM算法对水质的预测能力较强，预测精度高且易泛化；当样本数量充足时，其预测能力不如人工神经网络。在污水出水水质的预测工作中，极少有通用的模型，应根据污水厂的不同运行情况选择适合自身的模型。

大数据和机器学习技术为污水处理过程控制提供了新的解决方案。通过应用机器学习算法,污水处理厂能够更有效地控制运行过程,降低能耗,提高处理效率,同时减少对专家的依赖。未来的研究和应用将进一步探索更先进的机器学习模型,以及如何根据具体的污水处理厂运行情况选择合适的模型,以实现更高效和智能化的污水处理过程控制。

4.4.3　污水处理过程的故障诊断与预警

在污水处理过程中,大数据和机器学习技术的应用正变得越来越重要,特别是在故障诊断和预警方面。随着工业系统复杂性的增加,对性能下降、生产率降低和安全隐患的容忍度越来越低。因此,能够尽早发现和识别各种潜在的异常和故障,并实施实时容错操作,以最大限度地降低性能退化,避免危险情况的发生,变得至关重要。污水处理过程中的设备和传感器由于所处的环境恶劣,更易发生故障且这些故障难以识别。因此,故障诊断在这一领域尤为重要。

在污水处理过程中,传统的故障诊断方法一般仅适用于简单或线性的机械问题,在应对高维度、非线性的污水处理问题时,传统的故障诊断方法较注重微观结构、强调及时变化,无法全面描述复杂系统的变化规律。采用机器学习方法对污水处理设施进行故障诊断可转化为基于历史数据对状态进行分类的问题。典型的有监督学习方法可将故障诊断问题从二元分类问题扩展为多类别分类问题,以达到较为可靠的故障检测效果。同时,无监督学习方法,如 k 均值聚类、主成分分析(PCA)和期望最大化聚类方法,可将异常问题判定为单独聚类或是远离正常簇的点位,从而达到故障诊断的效果。

机器学习方法基于庞大的数据库,对系统进行持续监测和预测,从而发现问题并有效地实现远程和本地维护。当采用机器学习方法进行故障诊断时,不需要关注污水处理中每一部分的运行方式以及其中涉及的各类生化反应过程,而是对整个系统的水质指标、运行状态、环境因素等数据进行采集和处理,从全局的角度进行监控和诊断,有效弥补传统方法在污水处理故障诊断方面的缺陷。机器学习在故障诊断领域的应用原理是基于故障检查与诊断(FDD)问题的特定需求,根据过程数据简单地实现检测和诊断故障,不需要明确的模型。ANN 是一种图形模型,以输入、输出和隐藏节点为特征。当应用于故障检测问题时,通常输入节点代表传感器测量值,隐藏节点代表特征空间,而输出节点代表特定的故障类型或类别。SVM 会寻找一个分类超平面,该超平面由一些支持向量指定,这些支持向量代表用于分析的完整数据集的一个小子集。高斯混合模型(GMM)是一个参数概率密度函数(PDF),表示为高斯分量密度的加权和。kNN 基于最小距离准则,是机器学习中最有效、最简单的分类算法之一。BN 是一种有向无环概率图形模型,在存在不确定性的情况下能够进行良好的知识表示和推理。

机器学习方法在污水处理系统的故障诊断和预警方面的应用主要包括及时发现传感器失灵、突发水污染、管道泄漏以及系统运行参数大幅度波动等多种故障问题。在农村社区污水处理厂和 SBR 中试装置的应用实例中,研究者以训练集作为基础,使用交叉验证的方式确定了若干主成分,污水处理厂利用 PCA 进行故障原因分析,中试装置则通过分类判别溶解氧传感器或液位传感器故障,均获得了适用于工程应用的故障诊断效果。

针对 PCA 模型不能应对环境条件变化的问题，一些自适应模型开始受到关注。肖红军等使用变分贝叶斯混合因子分析法对传统 PCA 的参数进行加权平均改进，使其可以针对污水处理系统中的实时变化自行修改，从而提高了该模型的预测与预警能力。而在卢布尔雅那污水处理厂实例中，研究者使用演化模糊模型模拟各变量间的非线性关系，及时调整本地模型和服务器集群的参数并建立新的在线模型，以适应故障预警中的不同工艺条件。

此外，随着机器学习技术的不断发展，越来越多的研究者发现单一的机器学习模型无法较好地分析整个污水处理流程。例如，仅使用 SVM 对污水处理厂进行故障诊断会导致错误率较高（可达 30% 左右）。而污水处理系统一旦发生误诊，可能会造成较大的损失，因此一些混合机器学习模型被应用于污水处理故障诊断领域，如可以整合改进的遗传算法和 k 均值聚类算法对污水处理厂的历史数据进行分析，建立污水处理厂工艺故障诊断规则，从而利用机器学习完成污水处理厂的故障诊断及预警。Cheng 等建立了基于 Mard-RCP 的故障诊断框架，用于早期故障诊断，并成功应用于 BSM1 和全尺度污水处理厂中。该模型能够准确诊断早期传感器故障、污泥膨胀和进水冲击等问题。Yu 等使用改进的基于变频突变策略的粒子群优化算法（PFA）进行活性污泥废水处理工艺的故障诊断。该算法对活性污泥的模拟有良好的估计精度。

由于污水处理过程中可能会出现多种多样的故障，且这些极有可能同时存在于同一个污水处理工程中，因此在利用机器学习进行故障诊断时，单一的机器学习算法无法达到较好的效果。采用多种算法混合机器学习方法对故障问题进行诊断和预测有望成为未来技术发展的主流趋势。

4.4.4 污水处理过程的成本控制

污水处理厂的高效运营对环境保护至关重要。然而，管理不善可能导致环境污染和能源浪费，而成本过高则可能带来经济负担，这些问题限制了污水处理行业的持续发展。随着深度学习技术在多个领域的突破性进展，其在污水处理行业的应用显得尤为关键。

目前，污水处理厂的数据管理多依赖于传统的文档记录方式，这限制了对历史数据的深入分析。随着传感器和数据库技术的进步，数据采集和管理的自动化已成为可能，为深度学习的应用提供了坚实的基础。为了解决行业面临的挑战，可以从以下三个关键方面入手。

（1）进水水质预测：通过分析历史数据，预测未来的水质变化，为日常管理和扩建改造提供决策支持，以优化运营并避免资源浪费。

（2）出水水质模拟：建立模型以预测处理后的水质，确保达标排放，并指导运行参数的调整，预防污染物超标。

（3）资源配置优化：利用模型自动计算在满足出水水质要求下的最低化学药品使用量，并与自动控制系统相结合，以实现成本最小化。

这些研究方向涉及进水水质的预测、出水水质的模拟以及基于预测结果的化学药品用量优化。它们不仅是污水处理的关键环节，而且可以串联起来，形成一个连贯的处理流程：首先预测未来的进水水质，接着预测出水水质，最终确定所需的化学药品用量。通过这种方式，深度学习技术有潜力彻底改变污水处理厂的运营管理模式，实现更加智能化和自动化的运营模式，从而推动污水处理行业的可持续发展。

污水处理厂的运营成本通常较高，同时需要确保处理后的水质满足严格的环保标准。为了同时实现成本最小化和水质达标，无模型强化学习（RL）等人工智能技术被引入污水处理领域。这些技术通过模拟和优化污水处理过程中的各个环节，如曝气、吸附、生物处理等，帮助工厂提高运营效率，减少能耗和化学试剂的使用，从而降低总体运营成本。研究者通过改进的多操作优化控制（MOOC）策略和自适应核函数模型，有效描述了水质和能耗的动态变化，并在不同气候条件下实现了能耗的显著降低。数据挖掘（DM）方法通过优化曝气系统，实现了在优先节能时减少 15% 的气流。Asadi 等进一步优化了曝气工艺，通过减少含氧量，在不降低水质的前提下，能耗降低了 31.4%。在泵系统能源消耗建模方面，神经网络的应用成功地将模型误差降至 3% 以内，并有效减少了能量消耗。结合统计学习和深度强化学习的预测控制方法，进一步减少了 16.7% 的电力消耗。数据驱动的神经网络在提升泵送系统性能的同时，平均节能约 10%，最高可达 25%。FL 在污水处理厂的应用显示出超过 10% 的节能潜力。ANFIS 控制器作为一种高效的溶解氧控制工具，能够节省近 33% 的运营成本。Santin 等提出的两级分级控制策略，结合了模型预测控制（MPC）和模糊控制（FF），在保证处理质量的同时，有效降低了运营成本和能源消耗。这些研究表明，通过应用先进的机器学习算法，污水处理厂能够在保证处理效果的同时，显著降低运营成本，实现经济效益和环境保护的双赢。

参考文献

[1] 赵子豪. 城镇污水处理厂稳定脱氮智能控制研究 [D]. 杭州：浙江大学，2021.

[2] 周长亮. 基于机器学习的数据驱动污水处理管控应用研究 [D]. 青岛：青岛大学，2022.

[3] 陶钰欣. 基于机器学习的污水处理生化池曝气量预测研究 [D]. 北京：北方工业大学，2023.

[4] 周静. 基于数据和模型双驱动的造纸污水处理过程故障诊断 [D]. 广州：华南理工大学，2023.

[5] 汪锐. 基于数据驱动的污水处理系统水质预测模型构建方法研究 [D]. 成都：西南交通大学，2022.

[6] 余婷梃. 基于智能优化极限学习机的城市污水处理厂水质预测与分析 [D]. 重庆：重庆工商大学，2019.

[7] 张洛一. 面向污水处理成本控制的水质预测算法研究 [D]. 南京：南京大学，2021.

[8] 李晨晨. 数据驱动的污水处理单元输出水质预测和分析 [D]. 沈阳：沈阳理工大学，2022.

[9] 范玉淇. 污水处理工艺过程关键指标预测建模方法研究 [D]. 重庆：重庆工商大学，2023.

[10] 成睿. BPNN 模型机器学习方法应用于电化学水处理过程的预测与优化 [D]. 上海：华东理工大学，2022.

[11] 芮栋妮，马燕燕，叶林. 机器学习方法在污水处理系统中的应用 [J]. 环境工程，2022，40（6）：145-153.

[12] 皇甫小留，王晶瑞，龙鑫隆，等. 机器学习在水处理系统中的应用 [J]. 给水排水，2022，58（11）：153-165.

[13] 赖春伶. 基于不平衡污水处理数据的故障诊断研究及软件开发 [D]. 广州:华南理工大学,2020.

[14] 陈治池. 基于数学模拟的大型污水厂脱氮效果诊断及多目标优化研究 [D]. 重庆:重庆大学,2022.

[15] BASKAR G, OMER S N, SARAVANAN P, et al. Status and future trends in wastewater management strategies using artificial intelligence and machine learning techniques[J]. Chemosphere,2024,362:142477.

[16] LI X Y, SU J M, WANG H, et al. Bibliometric analysis of artificial intelligence in wastewater treatment: current status, research progress, and future prospects[J]. Journal of environmental chemical engineering,2024, 12(4):2213-3437.

[17] MAURYA B M, YADAV N, AMUDHA T et al. Artificial intelligence and machine learning algorithms in the detection of heavy metals in water and wastewater: methodological and ethical challenges[J]. Chemosphere,2024, 353:141474.

[18] MAO Z G, LI X Q, ZHANG X, et al. Optimization of effluent quality and energy consumption of aeration process in wastewater treatment plants using artificial intelligence[J]. Journal of water process engineering,2024,63: 105384.

第 5 章　污水处理传统活性污泥工艺模拟与优化

研究污水处理活性污泥系统机理模型的目的是描述污水处理过程中有机物和营养物质的去除过程，从而为实际污水处理工艺的运行提供指导。目前，国内水污染控制中水处理工艺的设计及污水处理厂的建设运行管理主要依赖调试经验，导致在经济和时间上有较大损耗。通过计算机仿真程序对污水处理工程的设计和运行进行模拟，从而提供优化参数，是未来的发展趋势。

在将模型应用于实际污水处理工艺的模拟与分析时，首先要根据模拟对象选择适当的数学模型，并将实际的污水处理工艺转化为数学模型描述的工艺概化模型。在确定概化模型每个单元的边界条件和反应参数后，需要选择适当的模拟软件，进行参数估值及模型校正。完成上述工作后，即可对实际污水处理工艺进行模拟计算。以活性污泥模型为基础的污水处理模拟与优化控制软件，不仅应用于污水处理新工艺的开发和辅助设计，还实现了污水处理优化运行管理的智能化控制。这已成为当今污水处理技术领域的学术前沿问题，计算机模拟及优化控制软件的开发成为污水处理研究的新课题。

5.1　活性污泥法模型的发展过程

5.1.1　活性污泥法模型形成的背景

1)早期

在 20 世纪初期，Penfold 和 Norris 发现细菌的世代时间与底物浓度存在反比关系。1914 年，Ardern 和 Lockett 宣布发明了活性污泥工艺。这些早期研究为这个新工艺提供了一个跳板，但直到几十年后，活性污泥的动力学基础才被完全理解。

2)活性污泥动力学的发展

1942 年，Monod 根据纯菌种生长试验提出了莫诺(Monod)方程，这个方程至今仍广泛应用于众多模型。1952 年，Garrett 和 Sawyer 发现 Monod 方程同样适用于活性污泥中的混合菌种。1958 年，Herbert 首先引入了内源呼吸的概念，从而改进了较长污泥停留时间条件下的动力学预测模型。20 世纪 50 年代后期和 60 年代，Eckenfelder 和 McKinney 提出了污泥氧化的化学计量方程式，并用数学表达式描述了完全混合反应器中的活性污泥动力学方程。在此期间，硝化作用的动力学过程也开始被广泛研究，当时 Downing 等详细阐述了硝化作用过程及其动力学。Gujer 则在 2010 年更加详细地概述了对硝化过程的最新理解。

3)活性污泥模型及其后续发展

随着计算机处理能力的不断增强，工艺模拟迎来了一场革命。1975 年，Busby 和 Andrews 首先通过计算机建立了工艺模型。这一动态模型采用连续系统的建模程序，该程序包括储存物质量、活性物质量和沉淀池模型。大约同时，Dold 等开发了一个包含生物硝化和反硝化过程的结构化的动态模型。20 世纪 80 年代早期，国际水污染研究和控制协会（IAWRPC）成立了一个任务组，其目的在于综合各种不同的模型概念形成获得人们共识的模型，即现在著名的活性污泥法 1 号模型（ASM1）。这个模型及其展示格式已成为之后大多数模型研究和开发的基础及框架。

4）Kollekolle 系列研讨会和 WWTmod 系列研讨会

20 世纪 80 年代和 90 年代，在丹麦 Kollekolle 召开了一系列建模研讨会，这些研讨会提出了许多完善 ASM 系列模型的想法。2008 年，国际水学会（IWA）和水环境联合会合作举办了新的系列建模研讨会 WWTmod，此后该会每两年举办一次，地点在魁北克。延续 Kollekolle 研讨会的精神，WWTmod 研讨会的目的是将来自不同背景的模型研究人员聚集在一起，讨论当前最先进的污水处理工艺模型与对未来的展望。

5.1.2 活性污泥法模型的成熟与改良

1980 年，Dold 等在 IAWRPC 举行的会议上首次提出了活性污泥法的综合计算模型。关于该模型的报告长达 31 页，包含了 63 个反应方程式和 40 个实验验证数据图表，其中的 6 个方程式都包含相同的速率项。这些方程式通过转化速率项的建立，将 COD 守恒、化学计量平衡与动力学关系联系起来，基本上涵盖了污水生物处理中所有能够建立联系的相关过程。IAWPRC 于 1983 年成立了一个专门的课题组，旨在开发并研究实用的模型，以用于污水生物处理系统的设计与运行。该课题组首先对当时已有的模型进行评估，然后尝试从中找到最简明的模型形式，以真实地预测单纯的活性污泥系统的性能，包括碳氧化、硝化和反硝化过程。1986 年，该课题组发布了第一个研究成果，即 ASM1。ASM1 为更深入的活性污泥模型研究奠定了基础。ASM1 模型的数学结构主要来自开普敦大学研究组的工作成果，而 IAWPRC 的工作重点不在于具体过程模型的数学结构，而在于提供表达整体模型的精密矩阵结构，使模型的表达更加简单清晰。ASM1 是活性污泥模型的主要工作框架，至今仍在广泛使用。其他模型都是在 ASM1 的基础上扩展开发出来的。ASM1 考虑了环境工程中常见的硝化及反硝化反应。由于模型的软件程序设计十分精密，当时只有某些高级研究组能够进行动力学模拟，从而确定生物反应动力学参数和活性污泥法的工艺条件。

1995 年，由丹麦、瑞士、日本和南非四国六位专家组成的课题组，在国际水质协会系列科技研究报告（STR）2 号中发表了活性污泥法 2 号模型（ASM2）。该模型包括脱氮和生物除磷处理过程，并新增厌氧水解、酵解以及与聚磷菌相关的反应过程。ASM2 共涵盖 19 种生化反应过程、19 个组分、22 个化学计量常数和 42 个动力学参数。然而，在 ASM2 初期研究完成时，反硝化与生物除磷之间的关系尚不清楚，因此 ASM2 未考虑这一因素。1999 年，ASM2 得以扩展为 ASM2D，ASM2D 中包括了反硝化聚磷菌。ASM2 和 ASM2D 在模拟脱氮除磷系统方面发挥了重要作用，为污水处理领域带来了显著的进展。活性污泥 3 号模型（ASM3）也是为了模拟生物脱氮的污水处理厂而开发的，这与 ASM1 的目的基本一致。开发 ASM3 的本意是使用新的标准模型改正 ASM1 使用过程中出现的一些问题。ASM1 和 ASM3 的差别在于，后者意识到了异养活性污泥反应中储存多聚物的重要性，而 ASM3 没有考虑 ASM1 中提出的微生物直接利用外源底物的生长。两者的第二点差别在于 ASM3

更容易校正。这主要是由于该模型将生长-降解-生长(死亡-再生)的循环模型替换为生长-内源呼吸模型。在 ASM1 中一个参数值的调整会影响所有的状态变量,而在 ASM3 中这种直接影响没有那么显著,因此有利于各变量的独立辨别。

5.2　活性污泥法模型的建立过程

5.2.1　活性污泥法建模要素

在活性污泥法建模和模拟中,需要考虑一些因素,并采取从确定模型目标到获取可用于污水处理模拟的渐进方法。这个过程可分为以下主要步骤。

(1)模拟对象的明确:首先需要确定建模的目标,明确需要解决的问题或研究的目的。

(2)模型选择:考虑模拟中包含的各个不同单元所需的模型,如活性污泥模型、沉淀模型等。

(3)水力学选择:选择适用于污水厂或反应池的水力学模型。

(4)辨别污水和生物量特征:辨别污水和生物量的特性以及生物量的沉淀特性。

(5)活性污泥模型参数校正:对活性污泥模型的参数进行校正,确保模型与实际情况相符合。

(6)模型评价:对建立的模型进行评价,验证其准确性和可靠性。

(7)设计和运行方案评估:对各种设计和运行方案进行评估,确定最优方案。

建立污水处理模型,需要先将可测量的污水参数进行相应转化。对于污水处理厂的水力学模拟,可以通过描述污水厂的不同区域或反应器的不同部分进行。对每个反应器分别进行模拟,以表现其各自的混合和传质特征。平衡方程是任何模型描述的基础,用于描述反应器中各种化学反应、生物反应和传质过程导致的浓度随时间的变化。在稳定状态下,浓度不随时间变化。传质和转化过程是模型中的两个不同模块,分别代表物理和生物化学性质。生物反应只取决于反应器中物质的浓度,与反应器类型和尺寸无关。在这一前提下,生物和化学反应被称为微观动力学,可以对其进行实验研究并在实际应用中使用。

5.2.2　活性污泥法模型构建

化学计量学、动力学和传输过程是模型形成的关键。化学计量学包含重要物质的选择以及平衡方程的建立,动力学则包含反应速率方程的建立和参数选择的原则,传输过程利用矩阵等方法简化模型中对水力学流态信息的描述。总的来说,确定化学计量学、动力学和传输过程是建立污水处理厂模型的关键步骤,其相互作用对模型精度具有重要影响。

1)化学计量学

根据系统定义,只有那些对系统非常重要和组成占比大的物质才会在模型建立过程中被考虑。例如,在污水处理的硝化反应中,大多数污水厂中亚硝酸盐的浓度很低或接近检测极限,因此从物料平衡的角度来说,不需要考虑亚硝酸盐。同样地,在厌氧消化反应中,由于气相中氢气的含量很低且最终都将变为甲烷,因此不需要考虑氢气。这些中间产物只有在重要时才需要考虑。确定有关的反应过程和物质,确定相关的平衡也非常重要。对于每个守恒方程，进入污水处理厂的物质的原子数等于离开的物质的原子数。氮、磷、COD 和碱度的变化都遵从守恒方程。通过守恒方程，可以计算未知的化学计量系数，这种方法减少了建模所需的信息量。可以根据反应中涉及的物质和守恒方程计算相关的化学计量系数。例如，在异养微生物生长过程中，相关物质包括有机物、氧气、氨、二氧化碳和水等。在建立等式方程时，并不需要确定消耗了哪种物质生成了哪种物质，只要在物质之前加上正号或负号即可，物质出现在等式的哪一边并不重要。下一步是选定一个系数设为 1，然后根据平衡方程计算出其他系数。

2）动力学

每个反应都有各自的速率方程，其表征了化学计量系数为 1 的物质的转化速率。其他物质的反应速率可以用各自的化学计量系数乘以速率方程得到。模型的建立可以基于基质的动力学（基质的化学计量系数为 1）或者基于生长的动力学（生物量的化学计量系数为 1）。但通常一个模型不会同时使用这两种动力学。在 ASM1 中，反应速率是基于生长速率的，生物量的化学计量系数设定为 1。在 ASM 中，使用 Monod 方程作为标准速率方程。Monod 动力学包含两个主要参数：最大比生长速率 $\mu_{\max}$（h^{-1}）和半饱和常数 K_s（g/L）。底物浓度一定的情况下，$\mu_{\max}$ 和 K_s 决定了生长速率 μ 的上限。生长速率过大会导致微生物对营养物质的利用偏向自己生长而不是分解有机物，因此要把 μ 控制在一个合理的范围内。$\mu_{\max}$ 和 K_s 的关系式（Monod 方程）为

$$\mu = \mu_{\max} \frac{\rho_s}{K_s + \rho_s} \tag{5-1}$$

式中：ρ_s 为底物浓度（g/L）。

3）传输过程

建立污水处理厂的水力学模型是一个关键步骤。严格的解决方式是建立能完整描述污水处理厂的每个反应器流态的计算流体动力学模型。然而，这样获得的流态信息对建立反应模型来说通常显得过于庞大。由于主要研究对象是生物反应，因此只需要描述污水浓度的变化就足够了。测量相关物质的浓度就能定义水力学模型。对于活性污泥模型来说，这些物质通常为氧气、氨、硝酸盐以及除磷系统中的异养菌。在污水处理厂中，可以明确区分好氧区、缺氧区或厌氧区。在每个反应区（例如好氧反应器）内，需要确定是否存在氧气浓度梯度。只要氧气浓度总是远高于动力学方程中氧气的半饱和常数，就没有必要描述好氧区中氧浓度的变化，且好氧区可以认为是完全混合的。如果反应物质的浓度接近或低于氧气的半饱和常数，就必须建立水力学模型详细描述浓度的变化。

4）矩阵表示法

每一种物质都可用平衡方程加以描述，但是由于相关物质及其反应的数量过于庞大，活性污泥模型的形式非常复杂，过多的平衡方程导致人们失去了对模型整体的把握。国际水质协会（IAWQ）污水处理数学模型工作组推荐采用矩阵方法表述模型。这种形式能够在一页纸之内清楚地表示反应过程及化学物质之间的相互作用。此外，矩阵形式使得不同模型间的比较变得简单，而且易于将模型变为计算机程序。矩阵可以表述成一些行和列，每一列代表一种物质，每一行代表一种反应。

建立矩阵的第一步是识别模型中的相关组分。各个组分以符号的形式列于矩阵相应的

列首,并且在矩阵中包含表征组分单位的行。建立矩阵的第二步是确定系统中发生的生物反应。这表征了模型中各种物质的反应和转化过程,可以逐个列于矩阵的左侧。反应速率以数学形式表示并列于计量矩阵的右侧,与左侧的反应相匹配。在每个反应的横行,将每种物质的化学计量系数列于相应的列与该行的交会处。如果化学计量系数是 0,通常不在矩阵表中给出。矩阵中物质符号的习惯用法是:消耗为负号,生成为正号。化学计量系数在单位一致的基础上可以极大地简化。

5.3 活性污泥法模型的选择与求解

5.3.1 模型选择的原则

对于城市污水处理工艺的模拟而言,面对庞大的 ASM 活性污泥系列模型,选择一种有效的模型对进行实际模拟应用和优化是十分重要的。一般来说,模型的选择应基于以下原则。

(1)结合污水处理厂的工艺:使用传统活性污泥法工艺的污水处理厂可以采用多种数学模型;而含有厌氧工艺的污水处理厂可选择的数学模型会受到限制,模型必须能对厌氧生物过程进行描述,才能对该厂工艺过程进行全面描述和模拟。

(2)适应出水水质要求:各污水处理厂的出水水质要求不同,所选取的模型也不同,例如以去除 COD 和氨氮为主要目标的工艺过程可以考虑采用 ASM1 或 ASM3;但是 ASM1 和 ASM3 对包含除磷目标的工艺的表达不完整,这时候可以考虑采用 ASM2、ASM2D 或其他模型。

(3)注意水质参数的可获取性:污水处理过程的数学模型大多具有大量的水质组分和动力学、化学计量学参数,在选取模型的时候一定要注意模型中的各种参数能否直接或者间接获取。

(4)考虑模型的稳定性:模型的适用性必须建立在其稳定性之上,任何新建立的模型都需要经过长时间的校正和应用并且达到稳定后才能考虑应用于实践。新建立的模型对实际污水处理过程模拟的效果好坏往往难以确定,因而采用被普遍接受的、稳定性较好的成熟模型,对污水处理厂有更好的指导作用。

5.3.2 模型数学解析方法的选择

根据入流和工艺条件,可以将污水生物处理系统的运行状态划分为三种不同情况。一是稳态。当进水的流量、组成、组分的浓度以及各工艺参数都不随时间变化时,系统处于稳态。在这种状态下,处理设施内污水和出水中各组分的浓度保持不变。二是动态。当进水的流量、组成、组分的浓度以及处理工艺的某些参数随时间呈周期性变化,而其他参数保持不变时,系统处于动态状态。在这种情况下,处理设施内污水和出水中各组分的浓度会随时间周期性地发生变化。三是随机状态。当进水和处理工艺中各参数随时间变化且没有固定规律时,系统处于随机状态。在这种情况下,处理设施内污水和出水中各组分的浓度变化没有明显的周期性规律。

根据设施内污水和出水中各组分的浓度变化情况,可以将污水生物处理系统的运行状态划分为稳态和非稳态两种情况。一是稳态,此时处理设施内污水和出水中各组分的浓度不随时间变化。在实际应用中,可以将稳态近似定义为在一定时间内,处理设施内污水和出水中每种组分的浓度变化都小于一定值。例如,颗粒态各组分的浓度变化小于 1%,溶解态各组分的 COD 变化小于 0.1 g/m^3 时,系统可视为处于稳态。二是非稳态,此时处理设施内污水和出水中组分的浓度随时间变化。在非稳态中,有一种特殊情况——半稳态,即处理设施内污水和出水中组分的浓度呈周期性变化。在实际应用中,半稳态可近似定义为在某一时段内处理设施中污水和出水中各组分的浓度变化都小于一定值。

以上分类和分析表明,不同状态的污水生物处理系统需要采用不同的数学方法进行模拟。表 5-1 给出了对各种状态进行模拟可以采用的数学方法。

表 5-1 对各种状态进行模拟的方法

入流和工艺条件	污水生物处理系统的运行状态	模拟方法
不随时间变化(稳态)	不随时间变化(稳态)	解非线性方程组和线性方程组
	随时间变化(非稳态)	给出工艺初始状态和时间,解微分方程组
随时间周期性变化(动)态	随时间周期性变化(半稳态)	插值,解微分方程组
	不随时间周期性变化(非稳态)	插值,给出工艺初始状态和时间,解微分方程组
没有规律(随机状态)	没有规律(非稳态)	给出工艺初始状态和时间,解微分方程组

5.3.3 模型稳态求解及初值确定

当入流和工艺条件保持不变时,生物处理系统在运行一定时间后,处理设施内的污水和出水中各组分的浓度保持不变,或者仅在很小范围内变化,此时处理系统处于稳态。在实际过程中很少存在完全的稳态运行状态,但在研究污水处理厂的长期行为时,通常将平均值作为稳态数据,以便分析污水处理厂的稳态运行结果。这种方法通常用于污水处理厂的设计或者动态计算时初始值的确定。

在稳态条件下,将 ASM 应用于活性污泥处理系统,对处理系统内的各种组分进行物料平衡计算,可以得到一个非线性方程组。解这个非线性方程组可以获得活性污泥处理系统在特定条件下各组分和参数的数据。对于由物料平衡得到的非线性方程组,有多种实际解法。首先,可以尝试获得方程组的解析解。解析解具有计算速度快、便于手算等优点,但实际上,由 ASM 这样复杂的数学模型产生的物料平衡方程组很少能得到解析解。其次,可以从解非线性方程组的一般方法中寻找合适的方法。虽然这种方法在一般情况下是可行的,但是在活性污泥法的一般模拟计算中,不可能每个具体的非线性方程组都能找到一种特定的解法。最后,从物理意义上建立方程组,可以将解物料平衡非线性方程组转化为解微分方程组。在给定初值条件下,当时间足够长时,解微分方程可以近似得到稳态解。采用这种方法求解稳态的近似解时,通常会遇到一些技术问题。这是因为对于不同的初值,计算到近似稳态所需的时间有很大差异。为了获得较快的计算速度,可以采用以下方法:①尽量获得非常接近初值的稳态解，并且花费较少的时间；②选择较大且可行的计算步长；③减少模拟计算方程组中方程的数量。

5.4　活性污泥法的综合计算模型

5.4.1　活性污泥法 1 号模型

ASM1 模型是活性污泥模型发展的里程碑。该模型首先考虑异养微生物在好氧环境下，利用溶解性底物获得碳源和能源，从而逐渐生长的过程。该模型在建模时引入了一个重要的基本假定，即被模拟的活性污泥过程当前运行正常。该假定的具体内容包括：曝气池内处于正常的 pH 值及温度条件下；池内微生物的种群和浓度处于正常状态；池内污染物的浓度可变，但成分及组成不变；微生物的营养充分；二沉池内无生化反应，该池仅为固液分离装置。这一假定使该模型本身避免了一些不确定性，相应增强了模型的真实性和可靠性。

该模型将曝气池内的过程分成 8 个子过程，将曝气池内的物质分成 13 个组分。每个子过程有若干个组分参与，每个组分又参与若干个子过程。8 个子过程包括：异养菌的好氧生长，异养菌的缺氧生长，异氧菌的衰减过程，自养菌的好氧生长，自养菌的衰减过程，溶解性有机氮氨化，絮集有机碳的水解，絮集有机氮的水解。13 个组分包括：溶解性不可生物降解有机物 S_I、溶解性快速可生物降解有机物 S_S、溶解氧 S_O、硝态氮 S_{NO}、氨氮 S_{NH}、溶解性可生物降解有机氮 S_{ND}、颗粒性不可生物降解有机物 X_I、慢速可生物降解有机物 X_S、异养菌 X_H、自养菌 X_A、微生物衰减产物 X_P、颗粒性可生物降解有机氮 X_{ND}、碱度 S_{ALK}。ASM1 的 19 个参数包括异养菌、自养菌生长和衰减过程及污泥所絮集的颗粒性 COD 的水解过程的 14 个动力学参数和 5 个化学计量参数。

5.4.2　活性污泥法 2 号模型

ASM2 模型在 ASM1 的基础上引入了生物除磷过程，首次将含碳有机物及含氮有机物的去除与生物除磷反应整合在一个整体中。生物除磷是一个非常复杂的过程，因此 ASM2 更加庞大复杂，它包括 19 个组分，其中：S_{ALK}、S_I、S_{NH}、S_{NO}、S_O、X_I、X_S、X_A、X_H 的定义与 ASM1 相同；ASM2 引入发酵过程，将 S_S 分为发酵产物 S_A 和可发酵的易生物降解有机物 S_F；新增反硝化产物 S_{N_2}、无机可溶磷 S_{PO_4}、金属氢氧化物 S_{MeOH}、金属磷酸盐 X_{MeP}、聚磷菌 X_{PAO}、聚磷菌细胞内储藏的有机物 X_{PHA}、无机物质 X_{PP}、总悬浮固体 X_{TSS}。ASM2 的 19 个反应过程涵盖：好氧、缺氧、厌氧水解；异养微生物分别基于 S_F、S_A 的生长及分别基于 S_F、S_A 的反硝化；异养微生物的发酵及自身氧化；聚磷菌对 X_{PHA}、X_{PP} 的储藏及基于 X_{PHA} 的好氧生长；X_{PAO}、X_{PP}、X_{PHA} 的氧化；硝化菌的生长和自身氧化；因 $Fe(OH)_3$ 引起的磷的沉淀和溶解。其中，因 $Fe(OH)_3$ 引起的磷的沉淀和溶解反应实际上是化学反应，在生物除磷的同时加入铁盐或铝盐生成磷酸盐沉淀是一种常用方法，化学沉淀所起的作用很小时，可略去这两个反应。

为了使模型表述更简单，ASM2 简化了 ASM1 中的一些过程，如去掉了溶解性有机氮的氨化和絮集有机氮的水解过程，将这些过程暗含于化学计量系数中。此系数与可溶性基质去除和慢速可生物降解有机物的水解成比例，从有机磷到可溶性磷的转化也是依据此思想。ASM2 与 ASM1 对厌氧过程的描述有很大不同。尽管仍考虑微生物的死亡和溶胞作用，ASM1 假设微生物在厌氧条件下的生长和水解过程均停止，这符合 ASM1 过程的描述，但对生物除磷是完全不合适的。ASM2 中包括发酵过程：厌氧条件下，易发酵基质产生醋酸盐，被聚磷菌储藏形成 PHB；缺氧条件下，当硝酸盐作为电子受体时，发酵速率下降，普通的异养生物将与聚磷菌竞争醋酸盐。在 ASM2 中，普通异养菌的活性范围扩大了，在厌氧条件下，它们可利用易发酵基质产生醋酸盐，而在好氧和缺氧的条件下它们利用易发酵基质和醋酸盐生长。由于假设异养生物不能在厌氧条件下生长，因此 ASM2 不能模拟一个完整的厌氧系统，仅能模拟作为好氧和缺氧系统一部分的厌氧区。

5.4.3 活性污泥法 2D 模型

ASM2D 在 ASM2 的基础上增加了 2 个过程，以此模拟聚磷菌（PAO）利用胞内有机储存产物进行反硝化的过程。ASM2D 不仅包含 ASM2 中的所有内容，还包括反硝化的 PAO。ASM2D 的特殊之处在于增加了对 PAO 反硝化的描述，这是其对 ASM2 的重要扩展。除了生物过程，ASM2 还包含了 2 个化学过程，用来模拟磷的化学沉淀，引入了总悬浮固体（TSS）的概念，以描述活性污泥系统中的无机颗粒固体和磷沉淀产生的固体物质。ASM2 的复杂性使其能够预测许多生物处理污水处理厂中的现象，通过简化或只描述感兴趣的方面，可以将复杂模型应用于实际情况。ASM2 只考虑了生物量的平均组成，而不区分单个细胞的组成，因此基于群体的平均性质来推导动力学参数。在模拟硝酸盐和磷酸盐动力学方面，ASM2D 比 ASM2 更准确，因此 ASM2D 被视为进一步研究和发展生物处理污水中除磷脱氮过程动力学模型的重要平台和参考。

5.4.4 活性污泥法 3 号模型

ASM3 模型的提出是对 ASM1 的一次重要改进。自推出以来，ASM1 成为许多科学和实践项目的主要参考依据。然而，在十多年的实际应用过程中，ASM1 暴露出一些明显的缺点，具体表现如下。首先，ASM1 将不易测定的溶解性和颗粒性可生物降解有机氮作为其组分，这给 ASM1 的使用带来了不必要的复杂性。这导致氮化合物的区别在 ASM1 的许多应用版本中常常被忽略。另外，ASM1 没有考虑氮和碱度对异养菌生长动力学的限制，导致某些物质在某些环境下出现负浓度，使得计算机程序不能基于原始形式，导致在不同 ASM1 版本上开发的程序难以区分。此外，ASM1 将惰性颗粒有机物认定为进水和微生物衰减的产物，但在实际应用中难以区分。另外，ASM1 的氨化动力学参数不易量化，但由于这一过程很快，几乎不影响模型的预测。在许多 ASM1 的应用版本中，通过假设有机物的固定组成（N/COD）而将这一过程忽略。ASM1 还没有考虑硝化菌在好氧和缺氧状态下不同的衰减速率，可能在高污泥龄（SRT）和缺氧容积较大的情况下导致最大硝化速率的预测产生偏差。

针对 ASM1 在实际应用中出现的问题和对有机物储存试验认识的深化，IWA 课题组于 1999 年推出了 ASM3。ASM3 不包括除磷过程，所涉及的主要反应过程与 ASM1 相同，还包括以处理生活污水为主的活性污泥系统中的氧消耗、产污泥、硝化和反硝化作用等。

通过比较可以看出，ASM1 和 ASM3 以相同的模式进行描述，只不过 ASM3 对异养菌和硝化菌这两组生物体的所有转换过程的区分较 ASM1 清晰。在 ASM1 中，COD 反应过程非常复杂，而 ASM3 的 COD 反应过程的重点由水解转为有机底物的储存。这一假设已被许多研究人员观测到。在污水特性化分类时必须考虑这一转变。如今，易生物降解底物（S_s）的估算不再基于生长过程，而是基于储存过程。在 ASM1 中，溶解性底物（S_s）和颗粒性底物（X_s）的区分比较勉强，而且主要基于降解时间常数。修正后的模型对活性污泥法污水特性的描述，可能仍然依赖于与呼吸试验相关的生物鉴定。

使用 ASM3 需要确定污水中相关组分的浓度及特定情况下的动力学和化学计量学参数。这些参数的绝对数值并不是 ASM3 的组成部分，但是对于将模型用于具体案例分析是必不可少的。模型的化学计量系数与污水特性参数的确定可参考 ASM1 和 ASM2。ASM 研究组提出了初沉池出水中各组分的典型值和一组模型参数。这些参数可以作为测定计算机程序性能时的参考值，也可作为初始的参数来设计一个模拟试验，以便通过模拟更准确地确定这些参数。由于污水水质具有多样性以及各种工艺特点存在差异，必须注意使用 ASM3 时这些参数并非在任何情况下都是可靠的。

5.5　基于活性污泥模型的计算软件

鉴于模型污水处理过程的复杂性，在运用 ASM 进行实际的模拟计算时，必须采用适当的计算软件。20 世纪 90 年代初，国外陆续涌现了一批针对污水处理系统的模拟软件，主要包括 GPS-X、BioWin、SIMBA、WEST、EFOR、STOAT 和 ASIM 等。这些软件基于各种描述活性污泥工艺过程及其他污水生物化学处理过程的数学模型，利用 Fortran、C 等计算机语言编制程序，并具有友好的用户界面及其他各种帮助工具。它们可以用来描述多种污水生物处理工艺，如传统活性污泥法及其各种变形工艺。

GPS-X 是一款具有代表性的污水处理工艺模拟软件，具有全面的模拟能力，涵盖多种工艺过程，包括活性污泥法及其各种变形工艺（如 CSTR、推流式、多点进水等）、SBR、Hybrid 系统（固定膜和悬浮生长）。该软件可以模拟初沉池、二沉池、生物滤池、膜过滤、厌/好氧消化池和生物转盘，并支持用户自定义流程。经过多年以来的不断修改和扩充，GPS-X 几乎具有其他软件的大部分功能，并形成了自身的特点：具有敏感性分析模块、模型校正及参数估值优化模块，能够在稳态和动态情况下运行。用户可以对该软件内置的模型进行更改和编辑，并能够自定义添加描述工艺过程的模型。该软件能够帮助设计者进行污水处理过程的设计、改进及优化，并向员工提供污水厂运行决策的培训。GPS-X 可以读取和利用实际污水处理厂的数据作为模拟输入，或者将其与模拟输出结果对比；具有对工艺过程自动检查、警告和自动校正、传感器探错、过程检错及预测等功能；可与 SCADA 系统连接，也可与 PID 控制连接。GPS-X 的模型种类、模拟工艺及数据处理功能非常全面，适合大部分污水处理厂进行日常运行的模拟和指导，以及新建、扩建和改建的污水处理厂的设计和优化，是一款理想且全面的全厂模型化软件。其应用对象和模型种类如表 5-2 所示。

表 5-2 GPS-X 软件的应用对象和模型种类

处理单元	GPS-X 软件的模型库
生物处理	ASM1、ASM2、ASM2D、ASM3、Mantis(ASM1 的温度模型)、General(ASM1 除磷模型)、NP(简化除磷模型)、Reduced(简化脱氮除碳模型)、丝状菌膨胀模型、双指数模型(Vesilind、Takacs 模型)
沉淀池	ASM2、States 模型
进水	ASM1、ASM2、Mantis 模型
固定膜	Andrews-Barnett 两阶段厌氧模型、VSS 衰减模型、VFA 产生模型、CH_4 及 CO_2 产生模型、pH 模型，铵毒性模型
厌氧	ASM1、ASM2、Mantis 模型
过滤	Iwasaki-Horner SS 捕获模型
其他	除砂、脱水、消毒、过滤等过程的经验模型及黑箱模型

WEST 软件由 Hemmis 公司于 1995 年开始开发，适用于不同层次的人员，包括模型编写研究人员、模型构建应用人员和污水处理厂管理人员。WEST 的活性污泥模型库包含多种模型，如 ASM1、ASM2、ASM2D、ASM3 以及 ASM 系列的温度校正模型以及沉淀池模型等。此外，WEST 还包含各种单元模块和传感器、控制单元，能够模拟多种活性污泥法及其变形工艺。WEST 的功能与 GPS-X 类似，但更适用于对污水处理过程的模拟研究和教学培训。然而，WEST 的输入参数形式较为复杂，对操作而言不够方便，应用上存在一定的难度。

EFOR 软件由丹麦技术大学开发，包含 ASM 系列模型，主要模拟有机物质的去除、硝化及反硝化过程以及生物除磷和化学除磷过程。EFOR 在沉淀池模型方面较有特色，能模拟不同污泥层的状况和污泥回流等生物过程。虽然功能相对较少，但 EFOR 适用于有日常模拟要求的污水处理厂进行全厂模型化。

BioWin 软件由加拿大 EnviroSim 环境咨询公司开发，采用了全污水处理厂的数学模型，能够模拟各种物理、化学和生物工艺，包括各种模型组分的变化和反应。

SIMBA 软件由 ifak 开发，包含 ASM 模型、硝化模型以及污染负荷模型等，能够模拟多种工艺过程，并具有辅助工具以支持结果分析和模型校正等。

STOAT 软件是一个模块化模拟软件，支持 ASM1 和 Takacs 沉淀模型，适用于模拟独立的处理设施和整体的处理流程。

国内针对污水处理模拟软件的研究相对较晚，目前大部分研究工作集中在利用国外软件进行活性污泥模型的研究和应用，而软件开发方面的研究相对较少。重庆大学的张代钧等以 ASM1 为基础，使用 MATLAB 编写了程序，对传统活性污泥法的运行过程进行了计算机动态模拟，但未将相关程序进一步开发为模拟软件。清华大学环境模拟与污染控制国家重点联合实验室于 2000 年开发了 TH-ASSS 软件。该软件以 ASM1 为基础，增加了沉淀池一维模型，能够对污水处理厂进行更全面的描述。TH-ASSS 软件曾在北京市方庄污水处理厂和河南省郑州市污水处理厂得到应用，对污水厂的运行管理起到了一定的预测和指导作用。2004 年，在 TH-ASSS 软件的基础上，研究者进一步整合了污水处理过程的模拟系统和专家系统，形成了 ODSS 软件。ODSS 软件主要包括用于城市污水处理厂活性污泥工艺系统故障诊断的专家系统，用于动态模拟污水处理厂运行状况及出水水质的模拟系统，以及培训员工进行污水处理和了解数学模型和 ODSS 软件基本知识的培训系统。ODSS 软件将定量计算的数学模型(如 ASMs 系列模型)与定性推理的专家系统结合起来并应用于污水处理过程分析,可以解决水质与水量变化、微生物反应复杂和大滞后等问题,实现城市污水处理厂脱氮除磷的优化与控制。ODSS 软件已经应用于污水处理厂的调试运行分析,并在北京某污水处理厂的工艺优化和控制研究中得到了应用。

参考文献

[1] MAURER M, GUJER W. Dynamic modelling of enhanced biological phosphorus and nitrogen removal in activated sludge systems[J]. Water science and technology, 1998, 38(1): 203-210.

[2] GERNAEY K V, VAN LOOSDRECHT M C M, HENZE M, et al. Activated sludge wastewater treatment plant modelling and simulation: state of the art[J]. Environmental modelling and software, 2004, 19(9): 763-783.

[3] HENZE M, GRADY C P L JR, GUJER W, et al. A general model for single-sludge wastewater treatment systems[J]. Water research, 1987, 21: 505-515.

[4] 吴俊奇,汪慧贞. 活性污泥法 2 号模型(ASM2)简介 [J]. 给水排水, 1998(6):13-18.

[5] COEN F, VANDERHAEGHEN B, BOONEN I, et al. Nitrogen removal upgrade of a WWTP within existing reactor volumes: a simulation supported scenario analysis[J]. Water science and technology, 1996, 34(3/4): 339-346.

[6] PETERSEN B, GERNAEY K, HENZE M et al. Evaluation of an ASM1 model calibration procedure on a municipal-industrial wastewater treatment plant[J]. Journal of hydroinformatics, 2002, 4: 15-38.

[7] 杨文娟. 活性污泥数学模型 ASM1 及 ASM3 在 MBR 和 DE 型氧化沟中的应用研究 [D]. 西安: 长安大学, 2009.

[8] 李国辉. 活性污泥工艺计算机模拟研究 [D]. 北京: 清华大学, 1995.

[9] 柯细勇. 活性污泥工艺模拟系统 TH-ASSS 研究 [D]. 北京: 清华大学, 2003.

[10] HENZE M, GUJER W, MINO T, et al. Activated sludge model No.2D, ASM2D[J]. Water science and technology, 1999, 39(1): 165-182.

[11] GUJER W, HENZE M, MINO T, et al. Activated sludge model No. 3[J]. Water science and technology, 1999, 39(1): 183-193.

[12] 张晶. 污水处理过程模拟及系统软件开发 [D]. 大连: 大连理工大学, 2012.

[13] 艾海男. 废水 COD 组分 SS、XS 和 SA 的表征方法及其应用 [D]. 重庆: 重庆大学, 2009.

[14] 揭大林, 操家顺, 花月, 等. WEST 仿真软件在污水处理中的应用研究 [J]. 环境工程学报, 2007(3): 138-141.

[15] 沈童刚, 邱勇, 应启锋, 等. 污水处理厂模拟软件 BioWIN 的应用 [J]. 给水排水, 2009, 45(S1): 459-462.

[16] 张代钧, 李振亮, 卢培利, 等. 活性污泥过程反应池与二沉池耦合模型与模拟 [J]. 中

国环境科学，2007(2)：155-159.

[17] 徐丽婕，王志强，施汉昌. 污水处理厂全程模型化的软件选择 [J]. 中国给水排水，2004(5)：21-23.

[18] 沈勇，汪诚文，施汉昌，等. ODSS 软件对城市污水处理厂运行的模拟优化 [J]. 中国给水排水，2007，23：46-50.

第 6 章　污水处理 AO 工艺模拟及优化

富营养化问题是当今世界面临的主要水污染问题之一。近年来,虽然污水处理效率不断提高,但是由氮磷污染引起的水体富营养化问题不仅没有得到妥善解决,反而有日益严重之势。污水处理的主要问题已由有机污染物的去除转变为氮磷污染物的去除。然而,我国污水处理厂的脱氮除磷工艺普遍存在能耗高、效率低、运行不稳定等问题,现阶段无论从节省资金,还是从提高污水处理效果等方面考虑,优化脱氮除磷工艺都具有重大的理论和现实意义。氮化合物的相对分子质量比较小,无法通过投加化学药剂来去除,如果利用膜处理技术去除,运行费用十分惊人。利用生物处理方法处理污水中的磷化合物,如果结果不达标,可通过投药混凝获得满意的除磷效果。综上,氮的去除是污水处理的难点和重点,而只有利用生物脱氮技术才是最经济可行的。

本章在全耦合活性污泥模型(FCASM3)的基础上,考虑生物场与水力流场的相互作用,建立 AO 工艺污水处理厂的 FCASM3-Hydro 耦合模型,利用现场实测数据进行数值模拟校核,实现 FCASM3-Hydro 耦合模型在 AO 工艺污水处理厂的实际应用,为 AO 工艺污水处理厂的工程设计和系统优化运行控制提供更切合实际的理论指导。首先,通过分别模拟研究氧传递系数(K_La)、SRT、缺氧池与好氧池的 HRT,对比这些因素某 AO 工艺污水处理厂营养物质去除效果的影响,为该污水处理厂的优化运行提供最佳工艺参数。其次在小试试验条件下,对影响工艺运行的主要过程控制关键因素进行识别。使用 DO 传感器(兼具温度补偿功能)、pH 值传感器、ORP 传感器和 MLSS 传感器实时监测各反应区的 DO、pH 值、ORP、温度和 MLSS,探讨 DO、ORP 和 pH 值作为系统过程控制参数的可行性,研究了该工艺运行过程中系统内部参数的变化规律,并对系统处理过程的关键水质参数与 DO、pH 值、ORP、温度等的相关性进行分析。再次,在识别出影响出水水质的关键参数的基础上,将 ANN 和 ASM2D 模型结合起来,各取所长,构建一种复合模型仿真系统对出水水质进行预测,提高该处理工艺的控制水平,并利用构建的仿真系统对不同工况进行优化调控。最后,在对 AO 废水处理过程机理模型进行研究的基础上,针对机理建模难以应用于控制研究的问题,建立了针对 AO 废水生物处理过程中溶解氧和回流比的模糊神经网络控制系统,实现了该废水处理过程中溶解氧和回流比的自动调节,最终实现了该废水处理控制过程的智能化。同时,本章在较为全面地了解废水处理仿真基准模型的基础上,分析了活性污泥工艺中存在的多目标优化问题,并详细阐述了如何在 MATLAB 软件中完成废水处理仿真基准模型的建模与优化,为活性污泥的工艺设计提供了指导,拓展了智能算法在废水处理中的应用范围。

6.1　AO 工艺的过程控制和优化

AO 工艺于 20 世纪 80 年代初开发成功,是目前城市污水处理厂广泛采用的一种理想的生物脱氮工艺,该工艺利用污水中的含碳有机物作为反硝化碳源,能有效地同时降低

COD 和去除含氮化合物。AO 工艺流程如下：首先原水进入缺氧池，其中的有机物作为电子供体，对内循环回流的硝态氮进行反硝化脱氮，有机物得到初步降解；随后水样进入好氧池，有机物在其中进一步降解的同时发生硝化反应，氨氮被去除；最后好氧池硝化混合液和沉淀后的部分污泥同时回流到缺氧池，使缺氧池既能从原污水中得到充足的有机碳源，又能从回流液中得到大量的硝态氮，从而进行反硝化作用。

AO 工艺合理地解决了硝化与反硝化之间的矛盾，具有如下优点：流程简单，省去了中间沉淀池，构筑物少，大大节省了基建费用；运行费用较低，电耗较低，占地面积小；以原污水中的含碳物质和内源代谢产物作为反硝化的碳源物质，既节省了投加外碳源的费用，也可保证较高的碳氮比（C/N），从而实现充分反硝化，不需要或减少投加外碳源；好氧池设于缺氧池之后，可以进一步去除反硝化残留的有机物，使出水水质得到改善；缺氧池在好氧池之前，由于反硝化消耗了大部分有机碳源，有利于减轻好氧池的有机负荷，减少好氧池的碳氧化的需氧量；反硝化产生的碱度可以补充原水的碱度以及硝化过程中消耗的碱度；只有一个污泥系统，缺氧池在好氧池之前，起到生物选择器的作用，活性污泥交替地处于好氧和缺氧状态，有利于控制污泥膨胀；脱氮系统产生的污泥少且易于脱水；在长污泥龄条件下运行，由于异养菌的增殖率大大超过自养菌的增殖率，自养硝化菌通常只占总生物量的一部分，为了维持硝化菌在 AO 工艺中存在的数量，足以完成废水中含氮化合物的硝化，系统的污泥龄（固体停留时间）必须大于硝化菌的世代时间；易于在常规活性污泥系统上改建，不必增建更多设施与设备，实现以最小的改建投资满足更高的水污染控制需要。

污泥和混合液的回流比（总回流比）越大，氮的去除率越高。AO 工艺要取得满意的氮去除率，必须有足够大的回流比，如要保证 85% 的去除率，总回流比须达到 60%。随着回流比的增加，再提高氮去除率很困难。值得注意的是，混合液回流比的过度增加，会造成带入缺氧池的溶解氧增多，过多的溶解氧必然消耗水中的有机物，影响脱氮反应的顺利进行。因此，对于有机物浓度较低的污水，采用 AO 工艺时，为了达到一定的脱氮效率，宜减少混合液回流比，适当增大污泥回流比。由于二沉池的容积由进水量和沉淀时间决定，设沉淀时间不变，二沉池的容积将随着污泥回流比的增加而增大。因此，现有二级污水处理厂改建为使用 AO 工艺时，在考虑增大污泥回流比、提高脱氮率的同时，应注意不要过度增大二沉池的负荷，以免影响其正常运行。

由于受进水碳源和回流比的影响，AO 工艺的脱氮效率很低，一般为 60% 左右，如果不采用有效的运行方式，难以进一步提高系统脱氮率；另外 AO 工艺影响因素较多，需要进行硝化液回流、污泥回流和曝气充氧，运行费用较高，有必要根据原水水质的变化情况及时调整运行参数，防止由于曝气过量或回流量过大造成能耗浪费，以及曝气不足或回流量过低造成的出水水质不达标等问题。通过优化 AO 工艺运行条件，可提高脱氮水平，降低系统运行费用。

6.1.1 控制目标、参数和变量

6.1.1.1 AO 工艺的控制目标

AO 工艺的控制目标主要由五大部分组成：污水处理厂的水力和有机负荷处理能力要满足要求，避免污泥流失和系统处理效率降低；出水水质要满足要求；污水处理厂要稳定运

行，具有较强的抗干扰能力；单元处理能力要强，活性污泥可以实现硝化、反硝化、有机物去除；污泥沉淀性能要好且系统运行费用尽可能低，优化运行条件最大程度降低污水处理厂的运行费用。第一个控制目标的实现要结合污水管网收集系统和城市污水处理厂的容纳能力，最大程度地降低污水处理厂的水力负荷和有机负荷，减少污水处理厂的冲击负荷，充分利用污水管网的储存能力，降低污水进水量和未处理污水的溢流量，同时充分利用二沉池储存污泥并合理地分配进水量和回流污泥量。第二个控制目标主要是出水水质要满足排放标准，同时尽可能地降低出水浓度。在大多数情况下，在某一时段，污水处理厂会制定相应的出水浓度平均限值，这就要求确定相应的运行操作条件来保证出水达标或接近法规的要求。第三个控制目标是降低水力负荷、污染物负荷、温度、毒物冲击、运行设备损坏、冰雪融化、工业污水排放等干扰因素对系统性能的影响。这就要求污水处理厂运行管理人员熟练地调整运行操作条件，以适应随机变化的进水，持续保证出水水质达标。如果污水处理厂不具备较强的抗干扰能力，其出水不达标，就会导致花费大量的人力和物力进行补偿以达到最佳排放效果，这相对于污水处理厂本身具备较强的抗干扰能力而言，在经济方面是得不偿失的。因此，污水处理厂的运行控制一定要使其具有较强的抗干扰能力。第四个控制目标主要指污泥和反应器运行单元的操作。污泥运行单元要保证污泥具有较好的沉淀性能，维持反应器有一定的 MLSS，避免污泥上浮。反应器运行单元要保证硝化反应高效进行，泥水混合液有良好的混合作用，充分利用缺氧区的反硝化潜力和进水碳源进行反硝化，避免缺氧区进入大量 DO 等。第五个控制目标是充分降低曝气运行能耗、污泥回流能耗以及外碳源投加费用。

污水处理厂的首要目标是保证其正常运行，因此在以上各个控制目标中，第一个控制目标最为重要，其次是第二个和第三个目标，最后才考虑经济因素。对于每一个控制目标，还需要对其进行分解、细化，并设计所需的控制系统。

6.1.1.2　AO 工艺的控制参数和变量

典型的 AO 工艺污水处理厂的主要控制变量包括曝气量、污泥回流量、剩余污泥排放量、内循环回流量和外碳源投加量和过渡区相关参数。过渡区是在缺氧区和好氧区之间设置的区域，用于控制缺氧池和好氧池的体积，进一步增大系统的运行灵活性。曝气量主要影响有机物降解速率、硝化效果、污泥沉淀性、运行费用等性能。污泥回流量主要影响反应器 MLSS、二沉池泥水分离过程以及二沉池水力负荷等性能。剩余污泥排放量影响系统污泥龄和微生物种群结构。内循环回流量主要影响回流硝酸盐氮浓度、反硝化容量利用情况和反硝化速率。外碳源投加量主要影响进水 C/N，进而影响反硝化程度。过渡区主要影响出水氮的存在形式、硝化和反硝化程度。

阀门、鼓风机、水泵等是控制系统中非常重要的设施，因为它们处于最终执行控制任务的位置，所以又被称为最终执行机构。控制变量执行机构的可控性和调控范围会限制控制策略实施的效果。绝大多数已建污水处理厂的设备并没有考虑应用实时控制策略的需要，频繁地启闭水泵或鼓风机会产生很大的损耗，并不经济，因此建议安装变频调速装置。如果采用罗茨鼓风机，可以直接通过变频器控制电机转速，调节曝气量；对于大型污水厂，如果采用离心鼓风机，可以根据管道压力设定值调整叶片的角度，再通过变频器控制电机转速，调节曝气量。 调节阀的性能，对系统的控制效果影响很大。选择调节阀时，首先要考虑其流量必须满足生产要求；其次要估算调节阀在管线上的阻力降分配比，要使在阀全开的情况下整个管线阻力降占比较小。调节阀的种类有很多,有气动式、电动式等,从控制对象具有严重的非线性这个角度出发,可以利用阀门特性对整个回路的非线性进行自动补偿,从而提高控制系统适应不同负荷变化情况的能力。曝气管道上的阀门应选用电动调节闸阀。

由于传统设计的污水处理厂一般考虑 5~10 年的规划水质水量,因此,新建污水处理厂往往在低负荷下运行,控制变量执行机构对高峰负荷有很大的调控空间;而一些运行多年的污水处理厂接受的水量可能已经接近其最大处理能力,调控空间非常有限,采用传统控制方式往往需要进行分流或改造,而采用合理的控制策略可以充分利用反应器的容积,提高系统的处理能力,节省改造投资。

6.1.2 脱氮影响因素分析

6.1.2.1 DO 水平

硝化反应必须在好氧条件下进行, DO 水平直接影响硝化反应速率。随着 DO 的增加,出水总氮逐渐降低,当 DO 增加到 1.5~2 mg/L 时,出水总氮相对最低(最小值为 19.2 mg/L),随后再增加 DO ,出水总氮稍微增加。出水硝酸盐氮随着 DO 的增加逐渐增加,当 DO 大于 2 mg/L 时,增加幅度已不大。出水氨氮随着 DO 的增加逐渐降低,当 DO 增至 2 mg/L 时,出水氨氮降为 3.3 mg/L,氨氮去除率达到 93.5%,硝化反应速率增加到 0.097 mg/(mg · d)(氨氮 /MLSS), DO 继续增加,出水氨氮降低有限,硝化速率增加也不明显,出水总氮反而升高;由于内循环不可避免把 DO 带入缺氧区,好氧区 DO 越高对缺氧区的反硝化影响也越大。

高 DO 意味着能耗增大,所以在出水氨氮满足系统排放标准的情况下,应尽可能降低污水处理厂的曝气量。传统观点认为进行硝化反应须保持好氧区 DO 在 2.0 mg/L 以上,而研究表明 DO 增为 1.5 mg/L 时,出水氨氮基本满足 5 mg/L 的排放标准,与 DO 为 2.0 mg/L 时相比,可降低 8%~10% 的曝气能耗。另外在 AO 工艺中,当维持好氧区 DO 为 0.5 mg/L 时,也能获得较好的硝化效果,只不过出水硝态氮以亚硝酸盐氮为主,所以应根据进水氨氮和排放标准,控制好氧区 DO 的量。避免在进水氨氮高时,由于好氧区 DO 的量低,造成出水氨氮不能达标;同时避免当进水氨氮较低时,由于好氧区 DO 的量太高,造成能量浪费。

6.1.2.2 内循环回流量(内循环回流比)

AO 工艺需把好氧区生成的硝酸盐氮混合液回流到缺氧区,这样反硝化反应才能顺利进行。如果缺氧区硝酸盐氮的浓度为 0,缺氧区就会处于厌氧状态,造成缺氧区反硝化的潜力不能被充分利用。缺氧区末端硝酸盐氮浓度太低,反硝化速率一般很低。这些都会降低硝酸盐氮和总氮的去除率,所以需要有效控制内循环回流量以提高系统的反硝化速率,降低出水总氮。随着内循环回流量的增加,出水氨氮并没有明显变化,这说明内循环回流量的变化并不影响氨氮的去除,而出水硝酸盐氮和总氮逐渐降低,当内循环回流比增至 1.25 时,出水硝酸盐氮和总氮相对最低,这与传统认为的“总回流比 r 与脱氮效率 η 呈 $\eta = r/(r+1)$ 的关系”相矛盾。如继续增大回流比,出水硝酸盐氮和总氮反而升高。试验证明,并不是提高内循环回流量就可以提高硝酸盐氮的去除率,硝酸盐氮的去除率还与进水碳源和缺氧区的反硝化潜力有关。缺氧区 1 室和缺氧区 2 室的硝酸盐氮浓度随着回流比的增大而增大。当回流比为 1.25 时,缺氧区 1 室和缺氧区 2 室之间的硝酸盐氮浓度差值也达到最大值

（2.55 mg/L）；当回流比大于 1.25 时，两者的差值逐渐减少；当回流比为 4.5 时，达到最小值（1.2 mg/L）。这说明较高的内循环回流量并不一定能提高硝酸盐氮的去除率。较高的内循环回流量使大量 DO 进入缺氧区，当存在 DO 时，反硝化菌总是优先利用 DO 作为电子受体氧化有机物，破坏了反硝化环境，并不能提高氮的去除率。另外，内循环回流量增大，会造成系统短流，增大动力消耗，所以从总氮去除率和运行费用这两方面考虑都应加强内循环回流量控制。应保证缺氧区硝酸盐氮充分，高效利用缺氧区的反硝化潜力，同时避免过高的内循环回流量带来的问题。

6.1.2.3　污泥回流量（污泥回流比）

回流污泥中的微生物是各段反应菌种生长、繁殖的基础，系统靠回流污泥来维持反应器内所需要的 MLSS，使之进行生化反应。污泥回流比过低，会降低反应器 MLSS 和参与硝化反应的硝化菌的数量，使硝化效果变差；相反，污泥回流比过高，反应器 MLSS 增加，会加大污泥内源耗氧量，增加二沉池水力负荷和扰动，影响泥水分离过程和出水水质。

分析污泥回流比对反应器 MLSS 和出水 SS 的影响可知，污泥回流比降低时，出水氨氮、总氮逐渐增加，同时出水硝酸盐氮逐渐降低。当污泥回流比从 0.3 增大到 2 时，出水氨氮从 21.8 mg/L 下降到 0.9 mg/L，出水总氮从 27.13 mg/L 降到 19.6 mg/L，而出水硝酸盐氮从 5.1 mg/L 增至 18.42 mg/L。污泥回流比的增大使反应器 MLSS 增加，反应器 MLSS 从 1 710 mg/L 增至 2 640 mg/L，由于污泥回流量增加加大了二沉池水力扰动，影响了二沉池泥水分离过程，出水 SS 逐渐增大，由 20 mg/L 增大到 100 mg/L。当污泥回流比为 0.75 时，就可满足出水氨氮的排放标准（5 mg/L），对应的氨氮和总氮去除率分别为 93.8% 和 63.2%；当污泥回流比大于 0.75 时，出水氨氮和总氮去除率并未明显升高，这是由于反应器 MLSS 增加，为了维持好氧区设定的 DO，需加大供气量。通过以上分析可知，污泥回流比对氮的去除影响较大，应随进水负荷的变化合理调节污泥回流比，另外还需考虑污泥的沉淀性能。当进水氨氮负荷增加或反应器内温度降低时，为了保证有较好的硝化效果，应增大污泥回流比；反之则应减小污泥回流比。设计污泥回流控制系统时首先应考虑的因素是降低出水 SS，也就是充分利用二沉池的缓冲能力。如果可以提样前预知进水负荷的增大，应先把二沉池的污泥回流到反应器，这样当水力负荷冲击来临时，可以提高系统的抗冲击能力。试验表明，不同运行条件下系统对应着一个相对最优的污泥回流量，污泥回流量的下限值由二沉池可允许的污泥层高度以及二沉池的沉淀时间决定，污泥回流量的上限值由进入沉淀池的水力负荷和沉淀池最大固体通量决定。

6.1.2.4　SRT

单污泥系统最基本的特性是不同类型的细菌混合生长，因而各菌群在系统中有相同的 SRT。但硝化菌世代时间长、生长缓慢，对环境（如 pH 值、温度、毒性和抑制物质等因素）变化敏感。为了实现完全硝化，生物脱氮工艺的 SRT 应设计得充分长，这必然导致异养菌和惰性固体也具有较长的 SRT，从而增加 MLSS 和反应器体积。MLSS 一般随着 SRT 的增加而增加，而活性微生物所占比例降低，表明 MLSS 的增加是由惰性固体增加引起的。因而增大 SRT，不可避免地增大二沉池的固体负荷量和惰性固体量，以及系统内源呼吸耗氧量。SRT 是生物脱氮污水处理厂的重要运行参数，降低 SRT 可以降低 MLSS，在一定程度上提高污水厂的处理负荷。在设计污水厂时应结合 SRT 控制，选择最优的 SRT。在满足系统硝化效果的情况下，尽可能降低 SRT，以降低污水处理厂的运行费用。因此，研究者通过改变污泥排放量，研究了不同 SRT 下系统的脱氮效果。但注意，特定的污泥负荷对应着一定的 SRT，虽然进水负荷不变，但通过较长期的运行，污泥排放量的变化也会改变系统的污泥负荷。另外，SRT 是一个准稳态的概念，只能慢慢地调整污泥龄，即在较长时间内，剩余污泥排放量和剩余 MLSS 的平均值是不变的。

此外，研究者考察了不同污泥龄下出水氨氮、硝酸盐氮和总氮浓度的变化情况，随着污泥排放量的增加（SRT 降低），出水氨氮和总氮逐渐增加，而出水硝酸盐氮和反应器 MLSS 逐渐降低。当污泥排放量从 0.8 L/d 增加到 5 L/d 时，出水氨氮从 0.68 mg/L 增加到 23.8 mg/L，氨氮去除率降低了 44.2%；出水总氮从 18.4 mg/L 增加到 28.0 mg/L；出水硝酸盐氮从 17.4 mg/L 降低到 3.8 mg/L；MLSS 从 2 770 mg/L 降到 1 536 mg/L；SRT 从 20.3 d 降到 4.2 d。虽然污泥排放量很小，但它对系统性能的影响很大，如果污泥排放量较小，SRT 增大，将导致活性微生物所占比例降低，可能引起低负荷污泥膨胀；另外，反应器 MLSS 增加，会导致内源呼吸耗氧量增加。当 SRT 为 9 d（污泥排放量为 2.2 L/d）时，氨氮去除率达 93.8%，继续增加 SRT 至大于 10 d 并不能有效提高系统脱氮效果。当前，大部分污水厂的 SRT 大于 20 d，就经济和运行优化而言都不合理。AO 工艺的 SRT 维持在 9~15 d，就可实现很好的硝化效果。当进水氨氮负荷变化时，可通过增大 SRT 提高系统的抗冲击能力和稳定性。

6.1.2.5 进水 COD/TN

反硝化反应的顺利进行需有充足的碳源，如果碳源不足会严重抑制反硝化反应，降低系统总氮去除率，造成出水硝酸盐氮和总氮很高；相反如果进水 COD 过高，不但会增加系统耗氧量，也会严重抑制硝化反应，降低硝化效率。硝化效率不高，相应地，系统总氮去除率也不会太高。

维持进水 COD 不变，改变进水氨氮以调整进水 COD/TN。随着进水 COD/TN 的增大，污水中可生物降解有机物的含量相对升高，反硝化速率和总氮去除率逐渐提高，为了使总氮去除率达 80%，应保持进水 COD/TN 大于 8。氨氮负荷增加，总氮去除率下降，当氨氮负荷大于 0.05 kg/（kg · d）（TN/MLSS）时，脱氮效率随着负荷的增大直线下降。因此，在城市污水脱氮处理中，氨氮负荷值应小于 0.05 kg/（kg · d）（TN/MLSS）时。另外，随着 COD/TN 的增大，可发现系统硝化速率降低，当 COD/TN 由 3 增加到 10 时，硝化速率由 0.108 kg/（kg·d）（TN/MLSS）降到 0.042 kg/（kg·d）（TN/MLSS）。

根据以上分析，当进水 COD/TN 降低时，硝化速率增大；当进水 COD/TN 升高时，反硝化速率增大。所以应根据系统要求进行合理设计，最大程度利用进水 COD 进行反硝化，降低溢流到好氧区的 COD 量。当进水 COD/TN 很低时，为提高 AO 工艺反硝化速率，应合理控制外碳源投量。

6.1.2.6 水力停留时间

硝化和反硝化反应是生物脱氮系统密不可分的两个过程。硝化不充分，出水氨氮必然升高，反硝化能力也发挥不出来；反硝化不充分，出水硝酸盐氮就会上升。怎样恰当地分配硝化和反硝化容量，确定各区域的 HRT，充分发挥它们的潜力，是脱氮工艺设计和运行的一个重要问题。

当 HRT 为 4 h 时，可以发现工艺硝化效果很差，仅为 54.5%，出水氨氮很高，总氮去除率也很低。当 HRT 增至 8 h 时，出水氨氮已经很低，仅为 1.86 mg/L，氨氮去除率高达 96.6%，此时总氮去除率为 74.54%。进一步降低进水量，增大 HRT，虽然可以进一步提高硝化率和总氮去除率，降低出水氨氮，但效果有限。研究发现，维持 AO 工艺的 HRT 为 8 h 比较合理，相应，反硝化和硝化反应的 HRT 分别为 2.6 h 和 5.4 h。对于不同进水水质，硝化和反硝化速率不同，取得最佳脱氮效果的缺氧区和好氧区的体积比不同，AO 工艺的 HRT 一般维持在 8~12 h。

6.1.2.7　缺氧区和好氧区体积比

尽管反应器体积恒定，通过优化缺氧区或好氧区的体积也可以提高系统的脱氮效率。因此，对于给定的进水水质，考察系统缺氧区和好氧区体积比是否处于最佳范围，可以通过改变各室之间的挡板来调整好氧区和缺氧区的体积。当进水氨氮、COD、HRT、DO、SRT、MLSS、内循环回流比和污泥回流比分别保持在 53 mg/L、300 mg/L、8 h、2 mg/L、10 d、2 300 mg/L、2 和 0.75 时，随着体积比的增大，出水硝酸盐氮逐渐降低，在体积比未达到 0.6 之前，出水氨氮以较慢的速度增加，当超过 0.6 时以较快的速度增加。当缺氧区和好氧区体积比为 0.6 时，系统出水总氮达最小值（18.7 mg/L），这也表明系统硝化和反硝化反应达到一个相对平衡，因而需要对系统的好氧区和缺氧区体积进行调整，以获得一个最佳体积比。由于《城镇污水处理厂污染物排放标准》（GB 18918—2002）对氨氮的要求较高，进行系统设计和控制时，一般应首先满足硝化效果。如果好氧区 DO 已达规定的上限值，出水氨氮仍然高于排放标准，这时应增大好氧区体积，调节参与硝化反应的硝化菌的数量，直至出水氨氮达标。当进水氨氮很低时，系统很容易实现 100% 的硝化，没有必要把出水氨氮维持在很低，甚至为 0，只需满足排放标准即可（这样可降低曝气的能耗），这时应减少好氧区体积，增大缺氧区体积，提高总氮去除率，还可以利用一部分缺氧区进行厌氧释磷，增加系统的除磷效果。

6.2　基于 FCASM3-Hydro 耦合模型的 AO 处理模拟

6.2.1　FCASM3-Hydro 耦合模型假设

下面将在全耦合活性污泥模型（FCASM3）的基础上，考虑生物场与水力流场的相互作用，建立 AO 工艺污水处理厂 FCASM3-Hydro 耦合模型，通过现场实测数据进行数值模拟校核，实现 FCASM3-Hydro 耦合模型在 AO 工艺污水处理厂中的实际应用，为 AO 工艺污水处理厂的工程设计和系统优化运行控制提供更切合实际的理论指导。通过分别模拟研究氧传递系数（K_La）、SRT、缺氧池与好氧池水停留时间对比这些参数对某 AO 工艺污水处理厂营养物质去除效果的影响，为该污水处理厂的优化运行提供最佳工艺参数。AO 工艺将缺氧反硝化反应池置于工艺之首，所以又被称为前置反硝化生物脱氮工艺。目前，实际工程中应用较多的是一种使用较为简单的生物脱氮工艺。

FCASM3-Hydro 耦合模型应用于 AO 工艺，除了模型建立时提出的假设外，还根据 AO 工艺的特点，提出以下几点假设。

（1）假定二沉池是一个理想的固液分离器，二沉池内不发生任何生物反应，混合液进入二沉池后，所有颗粒性物质均沉淀至二沉池底，二沉池出水中只含溶解性组分且其浓度不发生变化。

（2）忽略污水在连接管道中的流动时间以及在此期间可能发生的反应。

（3）污泥回流和混合液回流分别在进入厌氧池和缺氧池之前，且已经分别与厌氧池进水和缺氧池进水混合均匀。

6.2.2 FCASM3-Hydro 耦合模型建立

为了使 FCASM3-Hydro 耦合模型能在 AO 工艺污水处理厂中实际应用，分别对缺氧池和好氧池进行建模。假设源汇项 $\beta(C_i)$ 为零，则可得到控制方程，见式（6-1）和式（6-2）。

$$\begin{cases} \dfrac{\partial C_i}{\partial t}\Big|_{\text{Anoxic}} = \dfrac{1}{\text{HRT}_1}\left(\dfrac{1}{Pe}\cdot\dfrac{\partial^2 C_i}{\partial x^2} - \dfrac{\partial C_i}{\partial x}\right) + \sum_i v_{ji}\rho_j \\ \dfrac{\mathrm{d}C_i}{\mathrm{d}t} = Pe\left[C_{\mathrm{A},i}(0) - \dfrac{QC_{\mathrm{inA},i} + W_{\mathrm{set},i}}{(1+R)Q}\right], \quad x=0 \\ \dfrac{\mathrm{d}C_i}{\mathrm{d}t} = 0, \quad x=1 \end{cases} \tag{6-1}$$

$$\begin{cases} \dfrac{\partial C_i}{\partial t}\Big|_{\text{Aerobic}} = \dfrac{1}{\text{HRT}_2}\left(\dfrac{1}{Pe}\times\dfrac{\partial^2 C_i}{\partial x^2} - \dfrac{\partial C_i}{\partial x}\right) + \sum_i v_{ji}\rho_j \\ \dfrac{\mathrm{d}C_i}{\mathrm{d}t} = Pe\left[C_{\mathrm{O},\,i}(0) - C_{\mathrm{Aout},\,i}\right], \quad x=0 \\ \dfrac{\mathrm{d}C_i}{\mathrm{d}t} = 0, \quad x=1 \end{cases} \tag{6-2}$$

式中：HRT_1 为缺氧池的水力停留时间（d）；HRT_2 为好氧池的水力停留时间（d）；Pe 为贝克来数；i 为模型中定义的第 i 种污染物（i=1~31）；x 为空间坐标变量，x=0 和 x=1 分别代表进水口和出水口位置；$C_{\mathrm{A},i}(0)$ 为 t 时刻 x=0 处缺氧池中第 i 种污染物的浓度（g/m^3），字母 A 代表缺氧池；$C_{\mathrm{O},\,i}(0)$ 为 t 时刻 x=0 处好氧池中第 i 种污染物的浓度（g/m^3），字母 O 代表好氧池；$C_{\mathrm{inA},i}$ 为进入缺氧池的污水中第 i 种污染物的浓度（g/m^3）；$C_{\mathrm{Aout},i}$ 为缺氧池出水进入好氧池的第 i 种污染物的浓度（g/m^3）；$W_{\mathrm{set},\,i}$ 为从二沉池回流到缺氧池的第 i 种污染物的量（g/d）；Q 为污水处理厂经初沉池处理后的污水流量（m^3/d）；$\sum_i v_{ji}\rho_j$ 为 FCASM3 模型中的生物反应项。

6.2.3 FCASM3-Hydro 耦合模型应用

6.2.3.1 数值模拟方法

应用 MATLAB 软件建立活性污泥系统 AO 工艺模拟程序，利用 MATLAB 软件内置的偏微分方程数值求解函数 pdepe 解算 FCASM3-Hydro 耦合模型，从而实现对 AO 工艺的数值模拟。函数 pdepe 基于有限元法的原理求解偏微分方程，有关龙格 - 库塔（Runge-Kutta）法和有限元法的基本原理本书不进行详细阐述，读者可自行查阅资料学习。

6.2.3.2　数值模拟结果分析

采用某 AO 工艺污水处理厂作为 FCASM3-Hydro 耦合模型的现场试验基地。该模型中涉及大量动力学和化学计量参数。在研究中，首先采用 IWA 活性污泥课题组以及 EAWAG 课题组等在大量实验研究基础上给出的典型值，然后对模型中起关键作用的参数进行灵敏度分析和调整。由于现场测定时活性污泥系统的实测温度为 30 ℃，故在此模型中添加了相应的动力学温度校正系数 k，计算公式为

$$k(T)=k(20\ ℃)\exp\left[\theta_T(T-20)\right] \tag{6-3}$$

式中：T 为温度（℃）。

θ_T 的计算公式为

$$\theta_T=\ln\left[\frac{k(T_1)}{k(T_2)}\right]\Big/(T_1-T_2) \tag{6-4}$$

1）FCASM3-Hydro 与 Lee-Hydro 耦合模型模拟结果对比分析

应用 AO 工艺污水处理厂 FCASM3-Hydro 耦合模型和 Lee-Hydro 耦合模型，在相同模型参数下，基于连续 4 d 的进水实测值（每 3 h 检测一次）进行动态出水 COD、NH_4^+-N、NO_x^--N 及 PO_4^{3-}-P 数值模拟。FCASM3-Hydro 和 Lee-Hydro 耦合模型对出水 COD 的模拟结果几乎完全一致，但在最后几个监测点的模拟中，Lee-Hydro 耦合模型的模拟值突然升高，这可能是由于它们的有机物去除机理不一致。首先，在 FCASM3-Hydro 耦合模型中，假设慢速可生物降解有机物 X_s 的水解过程非常活跃，与电子供体无关；而 Lee-Hydro 耦合模型中，X_s 的水解过程采用 ASM2 的水解机理，认为水解反应依赖于可利用的电子受体，并将其分为好氧、缺氧和厌氧 3 个阶段。其次， FCASM3-Hydro 耦合模型采用储存机理，即易生物降解有机物 S_s 先被异养菌以胞内贮存物 X_{STO} 的形式储存在细胞内，然后被微生物吸收利用；而在 Lee-Hydro 耦合模型中，把 S_s 分为可发酵易生物降解有机物 S_F 和发酵产物 S_A 两大类，并假设 S_F 和 S_A 在胞外直接被微生物吸收利用。

FCASM3-Hydro 和 Lee-Hydro 耦合模型对出水 NH_4^+-N 的模拟变化趋势与实测出水中 NH_4^+-N 的变化趋势基本一致，Lee-Hydro 耦合模型对 NH_4^+-N 的模拟变化趋势较 FCASM3-Hydro 耦合模型的模拟变化趋势波动大，分析如下：Lee-Hydro 耦合模型对自养菌的描述采用的是 Dold 的死亡再生理论；而 FCASM3-Hydro 耦合模型采用的是内源呼吸理论，描述了与生长无关的所有形式的生物体损失与能量需要（包括衰减、维持、内源呼吸、分解、捕食、运动、死亡等），这一过程的模拟与 Dold 死亡再生理论有极大的区别，更符合实际。

FCASM3-Hydro 耦合模型对出水 PO_4^{3-}-P 的模拟变化趋势与实测出水 PO_4^{3-}-P 的变化趋势基本一致；Lee-Hydro 耦合模型对出水 PO_4^{3-}-P 的模拟值明显比实测值高，而且波动较大，出现 PO_4^{3-}-P 的突然升高或下降。造成以上模拟差异的主要原因如下：①FCASM3-Hydro 和 Lee-Hydro 耦合模型分别采用不同的生物除磷机理，其中 FCASM3-Hydro 耦合模型把与除磷相关的菌种划分为三大类（非反硝化聚磷菌、反硝化聚磷菌和聚糖菌），能够准确、客观地

描述生物除磷过程，而 Lee-Hydro 耦合模型采用的是 ASM2 中的生物除磷模块，把与除磷相关的菌种统称为聚磷菌，同时也未考虑反硝化除磷现象及糖原对除磷的影响；②现场水质检测的平均水温为 30 ℃，而 Lee-Hydro 耦合模型采用 ASM2 生物磷去除机理，适用温度为 10~25 ℃。由于水温超出了 Lee-Hydro 耦合模型的适用范围，其对磷酸盐去除的预测不是很准确。

2）FCASM3-Hydro 与 FCASM2-Hydro 耦合模型模拟结果对比分析

应用 AO 工艺污水处理厂 FCASM3-Hydro 耦合模型与 FCASM2-Hydro 耦合模型，在相同模型参数下，基于连续 4 d 的进水实测值（每 3 h 检测一次）进行动态出水 COD、NH_4^+-N、NO_x^--N 及 PO_4^{3-}-P 的数值模拟。

FCASM3-Hydro 与 FCASM2-Hydro 耦合模型对出水 COD 的模拟变化趋势完全吻合，但比实测出水结果低，这主要有以下两方面原因：模型在对 COD 去除的描述中，按照微生物对 C、N、P 需求的最佳比例来模拟 COD 的去除，而在污水处理厂实际工程运行中，一般不可能一直控制在这个最佳比例；在 FCASM3-Hydro 与 FCASM2-Hydro 耦合模型模拟中，由于只把二沉池当作一个固液分离器，同时也未将二沉池模型应用于 FCASM3-Hydro 与 FCASM2-Hydro 耦合模型模拟中。因此，这两个模型所模拟的出水 COD 值实际上是出水中可溶性 COD 的值，并不包括出水中少量的颗粒性 COD。

FCASM3-Hydro 与 FCASM2-Hydro 耦合模型对出水 NH_4^+-N 的动态模拟变化趋势基本一致，其中 FCASM3-Hydro 耦合模型模拟值比实测值高， FCASM2-Hydro 耦合模型模拟值比实测值低，而 FCASM3-Hydro 耦合模型的模拟结果较 FCASM2-Hydro 耦合模型更符合实测值。造成这个差异的可能原因如下：FCASM3-Hydro 与 FCASM2-Hydro 耦合模型的脱氮机理不同，其中 FCASM3-Hydro 耦合模型的脱氮机理采用改进的两步硝化-反硝化理论，把与脱氮相关的菌种划分为四大类（亚硝酸菌、硝酸菌、亚硝酸还原菌和硝酸还原菌），能更客观、真实地模拟出水结果；现场水质检测发现，出水中的硝态氮主要以亚硝酸盐氮为主，即 NH_4^+-N 的氧化主要以亚硝化过程为主，而 FCASM2-Hydro 耦合模型采用全程硝化-反硝化理论，并未考虑 NH_4^+-N 的亚硝化过程，也未将亚硝酸盐氮作为模型的一个独立组分，造成出水 NH_4^+-N 模拟值偏低。

FCASM3-Hydro 耦合模型对 PO_4^{3-}-P 的模拟变化趋势与实测变化趋势近乎一致，比实测值略低；FCASM2-Hydro 耦合模型对 PO_4^{3-}-P 的模拟值比实测值高。主要原因分析如下：FCASM3-Hydro 耦合模型将除磷过程进一步细化，把与除磷相关的菌种划分为三大类（非反硝化聚磷菌、反硝化聚磷菌和聚糖菌），能够更加准确、客观地描述生物除磷过程。PO_4^{3-}-P 的波动与 NH_4^+-N 的波动相互关联，通常情况下，若出水中 NH_4^+-N 浓度高，则出水中 PO_4^{3-}-P 浓度低；反之亦然。

6.3　基于神经网络和 ASM2D 复合模型的水质预测模拟

6.3.1　水质预测的必要性

近年来,为了控制水体富营养化及应对水资源紧缺,我国越来越多的污水厂开始执行城镇污水处理厂污染物排放一级 A 标准(COD 不高于 50 mg/L; NH_4^+-N 不高于 5 mg/L;TN 不高于 15 mg/L; TP 不高于 0.5 mg/L)来控制出水水质。然而,我国目前采用的 AAO 工艺、序批式活性污泥法等均存在碳源分配不均、内部基质竞争,氮、磷去除效果受冲击负荷影响显著等问题,很难对污水排放中的氮和磷实现稳定高效的深度去除。同时,自 2015 年 10 月以来,较多城市与地区(如天津)对于设计规模不小于 10 000 m^3/d 的城镇污水处理厂提出新的要求,污水排放标准已从国家一级 A 标准提高到地方 A 标准(COD 不高于 30 mg/L; NH_4^+-N 不高于 1.5 mg/L;TN 不高于 10 mg/L;TP 不高于 0.3 mg/L),而传统的生物脱氮工艺难以满足排放要求。从传统 AAO 工艺发展而来的多级 AO 工艺,通过设置两级或多级缺氧、好氧段来强化脱氮作用,增设厌氧段以达到除磷目的,具有充分利用原水碳源、氮磷去除效果好等优点,成为有效实现氮磷深度控制的重要生化处理工艺之一。

多级 AO 工艺作为活性污泥法污水处理的一种方法,其本身是复杂多变的动态生化反应过程,它具有大时变、高度非线性、迟滞性、内在关联复杂等特点,传统的优化、模拟与在线控制等方法难以实现长期稳定有效的管理。与其他工业过程相比,污水处理过程的运行与控制出现较晚,目前大多采用以传统的 PID 控制方法为基础的常规控制技术。然而,PID 控制的参数在线调整困难,导致目前污水处理过程控制易出现波动,引起污泥膨胀等异常工况频发,从而影响出水水质。为保证污水处理厂出水水质满足排放标准且尽可能地降低系统运行成本及保证污水处理系统安全稳定运行,针对污水处理过程的优化控制、建模预测的研究具有重要的理论和现实意义。这些经验也可以为一些非线性、不确定的复杂耦合系统提供有益的借鉴。通过构建仿真系统实现对污水处理过程的水质预测,能够有效地模拟污水处理过程的状态。

为解决污水处理过程中的一些水质指标(COD、TN、TP 等)难以实现在线实时监测的问题,本节在小试条件下连续运行多级 AO 工艺,对影响出水水质的关键因素进行研究,筛选识别出工艺运行过程的 ORP、DO、温度、MLSS、pH 值作为在线监测的关键控制参数;建立基于多级 AO 工艺的在线监测控制系统,对工艺实时获取连续在线监测水质数据和准确掌握工艺的运行状态,以及在运行状态发生变化或者恶化时及时响应,提供调节控制策略。在对输入参数优选的基础上,将活性污泥机理模型与神经网络模型进行耦合,形成基于二者的多级 AO 仿真系统,兼具两个模型的优点,通过 ASM2D 模型的输出及人工神经网络的输出建立监测参数与出水水质之间的非线性映射关系,对污水处理过程的关键水质参数进行预测。在对仿真系统进行校核优化的基础上,利用该系统对多级 AO 工艺的动态运行进行调控。

6.3.2 水质预测方案

6.3.2.1 多级 AO 工艺在线监测的关键因素研究

选择 DO、MLSS、温度、ORP、pH 值作为监测参数，然后对工艺各功能区的主要水质指标与监测参数进行相关性分析，选出相关性高的参数作为监测点位，构建在线监测系统。综合分析多级 AO 工艺运行过程，针对其多组分多变量的特点，本小节在小试试验条件下，对影响工艺运行的主要过程控制关键因素进行识别。通过 DO 传感器（兼具温度补偿功能）、pH 值传感器、ORP 传感器和 MLSS 传感器实时监测各反应区的 DO、温度、pH 值、ORP 和 MLSS，并探讨了 DO、ORP 和 pH 值作为系统过程控制参数的可行性，研究了该工艺运行过程中系统内部参数的变化规律，并对系统处理过程的关键水质参数与 ORP、pH 值、DO、温度等进行相关性分析。

1）关键水质参数

在污水处理厂的运行管理中，污水处理的关键水质参数是评价其运行效果的标准，而仪器仪表的正常运行对污水处理过程的正常运行极为重要。在本污水处理系统中，主要涉及以下几个关键参数。

（1）COD：将污水中的还原性物质氧化为 CO_2 和水等小分子物质所消耗的氧气量。COD 能直观地表明污水中污染物质的浓度，同时 BOD 和 COD 的比值表示污水的可生化性，比值越大，可生化性越好，越宜采用生化处理方法。在本例中，出水中标准化学需氧量的参数范围为 20~50 mg/L。

（2）氨氮：氮元素本身是植物生长所必需的营养元素，但是如果自然水体中的氨氮浓度过高，会引起浮游植物不可控生长，造成水质恶化，危及水中生物，进而威胁人们的健康与生存。在城镇生活污水处理系统中，出水氨氮不高于 5 mg/L 才满足排放标准。

（3）总氮：水中包含的硝酸盐氮和亚硝酸盐氮、大部分有机含氮化合物、无机铵盐以及溶解态氨的总和。在污水处理系统中，出水总氮主要是以硝酸盐氮的形式存在的。

（4）总磷：磷元素本身是一种有益于植物和其他生物生长的必需元素，但是水体中磷的浓度过高会导致水体富营养化。总磷包括颗粒形式和溶解形式的磷，也包括有机和无机形式的磷。

2）关键控制参数

相关研究表明：进水 COD、NH_4^+-N、TD、碱度、工艺运行的水温、pH 值、ORP、MLSS、DO 等过程监测参数，以及 HRT、SRT、回流方式、回流比、碳源分配方式等工艺参数会影响污水处理工艺的处理效果。对一个污水处理系统的在线监测进行过程控制的前提是参数识别。一些大型污水处理系统会选择 COD、Q、NH_4^+-N、NO_3^--N、TN 和 TP 作为系统运行状态的直接参数，但是这些监测参数涉及的仪器多需进口，价格昂贵，维护烦琐。因此，本例选择将在线传感器测得的 DO、ORP 和 pH 值作为系统的直接控制参数。其原因在于：一方面这些参数所需的仪器国内产品都能够满足需求且价格便宜，设备维护简单，可操作性强；另一方面，这些参数反映污水处理系统的运行效果和污水处理状态，可以依据这些参数确定系统的控制变量。

6.3.2.2　多级 AO 工艺在线监测的参数变化研究

污水处理是一个复杂的动态过程，污水处理效果受到处理状态的影响，随着监测控制系统在其他领域的成功应用，越来越多的水处理研究者开展了污水处理监测控制研究。

污水处理过程中的 DO、pH 值、ORP 具有明显的变化，能够反映污水处理过程的动态变化，监测这些参数的在线传感器能够对污水处理系统的运行状态进行实时监测，响应快、维护方便，可以接通计算机，因此得到了广泛应用，尤其在 SBR 法和 BioDenitro 工艺中得到广泛应用。例如，在 SBR 法工艺过程中，当监测的 ORP 出现硝酸盐拐点时可以表示反硝化过程的结束；监测的 DO 和 ORP 出现氨氮突跃点时，表明硝化作用结束。根据监测的 DO 和 ORP 变化特征，可以实现 SBR 法的在线过程控制。而 DO、pH 值和 ORP 作为监测参数在连续流运行工艺中应用较少，因此本例在多级 AO 工艺小试试验装置上研究 DO、pH 值和 ORP 的变化规律，为建立多级 AO 工艺控制系统、提高系统脱氮除磷效率提供依据。

1）DO 沿程变化与控制

为了保证系统具有良好的脱氮除磷效果，多级 AO 工艺要确保好氧区有充足的 DO，一般系统采用设定的 DO 值。厌氧区采用轻微搅拌的方式使污泥混合均匀，同时确保厌氧释磷过程的有效进行，如果厌氧区 DO 值过高，DO 将作为电子受体抑制厌氧菌的发酵产酸；缺氧区有好氧区含 DO 混合液的回流进入，该区的 DO 值也不宜过高，否则反硝化会受到抑制；好氧区有充足 DO 可以保证硝化作用及吸磷作用的有效进行。

2）pH 值变化特征分析

系统进水至厌氧区后，pH 值逐渐降低，这是因为该阶段主要进行厌氧释磷过程，同时还会伴随小幅度的反硝化过程与 COD 的消耗降解作用。其中，厌氧释磷过程产生的 H^+ 会引起 pH 值下降，同时有机物的降解过程会产酸也造成 pH 值的下降，小幅度的反硝化作用生成碱度使 pH 值升高。而厌氧区的反应属于进水第一个反应阶段，混合液中不会有太多的硝酸盐氮，所以反硝化作用有限，起主导作用的是厌氧释磷和 COD 的消耗降解作用。因此，总的结果是厌氧释磷和 COD 消耗降解作用造成的 pH 值的减少量大于反硝化作用造成的 pH 值的上升量，故而 pH 值呈现下降趋势。

在第一缺氧阶段，pH 值呈现略微上升的趋势，因为在第一缺氧阶段进行的主要是反硝化反应，从而产生了碱度。但是缺氧区的硝酸盐氮含量不足或者碳源不充足，均会造成反硝化进程不彻底，进而会使释磷过程占据优势，导致该阶段 pH 值呈现下降的趋势，因此也可以用该阶段 pH 值的变化来判断反硝化的效果，当该区的 pH 值下降时，应增加混合液回流或提供碳源，以保证出水总氮达标排放。在第一好氧阶段，由于硝化作用产生的硝酸盐氮导致系统的 pH 值迅速下降。在第二缺氧阶段，由于系统第二段进水的流入及缺氧环境下微生物反硝化作用产生碱度，该阶段 pH 值上升。在第二好氧阶段，由于硝化进程，系统 pH 值降低，如果在该区末端 pH 值出现上升的趋势，则可以说明系统内基本实现了硝化过程。

3）ORP 变化特征分析

ORP 指示着物质氧化还原性的相对程度。在一般情况下，生活污水的 ORP 值为 −400~−200 mV。在厌氧阶段，ORP 值略有升高，但是该区有机物较充足，主要进行还原反应，所以系统 ORP 值较低，ORP 值通常在 −200~−100 mV 波动，且进水 COD 值越高，厌氧区 ORP 值越低；另外由于有机物充足，厌氧释磷量也增加。进入系统第一缺氧阶段，ORP 值又进一步升高，该区 ORP 值通常为 -90~-20 mV，且反硝化效果越好，ORP 值越低，即 ORP 值随着硝酸盐浓度的增加而升高。在第一好氧阶段，ORP 值较大幅度地升高，主要是因为进行了有机物降解、好氧吸磷及硝化作用，有机物及氨氮被氧化，系统内还原性物质减少，氧化物质不断增加。在第二缺氧阶段，由于有第二段污水流入，ORP 值又会有一定幅度的下降。进入第二好氧阶段，ORP 值大幅度升高，一般在 120~200 mV 波动，该阶段有机物降解和吸磷过程基本完成，系统内如果硝态氮含量过高，ORP 值也会很高，此时出水总氮超标。因此，选择 ORP 作为对系统运行过程进行监测的参数，可以根据 ORP 的数值大致判断进水的有机物浓度是否正常。

6.3.2.3 多级 AO 工艺在线监测的控制靶点选择研究

多级 AO 工艺是在 AAO 工艺的基础上发展的一种多点进水的污水处理工艺，虽然脱氮除磷的效能有了很大程度的提高，但是由于功能区多，监测控制难度也变大，因此通过小试试验对该工艺各功能区的水质指标与监测参数进行相关性分析，筛选出相关性高的参数进行监测，以期降低运行成本，减小监测控制的烦琐度。根据多级 AO 工艺处理过程各个功能单元的主要作用以及参数的变化，确定的监测控制靶点如下：pH 值的监测控制点位为缺氧区和好氧区；DO 的监测控制点位为好氧区；ORP 的监测控制点位为缺氧区和好氧区；MLSS 的监测控制点位为缺氧区和好氧区；温度的监测控制点位为好氧区。

6.3.2.4 多级 AO 系统的优化控制策略

为能使多级 AO 工艺中的有机物及氮磷等营养物质实现高效去除，对过程中的 ORP、DO、pH 值、温度、MLSS 参数进行在线监测，以随时了解系统的运行状况。

在系统硝化效果和反硝化效果均较好的情况下，出水中氨氮含量和硝态氮含量均较低，可能是进水中的氮化有机物含量较低，如果好氧池 DO ≥ 1.2 mg/L，可以适当降低曝气强度和减少混合液内回流比，减少能耗；当系统的硝化效果不好时，在线传感器监测数据显示好氧池的 DO<2 mg/L，进水中的氮化有机物含量较高，因此要增大曝气强度；该污水处理系统在冬季低温等运行环境下，即使曝气强度足够，系统的硝化效果仍然不好，氨氮含量增加，此时要采取外加强化措施，如提高好氧区的污泥浓度，投加硝化菌或者投加填料；若系统的硝化效果在曝气强度足够及温度不低的情况下仍然不好，氨氮含量增加，此时可以降低缺氧区与好氧区的容积比，强化硝化作用；系统出水的硝态氮含量较高，在线监测数据显示厌氧区 ORP ≤ -100 mV，缺氧区 pH ≤ 6.6，可以推断是因为进水碳源不充分造成反硝化效果不好，此时要投加碳源；在进水碳源充足的情况下，出水硝态氮含量仍然较高，此时缺氧区 DO 含量较低，可以增大混合液回流比强化反硝化；系统反硝化效果不好，而缺氧区 DO 值较高，好氧区 DO ≤ 5 mg/L，此时可以增大缺氧区与好氧区的容积比；系统反硝化效果不好，而好氧区 DO>5 mg/L，推断是混合液回流造成缺氧区 DO 较高，影响反硝化作用，此时应该降低好氧区曝气强度。

根据多级 AO 工艺功能分区多、在线监测控制复杂的特点，进行了水质指标与参数相关性分析，然后对参数进行筛选，提出了多级 AO 工艺的优化调控方法，得出以下结论。

（1）针对多级 AO 工艺的特点，选择温度、pH 值、MLSS、ORP、DO 作为监测参数；经分析可知，温度低于 15 ℃或曝气池 DO<1 mg/L 时，硝化作用受到抑制，出水 NH_4^+-N 存在超标风险，要采取措施强化脱氮。

（2）经过相关性分析可知：厌氧区 ORP 控制在 −200~−100 mV 可保证该段有充足的有机物，确保释磷过程充分进行；在第一缺氧区，将 ORP 控制在 −40~−100 mV，pH 值控制在 6.6~7.4，可保证有较好的反硝化作用，不会出现硝酸盐积累；在第二缺氧区，将 ORP 值控制在 20~60 mV，pH 值控制在 6.6~7.4，可保证有较好的反硝化作用，不会出现硝酸盐积累；对两段好氧池的 DO 及温度进行监测，DO 超过 1 mg/L 时，可有效去除氨氮。

（3）确定了参数的监测点位：pH 值的监测控制点位为缺氧区和好氧区；DO 的监测控制点位为两段好氧区；ORP 的监测控制点位为缺氧区和好氧区；MLSS 的监测控制点位为缺氧区和好氧区；温度的监测控制点位为好氧区。

6.3.3　水质预测仿真系统

对影响出水水质指标的关键监测参数进行相关性分析，选择出相关性较高的监测参数作为神经网络的输入，同时对 ASM2D 模型灵敏度高的四个参数进行动态校核，同时以 ASM2D 模型的出水预测值作为神经网络的输入组成复合模型仿真系统，对出水水质进行预测。ASM2D 模型主要对污水处理的机理进行了描述，但是模型较复杂；人工神经网络模型通过简单的输入输出形式对出水水质进行模拟预测，但其对建模数据依赖性强。因此本小节在前期对多级 AO 污水处理工艺实施在线监测的基础上，识别影响出水水质的关键参数，将 ANN 和 ASM2D 模型结合起来，各取所长，构建一种复合模型仿真系统对出水水质进行预测，以提高该处理工艺的控制水平。

6.3.3.1　仿真系统的影响因素研究

在仿真系统预测模型中，输入参数的类型、数量、质量，以及 ASM2D 模型中参数的灵敏度及精度均会影响仿真系统对处理过程的模拟效果。输入参数的选择包括输入参数类型和数量的选择。输入参数的类型直接决定了输出参数的精确度，输入参数的数量决定了网络结构的维度。系统输入的确定包括：参数的数量、参数的类型和监测点位的选取。三者相辅相成，共同决定系统的性能。

首先，选择参数类型。确定输入参数的依据如下。

（1）过程适应性：输入参数必须是污水处理过程中容易测量的变量，并且能够达到一定的测量精度。

（2）特异性：抗干扰能力强，对参数之外的扰动反应不敏感。

（3）灵敏性：当输入参数发生变化时，模型能够快速调整，输出参数能够随之迅速变化。

（4）精确性：能够准确地模拟真实实验情况。

（5）鲁棒性：对实验过程中不可避免的误差不敏感。

其次，选择参数数量（输入维度）。模型输入参数的数量直接影响模型的结构和大小。一般情况下，输入参数的数量要至少大于输出参数的数量，但输入参数的数量并非越多越好，因为输入参数的数量过多会造成过参数化问题。当选择合适的模型时，输入参数的数量应能够有效避免误差的产生，以免影响模型精度。选取参数数量的首要步骤是要结合工艺特点，粗略选出影响输出变量的参数作为研究对象，然后通过相关分析并与工艺专家的知识相结合，筛选出与输出相关性最高的一组参数作为最终输入。

最后，选择监测点位置。监测点位置的选择十分灵活，可以根据污水处理工艺过程各处理单元的主要功能进行分析，确定监测参数的点位。

6.3.3.2 影响出水水质的相关性分析

污水处理的关键出水水质指标包括 COD、NH_4^+-N、TP、TN。仿真系统通过采集到的过程监测参数对这些水质指标进行预测。为了提高水质预测的精度，首先对水质指标与监测参数进行相关性分析，筛选相关性最高的监测参数作为输入，确定合适的输入维度，然后再确定神经网络模型的中心激活函数，构建仿真系统服务。

6.3.3.3 ASM2D 模型参数的动态校核

ASM2D 模型主要针对活性污泥法处理工艺的生化处理，其生化过程模型包含 19 个污水模型组分的 21 种生化反应过程。ASM2D 模型的性能受动力学参数和化学计量学参数的影响，这些参数的取值目前多采用 IAWQ 课题组推荐的 20 ℃时的典型值。考虑到参数受温度的影响较大，因此需要在不同条件下对这些参数进行优化。

1）灵敏度分析

在运用 ASM2D 模型对污水处理过程进行模拟的过程中，由实验模拟成果可知：大多参数的灵敏度均小于 1，对于这些参数，可以直接使用推荐值进行模拟；也有个别参数的灵敏度大于 1，这些参数不能直接用于模拟，需要筛选出对 ASM2D 模型灵敏度高的参数。对 COD 影响较大的动力学参数包括异养菌产率系数 Y_H、异养菌衰减系数 b_H 和异养菌最大比增长速率 μ_H；对 TN 影响较大的参数包括自养菌最大比增长速率 μ_{AUT} 和异养菌衰减系数 b_H；对 TP 影响较大的参数包括异养菌最大比增长速率 μ_H 和异养菌衰减系数 b_H。

2）温度影响分析

生化反应过程受到温度的影响，在 ASM2D 模型中，受温度影响的参数有 14 个，而这 14 个参数对模型精度的影响各有差异。本例针对上述筛选出的 4 个参数以及活性污泥的个别相关参数进行研究，对这些参数在不同温度条件下的取值进行探索。由于温度的变化对 ASM2D 模型参数的影响十分明显，本例通过对 4 个灵敏度最高的参数在 10~30 ℃的条件下进行研究，得到该温度区间内各参数的变化趋势，以提高了不同温度条件下模型的精度。

首先，考察温度对污泥比耗氧速率（SOUR）的影响。SOUR 可以用来直接表示系统内活性污泥微生物的代谢活性，其指单位时间内单位质量的活性污泥的氧消耗量。污水处理系统内的活性污泥处于不同的生长状态时，会有不同的比耗氧速率，同时影响着污水处理效能及出水水质。IAWQ 推出的 ASM 系列模型中相关的动力学参数和化学计量学参数的测定均涉及 SOUR 的测定。本例对不同温度下的 SOUR 进行测定，分析温度对 SOUR 的影响，进而反映污水处理过程的效能。在 10~30 ℃ 的温度区间内，污泥比耗氧速率随着温度的升高有明显增加的趋势，而且其基本规律能够通过阿伦尼乌斯（Arrhenius）方程进行描述。氨氮比耗氧速率和亚硝酸盐氮比耗氧速率均随温度的升高而增大；在 10~30 ℃ 的温度区间内，污水处理系统内的亚硝酸盐氮比耗氧速率均远高于氨氮比耗氧速率，说明该系统内硝化作用进行完全，不会存在亚硝酸盐积累现象。

其次，考察温度对动力学及化学计量学参数的影响。异养菌产率系数 Y_H 描述的是生成单位细胞质量所消耗的有机物质量。Y_H 的取值受 pH 值、温度等环境条件影响，其中温度的影响最为明显。在 10~30 ℃的温度区间内，Y_H 从 0.447 g/mg（VSS/COD）增加到 0.794 g/mg（VSS/COD）。由此可知，温度升高，微生物的代谢活性显著增强。异养菌最大比增长速率 μ_H 描述的是异养菌消耗有机物生长繁殖的速度。μ_H 的取值受 pH 值、温度等环境条件的影响，其中温度的影响最为明显。在 10~30 ℃的温度区间内，μ_H 从 2.71 g/（g·d）（X_s/X_H）增加到 7.46 g/（g·d）（X_s/X_H），而 30 ℃较 25 ℃的增幅不明显，这可能是因为温度过高时，酶的活性降低。自养菌最大比增长速率 μ_{AUT} 是描述系统内硝化作用的参数，其对系统出水氮化物的浓度有明显影响，其取值受 pH 值、温度等环境条件影响，其中温度的影响最为明显。在 10~30 ℃的温度区间，μ_{AUT} 从 0.29 增加到 1.12 d^{-1}。而 30 ℃较 25 ℃时增幅不明显，这可能因为温度过高，酶的活性降低。异养菌衰减系数 b_H 是指微生物的死亡及内源消耗。在 10~30 ℃的温度区间内，b_H 从 0.18 d^{-1} 增加到 0.51 d^{-1}，而 30 ℃较 25 ℃增幅不明显，这可能是因为温度过高，酶的活性降低，异养菌活性降低。生化反应都可以用 Arrhenius 方程来描述温度的影响，反应不同，参数取值有所不同。根据 Arrhenius 方程：

$$k_T = k_{20\,℃} \times \exp[\lambda(T-20)] \tag{6-5}$$

以 20 ℃时的参数为参考，可以得到 Y_H、μ_H、μ_{AUT}、b_H 这四个灵敏度高的参数的温度修正系数。

6.3.3.4　仿真系统构建研究

本污水处理仿真系统由 IAWQ 工作小组发布的 ASM2D 模型与 RBF 神经网络耦合而成。模拟采用的编程平台是 MATLAB 软件。MATLAB 软件是一款可用于数值分析、矩阵计算和仿真建模的商用数学软件。近年来，MATLAB 软件逐渐开始被应用于环境研究领域，活性污泥模型的数学表达矩阵形式及其人工神经网络的多参数输入输出形式均可以通过 MATLAB 软件的矩阵计算功能进行操作，而且该软件具有多种工具箱可以方便地调用建模。因此，采用 MATLAB 软件能够更加方便地研究控制策略在污水处理中的应用。

1）系统输入参数的确定

根据上述相关性分析，在本例针对的多级 AO 工艺系统中，出水 COD、出水 NH_4^+-N、出水 TN 和出水 TP 可以通过上述相关性分析和经验文章确定，该仿真系统的输入变量是厌氧池 ORP，曝气池 DO、温度、pH 值、ORP 和 MLSS，以及 ASM2D 模型输出的四个水质指标值，构成一个包括输入层（10 个变量）、单隐含层、输出层（4 个变量）的复合模型 ASM2D-ANN。

2）复合模型的构建

复合模型 ASM2D-ANN 以 ASM2D 机理模型的输出值作为一个输入项，与其他 5 个污水处理过程参数一起作为 ANN 模型的输入变量。本方法旨在建立 ASM2D 机理模型输出与出水水质测量变量之间的非线性映射关系，借助这种非线性描述更加合理地反映未校核的机理模型与真实现象之间的对应关系。根据污水处理质量指标仿真系统的要求，对实际污水处理运行过程的分析数据进行处理，得到反映污水处理质量指标复杂关系的实验数据，用于 RBF 神经网络的训练。本例使用 200 组实测污水处理实验数据训练仿真系统，使用 50 组数据进行仿真预测验证，分别得到仿真系统对出水水质的预测规律。

该仿真系统对 COD、TN、NH_4^+-N 以及 TP 的输出结果进行了预测。在 50 个实验数据样本中，COD 和 TN 的预测值均与污水处理过程的实测值有很高的拟合度，最大误差分别为 25% 和 18.76%，平均误差分别为 4.19% 和 4.61%，最小误差均为 0。可以看出，该仿真系统对 COD 和 TN 均具有较好的预测性能。NH_4^+-N 的预测值与污水处理过程实测的 NH_4^+-N 值的拟合度一般，最大误差为 74.65%，最小误差为 0，平均误差为 11.4%。可以看出，该仿真系统对 NH_4^+-N 的预测性能有待提高。这是因为在该仿真系统的输入参数中，与 NH_4^+-N 相关性高的参数主要是温度和 DO，而输入参数中温度的变化幅度很小，进而导致对输出 NH_4^+-N 不灵敏。因此，需要增加大量温度和 DO 变化幅度较大的数据对模型进行训练。最后，仿真系统对 TP 的预测值与污水处理过程 TP 的实测值的拟合度较差，平均误差为 16.64%，表明对 TP 的预测效果较差。这是因为在该仿真系统的输入参数中，与 TP 相关性较高的参数主要是 pH 值和 ORP，而这两个参数的变化和除磷作用没有直接联系，而是通过反映硝态氮的变化说明处理过程中碳源的利用程度，从而对除磷作用进行描述，可以通过增加数据量来提高模型对 TP 的预测性能。

仿真结果表示，基于 RBF 人工神经网络与 ASM2D 模型的仿真系统能够反映多级 AO 工艺出水水质的规律，能够实时反映出水水质状况，为复杂的活性污泥法污水处理工艺的仿真控制与应用提供了重要的方法和理论依据。该仿真系统能够及时反馈污水水质，根据反馈策略调整处理工艺的运行参数，即曝气量、反应时间、内回流比，污泥回流比，提供调控策略，提高污水处理系统的可靠性并降低能耗。该仿真系统对 TP 和 NH_4^+-N 的预测性能较差。经过分析发现，当输出参数的值较小且变化灵敏时，系统对模型和输入参数的要求更高。首先要确保输入参数与输出参数的相关性，然后要有足够训练的数据量，随着训练数据量的增加，人工神经网络预测结果与多级 AO 工艺出水水质真实值的拟合度会更高。

本例构建了仿真系统，对影响出水水质的参数进行了相关性分析并对 ASM2D 模型中灵敏度高的参数进行了动态校核，利用建立的复合仿真系统模型对出水水质进行预测，得出如下结论。

（1）经过相关性分析，确定人工神经网络的输入监测参数包括厌氧区和第二缺氧区的 ORP，第二好氧区的 DO、pH 值、温度、MLSS，ASM2D 模型的预测出水水质参数。

（2）对 ASM2D 模型灵敏度最高的四个参数及污泥比耗氧速率、氨氮比耗氧速率、硝酸盐氮比耗氧速率进行动态分析，结果显示，在 10~30℃的范围内温度对参数的影响较大，总体符合阿伦尼乌斯公式的规律，为模型的动态校核提供了依据。

（3）出水 COD、出水 NH_4^+-N、出水 TN 和出水 TP 是衡量水质的四个关键指标，需要对其进行及时准确的测量。在基本的人工神经网络的基础上提出了一种由 RBF 人工神经网络和 ASM2D 模型组合而成的多输入、多输出的仿真系统水质预测模型，该模型基于出水 COD、出水 NH_4^+-N、出水 TN、出水 TP 与监测参数之间的密切关系建立。

（4）仿真系统对 COD 预测的平均误差为 4.19%，对 TN 预测的平均误差为 4.61%，模拟值与真实值的拟合度较高；对 NH_4^+-N 预测的平均误差为 11.4%，对 TP 预测的平均误差为 16.64%，拟合度较差，对此需要用大量数据进行进一步训练，以提高精度。

6.3.4　水质预测效果分析

运行建立的复合模型仿真系统对进水口低 C/N 工况下进行反馈，提供稳定的调控策略；根据模型模拟实际运行条件，优化曝气池 DO 浓度。

6.3.4.1　仿真系统的优化与性能评价

1）运行参数优化

训练精度随着训练次数的增加具有显著增高的趋势，当迭代次数为 90 次时，训练精度达到最高，随后即使迭代次数继续增加，训练精度也没有升高的趋势。因此，选择网络迭代次数为 90，确保迭代次数符合模型的精度要求，因为迭代次数不是越多越好，随着迭代次数的增加，系统逐渐变得冗长，有可能出现过拟合现象，会降低模型的精度。

2）系统的性能评价

为评价仿真系统的模拟和预测性能，本例采用平均绝对百分比误差（MAPE）作为评价指标，其公式如下：

$$\text{MAPE}=\frac{1}{n}\sum_{k=1}^{n}\frac{\left|y_k-\hat{y}_k\right|}{\left|y_k\right|} \tag{5-1}$$

式中：y_k 为实际输出值；$\hat{y}_k$ 为预测输出值；n 为样本数据组数。

6.3.4.2　工艺优化调控研究

在污水处理过程中，进水水质时刻波动，水质与工艺运行参数都会影响处理效果。在不同的运行状况下，通过监测参数的变化规律，可以判断多级 AO 工艺的污水处理状态，根据在线监测的参数，仿真系统提出调控策略。

1）低 C/N 的优化调控

进水 C/N 是影响出水水质的一个重要因素，碳源的数量与质量直接影响污水处理过程运行的效能。在多级 AO 工艺系统中，污水进入系统后，依次经历厌氧反应、第一段缺氧反应、第一段好氧反应、第二段缺氧反应、第二段好氧反应过程。在进水 C/N 低的情况下，进水进入厌氧区，该段主要进行的是厌氧释磷作用，消耗进水中大多数易于分解的有机物；进入系统缺氧区后，剩余的易于分解的有机物很少，多数是难以降解的有机物，远远不能满足反硝化作用所需要的碳源，从而导致反硝化过程不充分，反硝化能力发挥不充分，造成系统脱氮效果差。因此，本例在低 C/N 进水情况下根据仿真系统的预测，对污水处理过程进行工艺调控。

2）DO 的优化调控

曝气池的 DO 水平直接影响污水处理的效果，这是因为硝化细菌的硝化作用需要有充足的 DO。因此，曝气池中 DO 不足直接影响硝化细菌的代谢活性，导致系统出水中 NH_4^+-N 浓度超标。污水处理过程中，DO 直接影响好氧段污染物的降解，其中主要影响硝化细菌的硝化作用。本例通过控制好氧段 DO 来分析不同 DO 条件下系统对 NH_4^+-N 的去除效果。模拟结果表明，随着 DO 降低，出水 COD 和 TP 均能满足一级 A 标准，去除率均较高，DO 对 COD 和 TP 几乎没有影响；而出水 TN 和 NH_4^+-N 浓度随 DO 降低呈现升高的趋势，说明

DO 高时硝化菌容易生长且活性较强。

对 DO 从 5 mg/L 降低到 0.5 mg/L 进行模拟，当 DO 值低于 1 mg/L 时，出水氨氮浓度超标，由此确定好氧池 DO 的最低限值为 1 mg/L，此限值既能实现氨氮的高效去除，还能达到节能降耗的目的。本例对构建的复合模型仿真系统进行性能评价，然后考察仿真系统对多级 AO 工艺的调控策略，得出以下结论。

（1）根据仿真系统对水质参数的预测误差可知，系统的性能较好，能够反映多级 AO 工艺出水水质的规律，且系统模型训练次数为 90 次时，训练效果最佳，此时的误差最小。

（2）对不同 C/N 进行考察，当 C/N 低于 6 时，多级 AO 工艺的原运行参数不能满足出水达标要求，需要对工艺运行参数进行调节；仿真系统对低 C/N 情况进行模拟，并反馈调控策略。当 C/N 为 5 时，调控策略可使实测出水达标；当 C/N 为 4 时，调控策略的模拟值与实测值均不能够达标，需要投加碳源。

（3）模型模拟出当两段好氧池 DO 值低于 1 mg/L 时，出水 NH_4^+-N 浓度不能达标，需要提高曝气量；建议将两段好氧区的 DO 值控制在 1~1.2 mg/L，此时能够保证各类污染物的高效去除，另外，从经济因素来考虑，还能够降低运行成本。

6.4 基于两级模糊神经网络的溶解氧优化模拟

6.4.1 溶解氧控制方案

在生物反应池中，控制污水含氧量是污水处理过程控制中比较关键的任务。在程序设计中，根据生物反应池运行的不同阶段，比较溶解氧实测值与设定值，实现对生物反应池中曝气的优化控制。在活性污泥反应中，参与污水处理的是以好氧菌为主的微生物，决定其处理效果的关键因素是生化池中的 DO。由此可见，DO 是污水处理进程的主要影响因素之一，且 DO 的在线检测简单、可靠，因此可把 DO 作为污水处理过程和处理终点的控制参数。常规 DO 自动控制根据生化池末端的 DO 调节供气量，通过 PID 反馈控制实现。与常规 PID 控制比，韩兴连等采用的自适应模糊 PID 控制，可使 DO 控制系统具有更强的鲁棒性和抗干扰性，控制效果更好。

由于活性污泥法水处理系统本身属于复杂的动态工程系统，无法用精确的数学模型来描述，所以在建立反应过程动态仿真模型时，要设定一些假设：

①曝气过程在时间上呈理想的推流变化，在空间上呈完全混合的状态；

②在一个采样周期内，合成的微生物量与总生物量相比可以忽略不计，即反应器中总生物量近似不变；

③在一个采样周期开始前，反应器中底物浓度（上一周期出水浓度）与原水浓度相比可以忽略不计，反应器的反应速率为一级，即对既定的废水假设反应速率为常数。

多变参数生化处理系统的被控对象不仅具有内在不稳定性，还具有状态和输出可控性。根据现代控制理论，要想对其进行有效控制，首先需要改善它的内在不稳定性。由于系统的动态响应主要取决于它的极点位置，因此可以采用补偿器或状态反馈的方法使原系统的开环极点变成期望的系统极点，从而达到改善系统性能的目的。

生化处理系统被控对象的复杂性较高，相关研究表明，传统 PID 控制方式对 DO 的控制存在控制精度不高、实时性不佳等缺点。传统模糊控制虽然取得了比传统 PID 控制更好的控制效果，但是由于缺乏自学习能力，不能在线调整控制规则，自适应能力差，使系统的鲁棒性受到限制。神经网络具有强大的自学习能力，但其知识表达与处理又不易让人理解。模糊神经网络控制将模糊控制与神经网络相结合，通过神经网络来实现模糊逻辑，同时利用神经网络的自学习能力，可动态调整隶属函数，在线优化控制规则。这样利用两者的优点弥补彼此的不足，设计出模糊神经网络控制器应用于本节的变参数生化处理系统对象模型，可以取得很好的控制效果。

同时，DO 的控制方式又分为两类，即反馈控制和前馈控制。反馈控制的优点是使系统的响应对外部干扰和内部系统的参数变化均相当敏感。不论什么干扰，只要被控变量的实测值偏离给定值，控制系统就会校正这一偏差。对无法预计的干扰，反馈控制具有明显的优势。但是，当干扰已经发生，被控变量尚未变化或尚未测出其偏差时，控制器是无法起到校正作用的，所以这种控制作用总是落后于干扰作用。而前馈控制则把原水水质变化完全作为干扰来控制，开环控制系统不需要对输出量进行测量，也不需要将系统的输出量反馈到输入端与输入量进行比较。对于每一个参考输入量，有固定的工作状态与之对应，系统精度取决于标定的精确度。在实践中，当输入量与输出量之间的关系已知，且不存在内部扰动和外部扰动时，可以采用开环控制系统。开环控制系统的成本和功率通常比闭环控制系统低，前馈控制系统是一种开环控制系统，反馈控制系统通常属于闭环控制系统。基于以上考虑，在分析模糊及模糊 PID 控制策略的基础上，建立两级模糊神经网络控制策略，以实现对 DO 的控制。该方法在第一级采用模糊神经网络前馈控制来改善系统的稳定性，在第二级采用模糊神经网络反馈控制以实现对 DO 的控制。

6.4.2　溶解氧控制效果分析

废水处理系统在运行过程中，受各种不确定因素的影响，每日的进水水量、水质会不断变化，而废水处理的目标是处理后的出水水质达到国家规定的排放标准。因此，对 DO 的控制要求是系统能够根据进水水质及时调整控制策略，使曝气池中的 DO 稳定在期望的水平。

根据生化处理系统的运行状况，将 DO 的期望值设定在 2 mg/L，分别运用本书提出的自组织模糊神经网络对系统的 DO 进行前馈和反馈控制，设定变频器的控制频率的基准值为 20 Hz。把采样得到的 10 个 DO 值（每隔 2 min 采样一次）输入计算机系统，控制系统实时输出控制量 U，并实时通过控制变频器的电压来控制频率，从而控制鼓风机的鼓风量。自组织模糊神经网络方法能够实现对 DO 的快速、准确控制。与此同时，无论在动态性能还是稳态性能方面，自组织模糊神经网络方法都优于传统的模糊控制方法。

对 DO 的精确控制可以在保证废水处理系统稳定运行的基础上，降低能耗。模糊神经网络方法控制的曝气量同生化处理系统所需氧量较为一致，通过计算分析，大概可以节能 33%。废水处理最重要的目标是经过处理后的出水水质达到国家排放标准。对于有较大波动的进水水质，系统处理后的废水出水指标能够控制在国家的排放标准以内，出水水质达到了国家排放标准的规定。

6.5 基于动态模糊神经网络的回流比优化模拟

6.5.1 回流比控制方案

多项研究表明,通过 AO 工艺对进水有机碳源的利用率分析,获得的混合液回流比的控制策略是控制硝化液回流量,维持缺氧区末端硝态氮的浓度处于最优设定值,以高效利用缺氧区的反硝化潜力。而针对缺氧区末端硝态氮浓度,本节采用基于模糊神经网络设计的软测量方法对其进行预测。接着将预测值 $E(t)$ 同设定值 $E_C(t)$ 进行比较,得到 $E(t+\Delta t)$ 和 $E_C(t+\Delta t)$,将这两个量输入控制器,计算得到回流比变化量 $\Delta u(t)$,再对当前的回流比 $u(t)$ 进行修正,进而完成回流量的自动调整。这一控制量同时输出到预测模型作为一个输入参数,由预测模型计算在这一回流比下系统下一时刻的硝态氮浓度。

控制混合液回流比的目标主要有两个:一是降低出水硝态氮和总氮水平;二是降低内循环的能耗。在水体富营养化问题日益加剧及公众环保意识日益增强的现状下,城市污水处理厂的排放标准日益严格,鉴于此,回流比控制应在满足第一个目标的前提下,再考虑第二个目标。另外,生物脱氮污水处理、反硝化反应经常受进水可生物降解有机物的限制,所以为了有效降低出水硝态氮的质量浓度,提高进水 COD 的利用效率显得尤其重要,其具有重大的经济意义和环境效益。当进水碳源相对不足时,出水总氮水平很高,尽管控制内循环维持缺氧区硝态氮浓度为 2.2 mg/L 时,出水总氮水平最低,但出水总氮水平依然很高。此时,为了进一步降低出水总氮,需要外投碳源。当进水碳源相对过量时,硝酸盐氮浓度设定值为 1 mg/L 时,出水总氮水平已经很低,并且硝态氮浓度设定值在 1~3 mg/L 时,出水总氮水平都很低。如果不限制内循环回流比,最优硝态氮浓度设定值为 2.2 mg/L,但此时对应的内循环回流比为 7,而内循环回流比大对应于更大的能耗,这时需要考虑内循环第二个控制目标,即内循环能耗的大小。因此,需根据出水总氮和能耗两方面确定最优硝态氮浓度设定值。综上所述,最优硝态氮浓度设定值为 2.2 mg/L。

6.5.2 回流比控制效果分析

根据生化处理系统的运行状况,将缺氧池末端 NO_3^--N 的期望浓度设定为 2.2 mg/L,运用本章提出的模糊神经网络对系统的回流比进行控制。随着进水水质的改变,策略控制构件会根据控制系统的要求计算出此时应加给废水处理系统的相应回流比,以控制缺氧池末端的 NO_3^--N 浓度在 2.2 mg/L 左右。从 MCGS 实时数据库中调用运行数据,当进水负荷改变时,智能控制系统计算出合适的回流量使 AO 处理系统中缺氧池末端的 NO_3^--N 浓度在 2.2 mg/L 附近波动,波动范围为 2.09~2.33 mg/L,同时出水水质达到国家排放标准,说明该回流比智能控制系统是成功的。

参考文献

[1] 马勇. A/O 工艺过程控制的基础性研究 [D]. 哈尔滨:哈尔滨工业大学, 2005

[2] ELBESTAWY E, HUSSEIN H, BAGHDADI H H, et al. Comparison between biological and chemical treatment of wastewater containing nitrogen and phosphorus [J]. Journal of industrial microbiology and biotechnology, 2005, 32(5): 195.

[3] ZHANG L, ZHANG S, WANG S, et al. Enhanced biological nutrient removal in a simultaneous fermentation, denitrification and phosphate removal reactor using primary sludge as internal carbon source [J]. Chemosphere, 2013, 91(5): 635.

[4] 孙晓杰,王嘉捷,赵孝芹,等. 我国城市污水厂推行一级 A 标提标改造探讨 [J]. 环境工程,2013, 31(6): 12-15.

[5] 刘红磊,李安定,邵晓龙,等. 天津市《城镇污水处理厂污染物排放标准》解读 [J]. 城市环境与城市生态, 2015(6): 22-28.

[6] 韩广. 基于神经网络的污水处理过程实施优化控制研究 [D]. 北京:北京工业大学, 2014.

[7] 林梅金. 污水生化处理系统的智能预测及优化控制策略研究 [D]. 广州:华南理工大学, 2015.

[8] 王天龙. 生活污水处理过程影响因素分析及调控策略研究 [D]. 哈尔滨:哈尔滨工业大学,2016.

[9] 王阿华. 城镇污水处理厂提标改造的若干问题探讨 [J]. 中国给水排水, 2010, 26(2): 19-22.

[10] OLSSON G, NIELSEN M K, YUAN Z, et al. Instrumentation, control and automation in wastewater systems[J]. Water science and technology, 2005, 7: 1373-1285.

[11] 阎平凡. 人工神经网络与模拟进化计算 [M]. 北京:清华大学出版社,2005.

[12] BILLINGS S A, ZHENG G L. Radial basis function network configuration using genetic algorithms[J]. Neural networks, 1995, 8(6): 877-890.

[13] 陈晓龙,杨海真,顾国维. 活性污泥 2 号模型的应用与校正 [J]. 工业用水与废水,2003, 34(1): 1-4.

[14] SCAGLIA B, ERRIQUENS F G, GIGLIOTTI G, et al. Precision determination for the specific oxygen uptake rate (sour) method used for biological stability evaluation of compost and biostabilized products [J]. Bioresource technology, 2007, 98(3): 706.

[15] 韩兴连,周光明,高明辉. 基于模糊 PID 控制的改良 CASS 工艺曝气研究 [J]. 给水排水,2012, 48(3): 103-106.

第 7 章　污水处理 AAO 工艺模拟及优化

城市污水处理厂负责处理进入城市污水系统的生活污水、工业生产废水和雨水。污水处理厂的建设和运营直接决定着城市发展水平，影响城市景观、卫生环境、投资环境甚至饮用水安全。然而，建设大量污水处理厂并没有显著改善中国的水污染状况。在我国建设的污水处理厂中，只有 10% 左右能够有效运行。由于管理不善，它们的作用没有完全体现，水污染的情况仍然非常严重，导致资源浪费。如何实现污水处理厂的节能工艺设计，确保最佳运行管理，减少资源浪费，是保护城市环境和满足当前中国发展节能降耗技术要求的一个重要问题，基于数学模型的仿真控制是实现这一目标的有效且省时的手段。

AAO 工艺实现厌氧-缺氧-好氧串联，可以同时去除磷和氮。AAO 工艺中，废水首先进入厌氧池，其中溶解氧、硝酸盐、亚硝酸盐和其他电子受体的浓度相对较低（接近零）。此时，活性污泥中的聚磷菌（包括非反硝化聚磷菌和反硝化聚磷菌）可以分解体内的聚磷酸盐。分解产生的一部分能量供聚磷菌生长，另一部分供聚磷菌吸收胞外易生物降解物质转化为 PHA 贮存于胞内。聚磷酸盐分解形成的磷酸盐被释放到细胞外并返回到污水中。随后，污水与活性污泥一起从厌氧池流入缺氧池。在缺氧条件下，硝酸盐还原菌、亚硝酸盐还原菌和反硝化聚磷菌由于能够利用硝酸盐或亚硝酸盐作为电子受体进行缺氧生长，成为缺氧池中的优势菌。它们进行缺氧反应的结果是将缺氧池中的硝酸盐转化为亚硝酸盐，并进一步转化为氮气，随着氮气的释放从而达到脱氮的目的。混合液进入好氧池后，聚磷菌好氧分解储存在细胞内的 PHA，释放出大量能量供聚磷菌增殖，部分能量用于主动吸收污水中的大量磷酸盐，在细胞内以聚磷酸盐的形式积累，从而实现污水中磷的去除。另一方面，由于好氧池中的溶解氧对亚硝酸盐菌和硝酸盐菌等自养细菌的生长有利，亚硝酸盐菌和硝酸盐菌的生长（硝化作用）会将氨氮转化为亚硝酸盐，将亚硝酸盐转化为硝酸盐。为了降低出水中总氮的浓度，并为反硝化提供硝酸盐和亚硝酸盐等电子受体，使部分混合液从好氧池返回缺氧池。为防止污泥流失，使二沉池排出的部分污泥回流至厌氧池，以平衡系统中活性污泥的量，达到最佳的脱氮除磷效果。

7.1　AAO 工艺的过程分析

7.1.1　AAO 工艺的过程控制分析

由于 AAO 工艺中厌氧、缺氧、好氧环境条件的变化，以及聚磷酸菌（PAO）、反硝化菌和硝化菌等不同微生物群落在同一活性污泥系统中共存，必然存在不同污泥龄的硝化菌和聚磷菌之间的竞争，反硝化菌与聚磷酸菌也不可避免地存在底物竞争。因此，这三种菌株不可能都获得最佳的生长条件，导致这个过程的脱氮除磷效率不会很高。为了提高工艺的运行效率，降低系统的运行成本，有必要优化工艺运行条件，提高系统的工艺控制。连续测定曝气池中溶解氧、NH_4^+-N、NO_3^--N 和 PO_4^{3-}-P 的水平，并据此调节供氧强度和回流量以及硝化区和反硝化区的大小，从而对整个工艺过程进行控制，已成为保证AAO工艺良好处理效果的重要手段。

7.1.1.1 控制原则

1）硝化过程控制遵循的原则

（1）在时间上，根据进水中所需要硝化的氨氮量，通过测定硝化区末端的NH_4^+-N浓度调节好氧区的容积，以调节参与硝化过程（好氧条件）的硝化菌的数量。

（2）由于硝化过程与溶解氧水平有一定的关系，所测定的NH_4^+-N浓度可用来调节曝气量，但DO值宜控制在2 mg/L以下，以避免浪费能量，同时也避免由于DO水平过高而使大量DO通过内回流进入缺氧区。

（3）由于系统中硝化菌的数量与所硝化的氨氮总量有关，故应尽可能对进水中所有可硝化的氮进行硝化，曝气池出水中氨氮的流失也意味着硝化菌的流失。此外，考虑到氨氮排入水体对环境危害较大，故过程控制时，应优先考虑硝化过程。

2）反硝化过程控制遵循的原则

（1）根据测定的曝气池NH_4^+-N浓度的变化及硝化过程优先的原则，随时调整硝化区的大小，并使其能满足出水NH_4^+-N浓度的要求，其他反应器容积应作反硝化用。

（2）根据进水中可供反硝化使用的有机基质（碳源）的变化，通过在线测定反硝化区末端的NO_3^--N浓度，在一定的范围内，调节内循环回流量，使回流的NO_3^--N恰好能与系统的反硝化能力相匹配，以力求最大程度地使硝化过程中产生的NO_3^--N进行反硝化。同时也避免不必要的回流，造成能量浪费和把大量硝化区的DO通过内回流带入反硝化区，影响反硝化效果。

3）磷的去除的控制原则

磷的去除一般以排除富磷的剩余污泥的方式进行。对生物除磷的控制一般尽可能地阻止DO或硝酸盐等进入厌氧池，防止进水及回流污泥以淹没方式进入厌氧池，避免自由跌水。若回流污泥中硝酸盐浓度较高，则应在进入厌氧池前设法予以去除（如采用Johannesburg法、UCT法、MUCT法等）。另外，活性污泥在二沉池泥斗中的停留时间也需严格控制，以免污泥吸收的磷在二沉池中释放出来而影响出水水质，可以通过测定二沉池中的污泥泥位并调节污泥回流量将其控制在一定的范围内。为保证出水磷的浓度，一般可对曝气池出水残余的磷进行加药处理（如加入Al盐或Fe盐）。对曝气池出水中PO_4^{3-}-P的浓度进行在线测定，据此控制加药量。另外，要强化缺氧区的反硝化除磷，增加缺氧区吸磷的能力，从而在碳源有限的情况下，实现“一碳两用”，最大程度地同步脱氮除磷。

7.1.1.2 控制策略

为了实现同步脱氮除磷，在AAO工艺中，反硝化菌和聚磷酸盐积累菌之间势必存在碳源竞争。如果AAO工艺的反硝化除磷功能能够得到加强，就可以实现“一碳两用”。因此，在有限的碳源下，可以实现同步脱氮除磷，降低能耗，稳定废水质量，优化AAO工艺的运行。下面提出三种运行控制策略，以强化反硝化的除磷效果。

1）内循环比控制策略

Hu 等（2002）指出，在氮磷同步降解活性污泥系统中，反硝化聚磷菌（DNPAOs）和反硝化异养菌（OHOs）竞争有限的硝酸盐电子受体，而系统本身受进水的硝化作用和总氮的限制，产生的硝酸盐的量一定。因此，影响反硝化缺磷菌吸收磷的主要因素是进入缺氧区的硝酸盐负荷。换句话说，硝酸盐暴露量应足够大或超过普通异养细菌的反硝化能力，以促进 DNPAOs 的积累和生长。数据表明，OHOs 的比反硝化速率明显高于 DNPAOs，DNPAOs 的比反硝化速率仅为 OHOs 的三分之一。如果进入缺氧区的硝酸盐负荷低于 OHOs 的反硝化能力，OHOs 将淘汰 DNPAOs 并单独使用有限的硝酸盐；相反，DNPAOs 将能够使用过量的硝酸盐，在系统内稳定存在。基于上述考虑，可进行内循环比对厌氧磷吸收性能影响的研究，制定适当的内循环比控制策略。

2）体积比控制策略

已有研究表明，在传统的营养物收集系统中，厌氧停留时间较短的系统除磷率较低，这主要是由于非聚磷菌和聚磷菌对厌氧区有机底物的竞争。此外，缺氧停留时间长的系统表现出更高程度的反硝化作用，但存在二次磷释放的风险。利用动态实验数据确定最佳厌氧、缺氧、好氧体积比，可以优化在恒定反应器体积条件下反硝化除磷的性能。

3）分段进水控制策略

众所周知，生物营养物去除活性污泥系统稳定运行的困难在于，与进水中氮和磷的含量相比，原水中易于生物降解的有机基质通常不足。然而，外部碳源并不一定能提高去除氮和磷的效率。此外，外部碳源将显著增加系统的运营成本。相比之下，分段进水法可以充分利用原水中的碳源，从而降低外部碳源方面的成本。这种方法也是提高养分去除效率最经济的方法。基于这一思想，可以将进水分为两部分：主流进入厌氧区，旁流进入缺氧区。通过研究主流和旁流之间的流量比，并通过最大化脱氮除磷效果，确定最佳流量比。

引入旁流可以提高系统中营养物质的去除效率，特别是在低 C/N 条件下，实现了原水中碳源的充分利用，降低了外部碳源方面的成本。值得注意的是，进水 C/N 较低，出水 TN 仍然较高，表明如果进水 C/N 过低，任何策略都无法解决碳源不足的问题，只能在有限的条件下最大限度地提高系统的运行性能。

7.1.2 AAO 工艺的影响因素分析

7.1.2.1 可生物降解有机物

可生物降解有机物对脱氮除磷有着十分重要的影响，它对 AAO 工艺中的三种生化过程的影响是复杂的、相互制约的甚至是相互矛盾的。

在厌氧池中，聚磷菌本身是好氧菌，其运动能力很弱，增殖缓慢，只能利用低分子有机物，是竞争力较差的细菌。但由于聚磷菌能在细胞内储存 PHB 和聚磷，当它处于不利的厌氧环境时，能将储藏的聚磷酸盐中的磷通过水解释放出来，并利用产生的能量吸收低分子有机物而合成 PHB，在利用有机物的竞争中比其他好氧菌占优势，因此聚磷菌是厌氧段的优势菌群。因此，污水中的可生物降解有机物对聚磷菌厌氧释磷起着关键性的作用。厌氧池进水中的溶解性磷与溶解性有机物的比值（S_P/S_{BOD}）应在 0.06 之内，且有机物的污泥负荷率（BOD_5/MLSS）应大于 0.10 kg/（kg·d）。

在缺氧段，异养型兼性反硝化菌成为优势菌群，反硝化菌以污水中可降解的有机物为电子供体，以硝酸盐为电子受体，将回流混合液中的硝态氮还原成 N_2 而释放，从而达到脱氮的目的。若污水中的可降解有机物浓度高，则 C/N 高，反硝化速率大，缺氧段的 HRT 短，一般为 0.5~1.0 h；反之，则反硝化速率小，HRT 为 2~3 h。可见，污水中的 C/N 较低时，脱氮率不高。通常，污水中的 COD/TKN > 8 时，氮的去除率可达 80%。

在好氧段，当有机物浓度高时，污泥负荷也较大，降解有机物的异养型好氧菌超过自养型好氧硝化菌，使氨氮硝化不完全，出水中 NH_4^+-N 浓度急剧上升，氮的去除效率大大降低。所以，要严格控制进入好氧池污水中的有机物的量，在满足好氧池对有机物的需要的情况下，使好氧池内的有机物浓度处于较低水平，以保证硝化细菌在好氧池中占优势，使硝化作用完全。对此，好氧段的污泥负荷（BOD_5/MLSS）应小于 0.18 kg/（kg·d）。

由此可见，厌氧池要有较高的有机物浓度，缺氧池应有充足的有机物，好氧池内的有机物浓度应较小。

7.1.2.2　污泥龄

AAO 工艺系统的污泥龄受以下两方面的影响。一方面，在好氧池，因自养型硝化菌比异养型好氧菌的最小比增殖速率小得多，要使硝化菌存活并成为优势菌群，则污泥龄要长。经实践证明，污泥龄以 20~30 d 为宜。另一方面，AAO 工艺中磷的去除主要是通过排出磷含量高的剩余污泥而实现的，如污泥龄过长，则每天排出的磷含量高的剩余污泥量太少，达不到较高的除磷效率。同时，过高的污泥龄会造成磷从污泥中重新释放，更降低了除磷效果。所以，综合上述两方面的影响，AAO 工艺的污泥龄一般宜为 15~20 d。

7.1.2.3　DO

在好氧段，DO 升高，硝化速率增大，但当 DO > 2 mg/L 后，硝化速率增大的趋势减缓，而高浓度水平的 DO 会抑制硝化菌的硝化反应。同时，好氧池过高的 DO 会随污泥回流和混合液回流被分别带至厌氧段和缺氧段，影响厌氧段聚磷菌的释放和缺氧段的 NO_x^--N（NO_2^--N 和 NO_3^--N）的反硝化，对脱氮、除磷均不利，同时污泥产生上浮现象，沉降性变差，污泥流失。好氧池的 DO 浓度水平太低也会限制硝化菌的生长，导致硝化菌被从污泥系统中淘汰，严重影响脱氮效果，同时除磷率下降，二沉池中的污泥处于厌氧状态时会产生磷的二次释放，除磷效率进一步降低。根据实践经验，好氧池中的 DO 以 2 mg/L 左右为宜，太高或太低都不利。

在缺氧池，DO 对反硝化脱氮有很大影响。这是由于 DO 与硝酸盐竞争电子供体，同时还抑制硝酸盐还原酶的合成和活性，影响反硝化脱氮，为此，缺氧段中的 DO 应低于 0.5 mg/L。

在厌氧池，只有在严格的厌氧环境下，聚磷菌才能从体内大量释放出磷而处于饥饿状态，为好氧段大量吸出磷创造条件，从而有效地从污水中去除磷。但由于回流污泥将 DO 和 NO_x^--N 带入厌氧段，很难保持严格的厌氧状态，所以一般要求 DO 低于 2 mg/L。

7.1.2.4　混合液回流比

从好氧池流出的混合液的很大一部分要回流到缺氧段进行反硝化脱氮。混合液回流比的大小直接影响反硝化脱氮效果，回流比 r 大，脱氮率提高，但回流比太大时混合液回流的动力消耗太大，造成运行费用大大提高。AAO 工艺系统的脱氮率 η 与混合液回流比的关系见表 7-1。

表 7-1 脱氮率与混合液回流比的关系

混合液回流比 r/%	100	200	300	400	500	600	700	800	900	1 000
脱氮率 η/%	50	67	75	80	83.3	85	87.5	90.0	90.9	90.9

注：η 宜取 300%~400%。

7.1.2.5 污泥回流比

回流污泥从二沉池底流回到厌氧池。系统靠回流污泥维持各段 MLSS，进行生化反应。如果污泥回流比 R 太小，则影响各段的生化反应速率；反之，回流比太高， AAO 工艺系统中硝化作用良好，反硝化效果不佳，导致回流污泥将大量 NO_x^--N 带入厌氧池，引起反硝化菌和聚磷菌产生竞争，反硝化菌抢先消耗掉快速生物降解的有机物进行反硝化，当反硝化脱氮完全后，聚磷菌才开始进行磷的释放，这样虽有利于脱氮但不利于除磷。据报道，厌氧段的 NO_x^--N 对生物除磷没有影响。相反，如果 AAO 工艺系统运行中反硝化脱氮效果良好，而硝化效果不佳，此时虽然回流污泥中硝态氮含量减少，对除磷有利，但因硝化不完全造成脱氮效果不佳。综合上述污泥回流比对 AAO 工艺的影响，污泥回流比 R 一般采用 60%~100%，最低也应高于 40%。

7.1.2.6 TKN/MLSS 负荷率

对于好氧段的硝化反应，过高的 NH_4^+-N 浓度会对硝化菌产生抑制作用，实验表明，TKN/MLSS 负荷率应低于 0.05 kg/(kg·d)，否则会影响氨氮的硝化。

7.1.2.7 HRT

厌氧区是生物除磷工艺最重要的部分，其目的是为聚磷菌同化和储存进水溶解性有机物提供充足的停留时间和环境条件，同时也完成回流污泥中携带的硝酸盐的反硝化过程。缺氧区主要完成内循环混合液的反硝化过程。好氧区主要完成硝化过程和磷的吸收过程。进水水质、回流比和内循环比等各种条件都影响厌氧、缺氧、好氧的 HRT 比例。实验结果和运行经验表明，AAO 工艺总 HRT 一般为 6~8 h，厌氧段、缺氧段、好氧段三段 HRT 的比例为 1∶1∶(3~4)。

7.1.2.8 温度

在好氧段，在 5~35 ℃时，硝化反应的反应速率随温度升高而加快，适宜的温度范围为 30~35 ℃。当温度低于 5 ℃时，硝化菌的生命活动几乎停止。缺氧段的反硝化反应可在 5~27 ℃进行，反硝化速率随温度升高而加快，适宜的温度范围为 15~25 ℃。在厌氧段，温度对厌氧释磷的影响不太明显，在 5~30 ℃范围内除磷效果均很好。

7.1.2.9　pH 值

在厌氧段，聚磷菌厌氧释磷的适宜 pH 值为 6~8；在缺氧反硝化段，反硝化菌脱氮适宜的 pH 值为 6.5~7.5；在好氧硝化段，硝化菌适宜的 pH 值为 7.5~8.5。

7.2　基于 FCASM3-Hydro-Temp 耦合模型的 AAO 工艺过程模拟

7.2.1　AAO 工艺 FCASM3-Hydro-Temp 耦合模型假设

AAO 工艺是可同时去除有机物、氮和磷的活性污泥连续流工艺之一。AAO 工艺因去除效率高、处理效果稳定、工艺操作简单、能耗低、运行费用低等优点而在实际污水处理工程中被广泛应用。

FCASM3-Hydro-Temp 模型适用于描述 AAO 过程。除了在建模过程中提出的假设外，根据 AAO 过程的特点还提出以下假设。

（1）假设二沉池是理想的固液分离器，则池内没有生物反应。混合液进入二沉池后，所有颗粒都沉淀在池底。二沉池的废水只含有可溶性成分，其浓度不变。

（2）忽略废水在互联器中的流动时间以及在此期间可能发生的反应。

（3）假设厌氧池、缺氧池和好氧池入口的废水进入每个池，物质在第一个截面上的扩散立即完成，从而使物质在每个截面上的浓度分布从第一个截面开始是均匀的。

（4）污泥回流和混合液回流分别与厌氧池和缺氧池入口废水混合均匀后进入厌氧池和缺氮池。

7.2.2　AAO 工艺 FCASM3-Hydro-Temp 耦合模型建立

7.2.2.1　控制方程

AAO 工艺存在厌氧池、缺氧池和好氧池三个功能迥异、工艺参数不同的反应池，各反应池内的物质均发生在相应状态下所能发生的不同反应。因此，对于生物场-水力场-温度场（FCASM3-Hydro-Temp）耦合模型或生物场-水力场（FCASM3-Hydro）耦合模型，均需分别描述各变量在三个反应池中的变化情况。应按照物料平衡原理建立方程，分别描述各反应池中各个变量的变化关系。反应池中生物场（FCASM3）各组分的变化速率方程为

$$\frac{\partial C_i^j}{\partial t}=\frac{Q_j}{V_j}\left(\frac{1}{Pe_j}\frac{\partial^2 C_i^j}{\partial x^2}-\frac{\partial C_i^j}{\partial x}\right)+r(C_i^j) \tag{7-1}$$

式中：t 为时间（h）；C_i^j 为 j 反应池中物质 i 的浓度（g/m³），j 表示厌氧池、缺氧池或好氧池，i 表示 FCASM3 模型中的各组分；Q_j 为 j 反应池进水流量（m³/h）；V_j 为 j 反应池体积（m³）；Pe_j 为 j 反应池的 Pe 值（无量纲）；$r(C_i^j)$ 为 j 反应池中物质 i 的 FCASM3 反应速率方程。

反应池中的水温变化速率方程为

$$\frac{\partial T_j}{\partial t}=\frac{Q_j}{V_j}\left(\frac{1}{Pe_j}\frac{\partial^2 T_j}{\partial x^2}-\frac{\partial T_j}{\partial x}\right)+\frac{\Phi_n^j}{\rho \cdot C_p \cdot V_j} \tag{7-2}$$

式中：T_j 为 j 反应池中的水温(℃)；Φ_n^j 为厌氧池中的净热交换量(W)。

生物场-水力场-温度场耦合模型与生物场-水力场耦合模型的区别主要在于生物场-水力场-温度场耦合模型考虑了温度随环境条件、进出水温度等因素变化的过程，温度作为一个变量耦合到模型中。因此，FCASM3-Hydro 耦合模型中温度是一个常量，无式(7-2)这个温度控制方程。

7.2.2.2 边界条件

依据 AAO 工艺多场耦合模型建模假设，根据丹克沃茨(Danckwerts)对封闭系统所提出的边界条件采用无量纲形式，得到厌氧池、缺氧池和好氧池的组分浓度和水温的边界条件方程分别为

$$\begin{cases}\dfrac{\mathrm{d}C_i^j}{\mathrm{d}x}=Pe_j(C_i^{j(0)}-C_i^{\mathrm{jin}}), & x=0\\[2ex] \dfrac{\mathrm{d}C_i^j}{\mathrm{d}x}=0, & x=1\end{cases} \tag{7-3}$$

$$\begin{cases}\dfrac{\mathrm{d}T_j}{\mathrm{d}x}=Pe_j(T_{j(0)}-T_{\mathrm{jin}}), & x=0\\[2ex] \dfrac{\mathrm{d}T_j}{\mathrm{d}x}=0, & x=1\end{cases} \tag{7-4}$$

式中：$C_i^{j(0)}$ 为 t 时刻 j 反应池内 x=0 过水断面上 FASCM3 组分 i 的浓度(g/m³)；C_i^{jin} 为 j 反应池进水中物质 i 的浓度(g/m³)；$T_{j(0)}$ 为 t 时刻 j 反应池内 x=0 过水断面上的水温(℃)；T_{jin} 为 j 反应池进水水温(℃)。

同样地，FCASM3-Hydro 耦合模型中无式(7-4)这个温度边界条件方程。

7.2.2.3 初始条件

受模型组分分析手段的限制，目前仍没有有效的方法对模型组分进行一一测定。因而，本研究中 AAO 工艺的生物场-水力场-温度场耦合模型中各物质的初始浓度值采用生物场模型对实测值的稳态模拟结果，并假定厌氧池、缺氧池和好氧池内初始时刻各物质的浓度处处相等。

7.2.3 AAO 工艺 FCASM3-Hydro-Temp 耦合模型应用

7.2.3.1 数值模拟方法

应用 MATLAB 软件建立活性污泥系统 AAO 工艺模拟程序，利用 MATLAB 内置的常微分方程数值求解函数 ode15s 和偏微分方程数值求解函数 pdepe 分别求解生物场模型(FCASM3)和生物场-水力场-温度场(FCASM3-Hydro-Temp)耦合模型，从而实现对 AAO 工艺的数值模拟。函数 ode15s 采用变阶 Runge-Kutta 法求解常微分方程，函数 pdepe 基于有限元法原理求解偏微分方程，有关 Runge-Kutta 法和有限元法的基本原理本书不做赘述。

7.2.3.2　数值模拟结果分析

1）FCASM3 模型数值模拟结果分析

利用在某 AAO 污水处理厂对化学需氧量（COD）、氨氮（NH_4^+-N）、硝酸盐氮（NO_3^--N）、亚硝酸盐氮（NO_2^--N）和正磷酸盐（PO_4^{3-}-P）等的测定结果对 FCASM3 模型进行校验。在选取相关典型值作为动力学参数初值的基础上，通过对比模拟结果与实测结果的一致性，结合经验及所得的动力学参数灵敏度，对动力学参数进行不断调整，最终通过调整少量动力学参数值使模拟结果与实测结果的吻合程度最佳。

利用 FCASM3 模拟厌氧池、缺氧池和好氧池等各反应池出水 COD、NH_4^+-N、NO_3^--N、NO_2^--N 和 PO_4^{3-}-P 的浓度值与实测值的动态变化。对比发现，COD、NH_4^+-N 和 NO_3^--N 的模拟变化趋势不仅与实际动态变化趋势十分一致，且较实际变化趋势稳定，尤其 COD 和 NH_4^+-N 的模拟值稳定性很高，同时模拟值与实测值的平均相对误差均较小；NO_2^--N 和 PO_4^{3-}-P 的模拟值总体上比实测值略高，这可能是由于该污水处理厂系统中 NO_2^--N 和 PO_4^{3-}-P 的实际水平较低，模拟值略微的偏离和波动使得模拟值与实测值之间的相对误差较大，这两个参数的模拟值存在由进水流量和水质波动等引起的一定幅度的波动。从总体上看，FCASM3 可以较好地模拟该厂的 AAO 工艺系统。

通过对工艺条件以及微生物去除有机物和脱氮除磷机理的进一步分析，结合进水水量及各指标进水浓度的变化情况，可以得出以下导致此模拟结果的原因。

（1）FCASM3 已基本实现对 COD 去除过程的准确且稳定的模拟，但模型中采用的储存理论，即微生物先将溶解性易生物降解有机物吸收储存到胞内变成胞内储存颗粒物后，再利用胞内储存物质的理论，可能是导致模型对厌氧池 COD 的去除过于理想的主要原因。

（2）NH_4^+-N 浓度降低的主导过程是自养菌的好氧硝化，微生物的生长过程也会导致 NH_4^+-N 浓度降低，对 NH_4^+-N 浓度的模拟结果和实测结果都说明，厌氧阶段对 NH_4^+-N 的去除较慢，硝化过程和微生物生长过程并不十分明显，到了好氧阶段，硝化过程起主导作用，导致 NH_4^+-N 浓度大幅度下降。

（3）当进水流量增大时，缺氧池与好氧池中 NH_4^+-N 的浓度随之升高的模拟结果与建模机理一致，即有机碳浓度增大时，好氧异养菌数量大大超过了相对劣势的亚硝酸菌和硝酸菌，对亚硝酸菌和硝酸菌的生长产生抑制作用，从而导致出水 NH_4^+-N 浓度增大。

（4）无论是模拟值还是实测值，好氧池中的 NO_3^--N 浓度较高而 NO_2^--N 浓度较低，说明好氧池中硝酸菌和亚硝酸菌的硝化作用均较强烈并且硝酸菌将 NO_2^--N 转化成 NO_3^--N 的速度大于亚硝酸菌将 NH_4^+-N 转化成 NO_2^--N 的速度，从而既实现了 NH_4^+-N 的去除，又使好氧池中 NO_3^--N 的浓度高而 NO_2^--N 的浓度偏低。缺氧池中 NO_2^--N 浓度的模拟值比好氧池中 NO_2^--N 浓度的模拟值高可能是由于亚硝酸还原菌将 NO_2^--N 转化成氮气的过程不及硝酸还原菌将 NO_3^--N 转化成 NO_2^--N 的过程强烈，从而导致缺氧池中 NO_2^--N 积累，使缺氧池中 NO_2^--N 浓度的模拟值比好氧池中 NO_2^--N 浓度的模拟值高。

（5）通过对比分析 NH_4^+-N、NO_3^--N 和 NO_2^--N 于第 38~44 小时出现的较大波动，可以发

现，在高进水流量和高 NH_4^+-N 进水浓度的情况下，脱氮过程将向着短程硝化-反硝化的方向进行，从而导致在高进水 NH_4^+-N 浓度情况下，NO_3^--N 浓度降低而 NO_2^--N 浓度升高，这一现象与近年来有关高游离氨浓度能抑制硝酸菌增殖活性从而造成亚硝酸菌在硝化系统中占优势的研究结果一致。

（6）FCASM3 对 PO_4^{3-}-P 的模拟与除磷机理较符合，显示聚磷菌厌氧放磷和好氧吸磷的经典理论，PO_4^{3-}-P 浓度在厌氧池增加，到缺氧池和好氧池逐步降低，实际系统中厌氧池、缺氧池和好氧池三个反应池内 PO_4^{3-}-P 的浓度接近，说明该系统对磷的去除作用并不显著。

2）FCASM3-Hydro 耦合模型数值模拟结果分析

系统中水力作用的强弱主要体现在 *Pe* 的大小，该系数直接决定反应器是处于完全混合状态还是推流作用占主导。通过现场示踪实验，测得厌氧池、缺氧池和好氧池的 *Pe* 系数分别为 4.47、0.85 和 0.02。利用该 *Pe* 实测值，实现生物场-水力场（FCASM3-Hydro）耦合模型对污水处理厂水力作用下污染物质去除过程的模拟。

FCASM3-Hydro 与 FCASM3 得出的好氧池出水中各污染物质浓度的模拟值及变化趋势都十分接近。其主要原因是实际测定的好氧池的 *Pe* 为 0.02。据报道，当系统中的 *Pe* 低于 0.5 时就可以将该系统视为一个完全混合的系统。实测 *Pe* 为 0.02，远远低于 0.5，因此该好氧池可以被看作一个完全混合系统。这就导致 FCASM3-Hydro 耦合模型模拟好氧池出水的各污染物质浓度与并不考虑水力推流作用的（FCASM3）模型结果较为一致。

厌氧池的水力推流作用明显强于好氧池的水力推流作用。厌氧池中的污染物质的浓度在进水水量和进水水质的影响下随时间波动，同时随水力推流方向也存在上升或下降的变化过程；而好氧池中各污染物质的浓度除了受进水水量和水质波动的影响并随时间变化外，池中各污染物质的浓度几乎不随水力推流方向发生变化。因为实际测定厌氧池的 *Pe* 为 4.47，远大于 0.5，说明厌氧池中的水力推流作用不可忽视。这与 FCASM3-Hydro 耦合模型模拟厌氧池污染物质浓度变化的结果一致，从而也验证了 FCASM3-Hydro 耦合模型的准确性。

由厌氧池中各污染物质随水力推流方向变化的趋势可以看出，进水口处的污染物质浓度波动较大，说明进水口处污染物质浓度受进水水量和进水水质的影响较大，到了厌氧池出口处各污染物质浓度的波动就相对稳定。厌氧池中 COD 和 NO_3^--N 浓度随水力推流方向呈下降趋势，而 NO_2^--N、PO_4^{3-}-P 浓度则随水力推流方向呈上升趋势。NH_4^+-N 浓度随推流方向的变化并不明显，这也进一步说明 NH_4^+-N 在厌氧池的反应比较缓慢。厌氧池中 COD 浓度随推流方向有较明显的下降趋势，说明在厌氧池中 COD 的生物去除较快。厌氧池中 NO_3^--N、NO_2^--N 浓度随推流方向的变化趋势相反，NO_3^--N 浓度随推流方向不断降低，而 NO_2^--N 浓度则在较多时段呈现上升趋势，出现此现象的原因是厌氧池中可能发生了反硝化作用，而硝酸菌将 NO_3^--N 转化成 NO_2^--N 的作用优于亚硝酸菌将 NO_2^--N 转化成 NO_3^--N 的作用，宏观上表现为 NO_2^--N 浓度的上升和 NO_2^--N 浓度的下降。PO_4^{3-}-P 浓度在厌氧池中随水力推流方向的变化完全符合模型理论，在厌氧池中微生物厌氧释磷，从而导致厌氧池中 PO_4^{3-}-P 的浓度随水力推流方向呈现较快的增长趋势。

3)FCASM3-Hydro-Temp 耦合模型数值模拟结果分析

FCASM3-Hydro-Temp 耦合模型对厌氧池、缺氧池和好氧池内温度的模拟值与实测值十分接近，各池内温度的模拟值与实测值的相对误差均在 2% 以下，且温度的模拟动态变化趋势与实际变化趋势较一致，说明 FCASM3-Hydro-Temp 耦合模型能实现对活性污泥系统内温度变化的准确模拟。FCASM3-Hydro-Temp 耦合模型对厌氧池内温度变化的模拟结果显示，池内温度的模拟值较实测值略高，受进水温度波动的影响，池内水温不仅随时间出现较大的波动，而且存在围绕某一平衡温度随水力推流方向增加或下降。FCASM3-Hydro-Temp 耦合模型对缺氧池和好氧池内温度的模拟值也较实测值略高，温度的模拟值较厌氧池内温度随时间的波动平缓，且随水力推流方向模拟值几乎没有变化。导致此模拟结果的原因如下：①进水温度存在一定的波动，厌氧池直接容纳进水，厌氧池温度势必受进水温度影响最大，正是由于厌氧池的缓冲作用，到了缺氧池和好氧池，进水温度的影响已不再明显，因而两池内的温度随时间的变化相对平稳；②厌氧池的 Pe 值较大，水力推流作用明显，造成厌氧池温度随水力推流方向呈现一定的变化。

耦合了生物场-水力场-温度场的三场耦合模型（FCASM3-Hydro-Temp）与不耦合温度场的生物场模型（FCASM3）的模拟结果较相似，主要原因是 FCASM3 对系统的模拟实际上已经在一定程度上体现了温度的作用。因为，在 FCASM3 的生物反应速率方程中，动力学参数已经是温度的函数，只是此处各池的温度值取为测定时间内的平均温度，是一个定值。与 FCASM3 相比，FCASM3-Hydro-Temp 的主要特点之一是它可以描述进水温度、天气变化、系统供热以及生物反应等因素造成的温度变化过程，得到各池的实时温度。而该污水处理厂的进水温度波动不十分显著，且现场实验期间天气变化也不显著，导致系统内的温度较稳定，FCASM3-Hydro-Temp 耦合模型对温度的模拟值基本在 31.11~33.11 ℃ 这一很小范围内波动，这就使 FCASM3-Hydro-Temp 耦合模型体现温度变化对污染物质去除效果影响的作用并不十分显著。

7.3　基于 ASM2D 模型的水质预测模拟优化

在实际操作中，由于进水量、水质变化和环境变化，污水处理厂多数情况下都是通过经验或半经验的方式来进行运营调节的。该方法不仅耗费大量的人力、物力、财力，而且在反复调节过程中，会对废水的处理产生负面影响。采用活性污泥模型可以为废水处理系统的优化设计、调试、分析等工作提供一定的理论依据。本节以广州市某污水厂改良 AAO 工艺为研究对象，在了解该厂污水水质、水量，工艺运行参数，构筑物尺寸的前提下，基于 ASM2D 模型，采用 WEST 软件建立改良 AAO 工艺模型。通过对 ASM2D 模型的化学计量参数和动力学参数进行灵敏度分析，调整相关参数，实现改良 AAO 工艺模型与实际工艺吻合。

7.3.1　基于 WEST 软件的模型构建

WEST 软件是一款基于活性污泥数学模型开发的商业软件，可实现污水处理工艺的数字化，具有操作简单、工艺模拟种类多、模拟结果准确度高等优点。应用 WEST 软件建立改良 AAO 工艺模型主要有以下几个步骤：

①选定 ASM2D 模型,根据实际改良 AAO 工艺流程,在 WEST 软件中,连接相应的生化反应单元、流量节点,即可初步建立改良 AAO 工艺处理模型;

②对进水 COD 组分进行划分,并输入进水水量、常规水质指标、各个反应池的实际尺寸、实际运行工艺参数;

③选好解算器,确定步长,进行稳态和动态模拟;

④基于 WEST 软件,对化学计量学参数和动力学参数进行灵敏度分析,总结对出水指标灵敏度高的动力学及化学计量学参数;

⑤调整相关模型参数,使模拟结果与实际出水吻合程度达到最佳状态,即完成模型校正。

7.3.2 模型参数灵敏度分析

利用 WEST 软件对改良 AAO 工艺模型的参数进行灵敏度分析,即改变单个参数,量化其对出水水质指标产生的影响(通常参数的变化量取 10%),若改变此参数后,出水水质结果变化较大,则表明该参数对出水指标的灵敏度较高。IWA 给出了 ASM2D 中动力学和化学计量参数的默认值,在污水处理工艺实际应用中,为了提高模拟结果的可信度,仍有许多参数需要重新校核。灵敏度是用来衡量参数变化对目标或系统状态产生的影响程度的一个量化指标。活性污泥法数学模型参数灵敏度分析中最常用的是相对灵敏度,其计算公式为

$$S_a^y = \frac{\mathrm{d}y/y}{\mathrm{d}a/a} = \frac{(y_1 - y_0)/y_0}{(a_1 - a_0)/a_0} \tag{7-5}$$

式中:y 为系统状态值;a 为参数值;S_a^y 为 y 对 a 的相对灵敏度(以下简称灵敏度);a_0 为参数的缺省值;a_1 为参数变化后的值,在 a_0 的基础上增加 10%;y_0 为与 a_0 对应的状态值;y_1 为与 a_1 对应的状态值。

化学计量参数和动力学参数的灵敏度对系统出水指标的影响程度的规定如下:灵敏度大于 0.6,表明参数对出水指标的影响很大;灵敏度为 0.3~0.6,表明该参数对出水指标的影响较大;灵敏度为 0.1~0.3,表明该参数对出水指标的影响一般;灵敏度为 0.01~0.1,表明该参数对出水指标的影响较小;灵敏度小于 0.01,表明该参数对出水指标基本无影响。

对灵敏度较高的模型参数进行适度调整,最终实现模型的输出结果与实际情况的吻合程度达到最佳状态。使用参数校正后的模型再次进行模拟,比较出水水质的实测值与模拟值,发现出水 COD、氨氮、TN 和 TP 的模拟值与实测值的变化趋势基本一致。出水 COD 模拟值与实测值整体比较接近,出水氨氮、TN 和 TP 的模拟值与实测值有小部分数据存在偏差,但大部分数据较为接近。其中,出水 COD、氨氮、TN 和 TP 的绝对误差平均值分别为 0.69 mg/L、0.01 mg/L、0.13 mg/L 和 0.04 mg/L,均小于 1.0 mg/L;相对误差分别为 2.49% 和 3.51%、2.01%、3.02%,均小于 5%,表明参数调整后的工艺模型预测精度高,可用于该污水厂改良 AAO 工艺的模拟和优化。

7.3.3 模型出水水质预测分析

基于校正后的改良 AAO 工艺模型,研究预缺氧池进水分配比、混合液回流比、污泥回流比、DO、SRT、HRT 这 6 个控制参数对改良 AAO 工艺脱氮除磷效果的影响,依次进行单因

素分析和多因素正交分析，提出一套优化的运行参数，实现污水处理厂运行成本的降低和减排效率的提高。

7.3.3.1　预缺氧池配水比

改良型 AAO 工艺相对于传统 AAO 工艺最大的区别就是在厌氧池前加设一个预缺氧池。预缺氧池的主要作用为进行微生物的反硝化作用，降低反应池中的硝酸盐浓度，促进后续厌氧池中的释磷作用，一定程度上增大了污水中有机物的降解。因此，有效合理地分配进水碳源，不仅可以去磷脱氮，而且可以在进水水质、水量不同的情况下，合理地调整预缺氧池和厌氧池的进水分配比，达到预期的污水处理效果的同时，尽可能地降低能耗和成本。在确定改良 AAO 工艺各构筑物容积不变以及其他运行参数不变的条件下，调节预缺氧池配水比，调节的范围为 0~45%，利用校正后的改良 AAO 工艺模型模拟出水 COD、氨氮、TN 与 TP。模拟结果表明，出水 COD 随预缺氧池配水比不断增大而下降。预缺氧池配水比从 0 增加至 20% 的过程中，出水 COD 下降较快；预缺氧池配水比增加至 20% 之后，出水 COD 和 COD 去除率基本保持不变。预缺氧池配水比为 5% 时，出水 COD 满足我国《城镇污水处理厂污染物排放标准》(GB 18918—2002)的一级 A 排放标准。从 COD 去除率的变化趋势看，在不同预缺氧池配水比下，出水 COD 的去除率比较平稳，这主要是因为在改良 AAO 工艺中，污水中的 COD 能够被预缺氧池、厌氧池、缺氧池和好氧池中的微生物以不同的方式去除。在预缺氧池和缺氧池中，反硝化菌利用 SS 进行反硝化作用，降低反应池中的硝酸盐浓度。在厌氧池中，厌氧菌通过厌氧发酵，经水解、产酸、产甲烷三个阶段后，将污水中的有机物转化为 CH_4、CO_2、H_2 等。在好氧池中，污水中的大部分有机物被异养菌用于进行有氧呼吸，同时合成新细胞，从而被去除。

因此在工艺运行过程中，预缺氧池配水比对 COD 的去除率影响较小。在不同预缺氧池配水比的变化过程中，氨氮的去除率随预缺氧池配水比的增加先上升后下降，出水氨氮浓度变化范围为 0.27~2.65 mg/L，平均去除率为 96.35%，满足一级 A 排放标准。出水氨氮浓度受预缺氧池配水比影响较大，主要是由于在改良 AAO 工艺中，预缺氧池分配的进水量越大，预缺氧池中含有的有机碳的量越多，促进了反硝化作用，增大后续好氧池中氨氮的硝化作用。另外，好氧生物的硝化反应易受温度影响，改良 AAO 工艺模型是建立在 20 ℃的理想状态下的，硝化菌处于适宜的生存条件下，保证了硝化菌的生长代谢速度和氨氮的去除率。

出水 TN 随预缺氧池配水比的增大先降低后上升，出水 TN 浓度变化范围较大(8.79~12.38 mg/L)，均满足一级 A 排放标准。但是 TN 去除率变化范围为 51.7%~76.4%，TN 去除率偏低，这是由该厂进水中 TN 偏低造成的。由此可见，预缺氧池对 TN 的去除率影响较大。预缺氧池配水比由 0 增加至 20% 的过程中，TN 的去除率不断提高，主要是因为在缺氧条件下，预缺氧池中的反硝化聚磷菌以硝酸盐为电子受体，氧化 PHB，将缺氧池中的硝态氮转化为氮气，增加了缺氧池的反硝化速率。随着预缺氧池配水比不断增大，进入厌氧池的碳源不断减少，导致缺氧池碳源不足，硝酸盐不能被充分反硝化，出水 TN 也随之增大。

TP 的去除率随预缺氧池配水比的增加先增加后减少，出水 TP 浓度的变化范围为 0.69~1.78 mg/L。预缺氧池配水比由 0 增加至 15% 的过程中，TP 的去除率不断提高，主要是因为回流污泥中的硝酸盐在预缺氧池中被大量去除，进入厌氧池中的硝酸盐浓度降低，给聚磷菌提供了较好的生存环境，使其大量生长和繁殖，随即好氧池中的 PAO 含量大幅度提高，污水中的磷酸盐被聚磷菌大量吸收，除磷效率逐步上升。但是，随着预缺氧池配水比不断增大，进入厌氧池的有机碳源会相对减少，后续反应池中 PAO 可利用的必要营养物质会减少，抑制聚磷菌的生长，从而使污泥吸磷的速度逐渐降低。

综上所述，权衡该厂改良 AAO 工艺对 COD、TN、TP 的整体去除率，最适宜的预缺氧池配水比为 5%~25%。

7.3.3.2 DO

DO 是改良 AAO 工艺中好氧池的关键控制条件，与出水水质有直接关系，并关系着运行成本。好氧池提供足够的 DO 供亚硝酸菌和硝酸菌充分将氨氮转化为硝酸盐，为缺氧池进行脱氮反应提供充足的原料。同时，聚磷菌在 DO 达到一定浓度水平的条件下才能充分吸收污水中的磷酸盐。因此，下面分析 DO 对出水污染物浓度的影响。在确定改良 AAO 工艺各构筑物容积不变以及其他运行参数不变的条件下，调节 DO（调节范围为 0.8~4.0 mg/L），利用校正后的模型模拟出水 COD、氨氮、TN 与 TP。

随着 DO 含量的不断升高，出水 COD 不断减少，COD 去除率不断提高。当 DO 由 0.8 mg/L 增大为 4.0 mg/L，出水 COD 由 29.40 mg/L 减少到 28.15 mg/L，出水 COD 变化幅度较小且始终满足一级 A 排放标准；COD 去除率由 90.26% 增大到 90.68%，始终处于较高的水平。由此可见，DO 对出水 COD 的影响较小。

出水氨氮随着 DO 的升高而减小，DO 从 0.8 mg/L 升高至 4.0 mg/L 时，出水氨氮由 10.73 mg/L 降低为 0.24 mg/L，说明 DO 对出水氨氮的影响很大。主要原因是随着生化池中 DO 的不断升高，有了充足的氧气可供硝化菌进行硝化反应，将更多的氨氮转变为硝酸盐，所以出水氨氮降低。当 DO 升高到一定水平时，受碳源、硝化菌数量的限制，出水氨氮的变化会逐渐减小。当 DO 达到 1.2 mg/L 时，出水氨氮已满足一级 A 排放标准。随着 DO 的进一步升高，出水氨氮降低，但是其变化波动较小，且需要更大的曝气量提升好氧池的 DO，能源消耗较大。

出水 TN 随着 DO 升高而减小，DO 从 0.8 mg/L 升高至 4.0 mg/L 时，出水 TN 由 12.81 mg/L 降低为 5.68 mg/L，说明 DO 对出水 TN 的影响也很大，主要原因是生化池的 DO 不断升高，会大大增强好氧池的硝化作用及缺氧池的反硝化作用。当 DO 大于 1.6 mg/L 时，出水 TN 的变化比较平缓，而出水氨氮依旧逐渐降低，这可能是因为系统的反硝化能力是一定的，TN 去除率不再随着氨氮去除率的上升而进一步提升。

随着 DO 的升高，出水 TP 不断增加，TP 的去除率不断减小，DO 由 0.8 mg/L 上升为 4.0 mg/L，出水 TP 由 0.54 mg/L 上升为 1.26 mg/L，TP 去除率由 72.86% 下降为 36.68%，这表明 DO 对出水 TP 影响较大。DO 不断上升，系统环境有利于硝化菌的生长，在一定程度上对聚磷菌的生长造成不利影响，从而抑制了聚磷菌对磷的吸收作用，导致出水 TP 上升。

综上所述，对于本改良 AAO 工艺，DO 值设定为 1.4~2.4 mg/L 是比较合适的，进一步提高 DO 后，出水水质指标没有较大的变化。在实际工艺过程中，混合液或污泥回流中可能携带 DO，会影响缺氧池和厌氧池的脱氮能力。

7.3.3.3 混合液回流比

混合液回流为好氧池回流至缺氧池的硝化液，其作用主要是在厌氧条件下去除在好氧池中由铵盐充分硝化生成的亚硝酸盐和硝酸盐。混合液回流比直接影响改良 AAO 工艺污染物的去除率。当内回流比发生变化时，由于进水流量和反应池体积不发生变化，HRT 是不变的。但是，这会直接导致缺氧池进水端混合液（缺氧池进水和内回流液混合）的流量发生改变，从而使缺氧池和好氧池混合液的停留时间发生变化，以及缺氧池进水端混合液的底物浓度发生变化。混合液回流比偏小会导致缺氧池的硝酸盐不足，从而使反硝化作用不能充分进行，出水 TN 上升。当混合液回流比偏大和好氧池中的 DO 含量较高时，回流液可能携带较高浓度水平的 DO 至缺氧池，从而使缺氧池中的反硝化菌的生存环境变化，反硝化反应受到抑制，TN 去除率会大大降低；同时，混合液回流比过高，回流泵的耗电量会增加，进而增大污水厂的运行成本。在确定改良 AAO 工艺各构筑物容积不变以及其他运行参数不变的条件下，调节混合液内回流比，调节范围为 25%~300%，利用校正后的模型模拟出水 COD、氨氮、TN 与 TP 。

模拟得到的出水 COD 未随混合液回流比的增大而呈现出明显的变化。出水 COD 在 28~29 mg/L 波动，满足我国一级 A 排放标准，去除率稳定在 91% 左右，表明混合液回流比对出水 COD 影响不大。

当混合液回流比从 25% 上升至 300% 时，出水氨氮浓度随着混合液回流比的增大而减小，出水氨氮由 5.18 mg/L 下降为 0.35 mg/L。氨氮去除率随着混合液回流比的增大而增大，氨氮的去除率由 74.12% 上升为 98.25%。当混合液回流比为 50% 时，出水氨氮为 1.18 mg/L，满足一级 A 排放标准；混合液回流比从 100% 上升至 300%，氨氮的去除率变化较小，由 96.95% 增大为 98.25%，这说明混合液回流比对出水氨氮有一定影响。

混合液回流比从 25% 上升至 300%，出水 TN 随着混合液回流比的增大而减小，出水 TN 由 15.56 mg/L 下降为 5.81 mg/L。TN 去除率随着混合液回流比的增大而增大，TN 去除率由 39.45% 增大为 77.39%，这说明混合液回流比对出水 TN 影响较大。当混合液回流比为 25% 时，TN 去除率较低，仅为 39.45%，这是因为混合液回流至缺氧池的比例太小，进入缺氧池的硝酸盐量过少，导致大量硝酸盐停留在好氧池，不能及时得到去除，最终出水 TN 较高。混合液回流比由 25% 逐渐上升为 100% 的进程中，TN 去除率逐渐增加，这是因为混合液回流比越大，水中的氮元素反应越充分，从而氮的去除越彻底。混合液回流比由 100% 增大到 300%，出水 TN 变化较小，主要是因为混合液回流中的硝酸盐的浓度较高，而氮废水中的有机碳源一定，不能完全满足硝酸盐反硝化的需求。

混合液回流比从 25% 上升至 300%，出水 TP 随着混合液回流比的增大而增大，出水 TP 由 0.61 mg/L 增大为 1.18 mg/L。TP 去除率随着混合液回流比的增大而减小，由 69.47% 增大为 40.94%，说明混合液回流比对出水 TP 有较大影响。这是因为混合液回流比不断增大，好氧池回流至缺氧池的混合液较多，导致好氧池内聚磷菌浓度不断降低，好氧池内聚磷菌吸收磷的量逐渐降低。

综上所述，混合液回流比对改良 AAO 工艺出水水质有重要影响，是一个关键的工艺运行参数，它直接影响着污水中 COD、氨氮、TN、TP 的去除率。综合考虑以上污染物的去除率和能源消耗，改良 AAO 工艺混合液回流比为 50%~150% 较为适宜。

7.3.3.4　污泥回流比

污泥回流比同样也是分段进水 AAO 工艺的重要参数。通过污泥提升泵房将二沉池的浓缩污泥回流至厌氧池，为厌氧池提供足量的活性污泥，并调节其他生化池的 MLSS，保证生化反应能处在稳定持续的状态。合适的污泥回流比，能够降低污泥提升泵房的工作量，降低运行成本，并能维持各生化池处在稳定运行状态。反应池 MLSS 过低，各类微生物含量过少，将大大影响污染物的去除效率。在改良 AAO 工艺各构筑物容积以及其他运行参数不变的条件下，调节污泥回流比，调节的范围为 10%~200%，利用校正后的模型模拟出水 COD、氨氮、TN 与 TP。

随着污泥回流比不断增大，出水 COD 变化较小，表明污泥回流比对 COD 去除率影响不大。出水中的 COD 主要是溶解性不可降解有机物，在模拟中，该组分浓度基本不变，故出水 COD 波动不大。

出水氨氮随着污泥回流比的增大而减小。污泥回流比从 10% 升高为 30%，出水氨氮浓度下降了 13.66 mg/L，表明污泥回流比对氨氮的影响很大。回流污泥比增大，好氧池中的自养菌含量也会增多，由此大大增强了该工艺的硝化功能，增大氨氮去除率。污泥回流比从 40% 升高至 200% 的过程中，出水氨氮缓慢下降，主要是因为污泥回流比增大到一定程度时，异氧菌和硝化菌竞争反应池中的 DO，硝化作用受到限制，出水氨氮的下降速度变慢。

出水 TN 随着污泥回流比的增大而降低，当污泥回流比从 10% 升高为 30% 时，出水 TN 下降了 8.71 mg/L，表明污泥回流比对 TN 的影响也较大。在污泥回流比从 40% 升高为 200% 的过程中，出水 TN 下降的幅度不断变小，主要因为 TN 的去除是回流污泥中硝化菌和反硝化菌共同作用的结果，随着进入预缺氧池中回流污泥量的增加，反应池中的硝化作用和反硝化作用会大大增强，而较高的污泥浓度会造成废水中的碳源供不应求，可能会抑制反硝化作用，从而使 TN 的去除达到一定的水平后，很难再大幅度上升。

出水 TP 随污泥回流比的增大而升高。这是因为污泥回流比不断增大，回流至厌氧池中的总硝酸盐氮（污泥携带）的含量会增多，硝酸盐浓度过高，对释磷菌的释磷作用有消极影响。同时，好氧池中聚磷菌和异氧菌的含量随之增加，而它们对 DO 进行竞争，导致好氧池的 DO 供应不足，从而抑制聚磷菌对磷酸盐的吸收。另外，剩余污泥中含有大量聚磷菌吸收的磷，随着污泥回流比的增大，剩余污泥不能及时得到排放，导致回流污泥中的含磷量不断增加，出水 TP 缓慢上升。

从出水情况和能耗的角度来看，改良 AAO 工艺的污泥回流比控制在 30%~70% 为宜。

7.3.3.5 SRT

SRT 指活性污泥处理工艺系统中污泥停留一个周期所花费的时间。在活性污泥系统中，硝化菌和聚磷菌的世代周期是不一致的，前者较长，后者较短，所以系统 SRT 长能保证较好的脱氮效果。但是，系统的 SRT 越长，生物池的体积越大，占地面积越大，投资成本、运行成本也越高；而系统 SRT 较短，则不能满足系统内硝化菌的世代周期，出水氨氮和 TN 可能不达标。因此，通过构建改良 AAO 工艺来考察特定进水条件下工艺的最佳 SRT 是很有必要的。在改良 AAO 工艺各构筑物容积不变以及其他运行参数不变的条件下，调节 SRT，调节范围为 4~20 d，利用校正后的模型模拟出水 COD、氨氮、TN 与 TP。

出水 COD 随 SRT 的升高而增大，当 SRT 由 4 d 升高至 20 d 时， COD 由 23.52 mg/L 升高至 33.06 mg/L，出水 COD 变化幅度较小且始终满足一级 A 排放标准；COD 去除率由 92.31% 减少为 89.20%，但是去除率始终保持在一个较高水平，这表明系统 SRT 对出水

COD 的影响较小。

出水氨氮随 SRT 的升高而不断减少，当 SRT 由 4 d 升高至 7 d 时，出水氨氮和氨氮去除率的变化幅度较大，出水氨氮由 17.01 mg/L 下降至 1.05 mg/L，氨氮去除率由 15.03% 上升到 94.76%；当 SRT 为 6 d 时，出水氨氮小于 5 mg/L，达到一级 A 排放标准；在 SRT 由 7 d 升高至 20 d 的过程中，出水氨氮下降速度开始变缓。这主要是由于硝化菌的世代时间长，增大系统的污泥龄，生化池中硝化菌的数量会相应增多，污水中有更多的氨氮被氧化成硝酸盐，故出水氨氮浓度降低。

出水 TN 随 SRT 的上升而不断下降，当 SRT 由 4 d 升高至 7 d 时，出水 TN 和 TN 去除率的变化较大，出水 TN 由 17.72 mg/L 下降至 6.59 mg/L， TN 去除率由 31.05% 上升到 72.96%；当 SRT 为 5 d 时，出水 TN 小于 15 mg/L，达到一级 A 排放标准；在 SRT 由 7 d 升高至 20 d 的变化过程中，出水 TN 下降速度开始变缓。主要是因为随着污泥龄不断增加，生化池中反硝化菌的数量会相应增多，加大了对硝酸盐的反硝化作用，而污泥龄不断增大，受生化池体积、碳源不足等影响，反硝化作用被限制，出水 TN 难以进一步降低。

出水 TP 随着 SRT 增大而升高。当 SRT 为 5 d 时，出水 TP 大于 0.5 mg/L，已经不满足一级 A 排放标准；在 SRT 由 4 d 上升至 20 d 的过程中，出水 TP 和 TP 去除率的变化较大，出水 TP 由 0.47 mg/L 上升为 1.30 mg/L，TP 去除率由 76.38% 下降为 34.67%。这说明，污泥龄的变化对 TP 的去除影响很大，因为在改良 AAO 工艺系统中，硝化菌和聚磷菌为竞争关系，随着 SRT 的增大，世代周期长的硝化菌会成为优势菌，导致系统中聚磷菌的数量减少，除磷效果变差。此外，生物除磷的实现最终要靠排放富含磷的污泥来实现， SRT 越长，富含磷的污泥的排放量越少。另外， SRT 较长时，二沉池中的污泥含量高，在可利用的有机物缺乏和 DO 水平较低的情况下，容易发生释磷现象，会引起除磷效率的下降。

综合污水处理厂的投资成本和运行成本，该厂改良 AAO 工艺的 SRT 选为 8~12 d 较为合适。

7.3.3.6　HRT

HRT 是活性污泥工艺设计、运行控制中关键的参数之一，对系统的脱氮除磷效果有较大影响。HRT 值过小，污水停留在预缺氧池、厌氧池、缺氧池和好氧池的时间过短，会影响有机物氧化、反硝化去氮、厌氧释磷、反硝化除磷等生化反应，从而导致出水水质变差，同时系统的水力负荷也会较大；而 HRT 值过大，会增加各反应池的容积，从而增加污水厂的投资和运行成本，且易造成污泥膨胀。在确定改良 AAO 工艺各构筑物容积不变以及其他运行参数不变的条件下，调节 HRT，调节范围为 6~22 h，利用校正后的模型模拟出水 COD、氨氮、TN 与 TP。

在 HRT 由 6 h 升高至 22 h 的过程中，出水 COD 随 HRT 的增大而减小，出水 COD 由 68.68 mg/L 减少为 19.96 mg/L；COD 去除率随 HRT 的增大而增大， COD 去除率由 77.56% 增大为 93.48%；当 HRT 为 7 h 时，出水 COD 满足一级 A 排放标准。

在这一过程中，出水氨氮随 HRT 的增大而减小，出水氨氮由 15.57 mg/L 减少为 0.14 mg/L；氨氮去除率随 HRT 的增大而增大，氨氮去除率由 22.23% 增大为 99.30%；当 HRT 为 8 h 时，出水氨氮满足一级 A 排放标准。这表明系统 HRT 对出水氨氮有较大影响，若 HRT 值太小，可能导致自养菌没有充分的时间生长，硝化反应不能充分进行。HRT 由 15 h

逐渐上升为 22 h，氨氮的去除率由 99.05% 增长至 99.30%，几乎无变化，这说明 HRT 为 15 h 时，已达到系统最大的脱氮效率。

另外，在这个过程中，出水 TN 随 HRT 的增大而逐渐减小，出水 TN 由 17.54 mg/L 减少为 4.85 mg/L；TN 去除率随 HRT 的增大而增大，TN 去除率由 31.75% 增大为 81.13%；当 HRT 为 8 h 时，出水 TN 满足一级 A 排放标准，这表明系统 HRT 对出水 TN 有较大的影响。

出水 TP 随 HRT 的增大先减小后增大，HRT 由 6 h 升高至 9 h，出水 TP 由 1.42 mg/L 减少为 0.78 mg/L；HRT 由 9 h 升高至 22 h，出水 TP 由 0.78 mg/L 增大为 1.66 mg/L。这说明 HRT 对出水 TP 影响较大，较大的 HRT 有利于污水中 TP 的去除，但随 HRT 的增大，TP 去除率逐渐减小。这可能是因为系统的 HRT 值过大，硝化细菌与聚磷菌相互竞争生长，而聚磷菌的生存能力弱于硝化细菌从而死亡，降低了污水 TP 的去除率。

综上所述，为了保证系统有较好的除磷效果，HRT 值不宜过大，该厂改良 AAO 工艺的 HRT 值选为 8~12 h 较为合适。

7.4 基于 ASM3P 模型的内回流比模拟优化

7.4.1 内回流比控制方案

内回流即为混合液回流，是污水进入好氧池内，池中微生物发生氨化、硝化反应后所形成的硝化液。混合液需通过加压设备回流至缺氧池，其作用是使在好氧池中的反应生成物在反硝化细菌的作用下转变为氮气，随后从水中去除完成脱氮环节。内回流比的大小会对 AAO 过程中污染物的去除率产生很大影响，对含氮物质的作用尤为显著。如果内回流比过低，则会造成回流至缺氧池的硝化液中，硝酸盐和亚硝酸盐浓度过低，反硝化反应进行不彻底，从而导致出水 TN 升高。如果回流比过大，回流污水将携带大量氧气至缺氧池，破坏池中的低氧环境，导致反硝化细菌的生长环境发生改变，降低反硝化效率，TN 去除率也会下降。同时，内回流比增高导致回流泵的能耗增加，从而提高了污水处理厂的运营费用。

研究采用控制变量法，控制 AAO 工艺模型各构筑物尺寸以及其他工况运行参数恒定，将混合液内回流比作为唯一变量，利用校正后的模型模拟出水 COD、NH_4^+-N、TN 与 TP。将内回流比的调整范围设定为 50% ~ 300%，利用算法控制实现并行模拟。

7.4.2 内回流比控制效果分析

随着回流比的增加，模拟得到的出水 COD 没有显著变化。出水 COD 的变化范围为 23.07~21.89 mg/L，已经达到国家污水排放要求的 A 级排放标准，且最终 COD 去除率稳定在 88% 左右，说明回流对出水 COD 的影响较小。

分析内回流比对氨氮的影响，当内回流比由 50% 增加至 300% 时，出水氨氮随回流比的增加而降低，从 6.21 mg/L 降低到 1.13 mg/L，并且随着混合液回流比的增大，氨氮去除率从 69.69% 提高到 94.48%，这说明混合液回流比对出水氨氮有显著影响。

在内回流比从 25% 提高到 300% 的过程中，出水 TN 随回流比的增加而降低，从 20.53 mg/L 降低到 10.81 mg/L。TN 去除率随回流比的增加而增加，从 48.52% 增加到

74.89%,表明回流比对出水 TN 的影响很大。在回流比为 25% 的情况下,由于回流到氧化池中的混合液比例偏低,缺氧池的硝态氮含量低,使好氧池中的硝态氮难以被及时清除,从而使出水 TN 偏高。当内回流比由 200% 增大到 300% 时，出水 TN 的变化趋于平稳,这是因为废水中的碳源是固定的,一旦碳源耗竭,微生物缺少足够的营养物质推动反硝化反应将硝酸盐转化为氮气,因此脱氮效果出现不尽如人意的情况。

出水 TP 随内回流比的增加而增加,内回流比从 25% 提高到 300%,出水 TP 从 0.89 mg/L 增加到 1.89 mg/L。TP 去除率从 72.94% 降到 42.55%,表明内回流比对出水 TP 的影响较大。这是由于回流比持续增加,在混合液不断回流到缺氧池的过程中,聚磷菌随水流流入缺氧池,致使聚磷菌在好氧池中的数量持续减少,聚磷菌超量,吸附作用减弱,故出水 TP 浓度升高。

由此可看出,在 AAO 工艺中,内回流比对改善 AAO 工艺的出水质量起着至关重要的作用,其是 AAO 工艺的关键操作参数,对废水 COD、氨氮、TN 和 TP 的去除有直接影响。综合考虑污染物去除率和能耗,回流比选为 150%~200% 较为合适。

7.5　基于自适应模糊神经网络的溶解氧模拟优化

7.5.1　溶解氧浓度控制方案

在废水生化处理过程中,曝气所需的能耗占总能耗的 40%~50%,且好氧池中的 DO 含量直接影响出水水质。因此,废水处理主要是对好氧池 DO 进行控制。根据已有的文献,DO 基本采用恒定设定值(DO=2 mg/L)进行控制,出水水质难以保证且能耗大。构建 DO 智能优化控制系统的重点在于建立精确的 AAO 系统出水 COD 预测模型和 DO 控制模型,考虑到废水的生化处理系统具有非线性和滞后性的特征,并结合对 BP-ANN 软测量模型、GA-ANN 软测量模型和 ANFIS 软测量模型的研究分析,选用两个自适应模糊神经网络分别用于构建 COD 预测模型和 DO 控制模型。所设计的 DO 智能优化控制系统具体的控制方案执行过程如下:首先,由可在线监测的水力停留时间、进水 pH 值、好氧池溶解氧和混合液回流比四个参数作为输入变量建立 AAO 系统出水 COD 的 ANFIS 软测量模型,用于实时预测系统出水 COD;其次,将预测的 COD 值与期望的出水 COD 值进行比较,得到出水 COD 变化量和变化率 ,再以这两个变量作为输入变量,构建模糊神经网络控制器,计算出溶解氧浓度的变化量 ,用于修正当前的 DO 含量,从而实现 DO 的在线实时智能优化控制。

7.5.2　溶解氧浓度控制效果分析

对于 AAO 工艺的污水处理系统,其在厌氧段进行磷的释放和部分有机物的氨化,在缺氧段脱氮,在好氧段去除 COD、硝化和释放磷。随着 DO 的降低,内回流带入缺氧段的 DO 也较少,在缺氧段发生的反硝化反应将会变快。但随着 DO 的通入,好氧段内相关微生物的生物量显著提高,促进硝化过程的进行。采用 Sumo 软件建立简易的 AAO 模型,模拟结果显示:混合液回流比为 200% 时,随着 DO 提升,出水 COD 和出水 TP 的变化相对较小,表明该条件下 COD 和 TP 已经得到充分去除。对于 TN,其在 DO 为 1.95 g/m^3(以 O_2 计)时浓度最低，处理效果最好。而当 DO>1.95 g/m³（以 O_2 计）时，随着 DO 浓度升高，出水 TN 升高。相比于 TN，当 DO<1.95 g/m³（以 O_2 计）时，出水 NH_4^+-N 浓度急剧下降，而当 DO>1.95 g/m³（以 O_2 计）时，NH_4^+-N 浓度略有下降，但整体趋于稳定。这表明适度的 DO 会促进好氧段的硝化，从而促进 NH_4^+-N 的去除，但硝化过程存在一定的饱和值。但当 DO 达到饱和之后，硝化过程的提升不再明显。而过高的 DO 水平会在反硝化过程中影响厌氧环境，不利于反硝化过程的进行，从而导致 TN 的去除效果下降。

在考察 DO 智能优化控制系统控制效果的实验过程中，将进水 COD 控制在 700 mg/L，出水 COD 期望值设定在 70 mg/L。在其他条件不变的情况下，改变进水流量和混合液回流量，考察造纸废水经 AAO 废水处理系统之后的出水 COD 的变化。随着进水流量和混合液回流量的改变，DO 智能优化控制系统会根据 AAO 废水处理系统的运行状况计算出此时好氧池 DO 的控制值，以将出水 COD 控制在 70 mg/L 左右。从 MCGS 实时数据库中调用运行数据，当 HRT、进水 pH 值和混合液回流比均相同时，经过 DO 智能优化控制系统控制后，最终 DO 值分别为 2.5 mg/L 和 2.9 mg/L，仅相差 0.4 mg/L，说明该 DO 智能优化控制系统是成功的，可实现 DO 的自动优化调节，稳定出水水质。

参考文献

[1] 王琦玮. 基于 ASM3P 对 A²/O 工艺的模拟与优化 [D]. 昆明：昆明理工大学，2023.

[2] 张艳. 基于 ASM2D 模型对改良 A²/O 工艺的模拟与优化 [D]. 广州：广东工业大学，2018.

[3] 董姗燕，姚重华. 单级活性污泥过程数学模型 ASM2D 参数的灵敏度分析 [J]. 环境化学，2005，24（2）：129-133.

[4] 侯金良，康勇. 城市污水生物脱氮除磷技术的研究进展 [J]. 化工进展，2007，26（3）：366-370，376.

[5] 宋英琦，孙培德，王如意. 活性污泥系统生物场-水力场-温度场耦合模型（FCASM3-Hydro-Temp）Ⅱ：模型校验 [J]. 环境科学学报，2008，28（12）：2442-2448.

[6] 菊青，孙培德，王如意. 全耦合活性污泥模型（FCASM3）Ⅲ：AAO 工艺最佳运行工况数值模拟 [J]. 环境科学学报，2008，28（12）：2430-2437.

[7] 崔海. AAO 工艺-人工湿地处理城市污水系统模拟与优化调控 [D]. 哈尔滨：哈尔滨工业大学，2022.

[8] 刘琦. 基于 ASM2d 模型对分段进水 A²/O 工艺的模拟及优化 [D]. 沈阳：沈阳建筑大学，2019.

[9] 张帆，袁晓东. 小红门污水处理厂 A²/O 工艺优化运行研究 [J]. 给水排水，2009，35（9）：42-46.

[10] 梁嘉斌，尤世界，张梓萌，等. 低温条件下 AAO 工艺运行的数值模拟与优化分析 [J]. 给水排水，2021，47（12）：152-157.

第 8 章　污水处理间歇式活性污泥工艺模拟及优化

SBR 工艺是目前污水处理厂的热门生物污水处理工艺，其优势在于将好氧反应和缺氧反应通过时间进行划分，极大地节省了工艺占地面积。与 AO 工艺硝化液回流脱氮的方式类似，常规的 SBR 运行通过设置工艺进出水置换比，利用进水中的有机物还原上一周期尾水中的硝态氮。一些水质环境条件，如温度、pH 值、盐度、C/N 等都会影响系统的脱氮效率。SBR 系统的操作的关键步骤包括进水、反应、沉淀、排水和闲置，其基本工艺流程如下。

首先是进水阶段，可以分为静态进水、混合进水和曝气进水，根据系统需要进行相应操作；接着是反应阶段，此时停止进水，系统进行硝化和好氧吸磷过程；然后是沉淀阶段，活性污泥在静态条件下以絮状形态沉淀，实现泥水分离，确保水质；随后是排水，利用滗水器将沉淀后的上清液排出系统；最后是闲置阶段，根据控制策略和进水条件，此时系统处于排水和进水状态之间，部分底部污泥被排出系统。

8.1　基于模糊逻辑控制的 SBR 系统模拟

8.1.1　SBR1 反应阶段的模糊控制

8.1.1.1　SBR1 曝气量的模糊控制

在 SBR1 反应阶段，系统在好氧条件下去除大部分有机物。DO 是好氧处理过程中重要的控制参数，因为 DO 决定系统的处理效果及运行费用，而 DO 水平的高低主要受曝气量大小控制。为实现以 DO 为 SBR1 反应阶段曝气量的模糊控制参数，需要确定原水的有机物浓度、曝气量及 DO 之间的关系。

1）进水 COD 的影响

SBR 反应器进水混合后，废水的初始 COD 浓度分别为 710 mg/L、840 mg/L、1 060 mg/L、1 530 mg/L 和 1 780 mg/L，曝气量均为 0.6 m^3/h，SBR1 反应阶段平均 MLSS 为 2 000 mg/L。

对应于进水 COD 为 840 mg/L 的 DO 变化曲线，反应刚进行到 10 min 左右时，DO 就升到 3.7 mg/L，整个反应过程中 DO 都维持在 3~3.5 mg/L，这是曝气量过大所导致的。进水 COD 为 1 530 mg/L，反应进行到 10 min 左右时，DO 只有 1.3 mg/L，且整个反应过程 DO 都在 1 mg/L 左右的低水平。由此可见，当进水 COD 发生变化时，仍采用同一曝气量是不合理的。这是由于在同一曝气量下，不同的进水 COD 引起微生物耗氧速度的变化，从而带来初始 DO 值的显著差异。此外还发现，初始阶段（约 10 min）的 DO 从一定程度上可以反映后续过程中的 DO：初始 DO 较高，则后续 DO 较高；初始 DO 较低，则后续 DO 较低。虽然在后续反应过程中，DO 有所下降，但在初始 DO 适当的情况下，DO 下降的幅度较小。因此，将反应初始阶段的 DO 控制在合适的水平非常重要，这直接关系到后续反应过程对 DO 和曝气量的控制频率。

2）曝气量的影响

SBR1 反应器进水混合后，初始 COD 约为 1 530 mg/L，曝气量分别取 0.6 m³/h、1.0 m³/h 和 1.2 m³/h，反应过程平均 MLSS 为 2 000 mg/L。当曝气量为 0.6 m³/h 时，无论是反应初期（约 10 min）还是反应过程中，DO 都约为 1.0 mg/L，这种情况下，DO 已成为生化反应的限制因素，使反应时间延长，达到 160 min。将曝气量提高到 1.0 m³/h 后，反应过程中 DO 维持在 2.0 mg/L 左右，且有效地减少了反应时间，100 min 时反应结束，缩短了 60 min。但是，继续增大曝气量，提高反应过程中的 DO 水平，曝气量达到 1.2 m³/h 时，DO 增至 3 mg/L 左右，反应时间为 90 min，几乎没有缩短，却浪费了能量。这是因为在一定的 DO 范围内（小于 2 mg/L），DO 对生化反应速率的影响较大，随着 DO 的提高，有机物降解速率加快，反应时间减少。当超过此范围继续增大 DO 时，受 MLSS 限制，有机物降解速率不再提高，从而无法进一步缩短反应时间。由此可见，在适当的范围内提高 DO，可有效地缩短反应时间，节省能耗，避免低 DO 引起的污泥膨胀，这也正是根据不同进水 COD 调整曝气量的意义所在。同时，如前所述，初始阶段的 DO 依然可以反映后续过程中的 DO。

对相应进水混合后初始 COD 分别为 400 mg/L、600 mg/L、800 mg/L、1 000 mg/L、1 300 mg/L、1 600 mg/L 和 1 800 mg/L 条件下的曝气量以及该曝气量下的反应时间进行进一步研究，控制初始 DO 为 2~2.5 mg/L。之所以控制初始 DO 为 2~2.5 mg/L，是因为大量研究表明，系统在 DO 为 2 mg/L 左右的条件下运行最经济合理。研究表明，初始调节的曝气量越大，说明原水 COD 浓度越高，所需的反应时间也越长。不同原水 COD 在各自适宜的初始曝气量下运行，初始 DO 被控制在 2~2.5 mg/L，后续反应过程中不再调节曝气量。在反应初始阶段通过调节曝气量控制 DO 处于适当的范围，可以使后续反应过程中的 DO 维持在 2 mg/L 左右，从而说明初始阶段 DO 控制的重要性。

3）控制 DO 的意义

以 DO 作为 SBR1 曝气量的模糊控制参数有多重目的。首先，SBR 法的模糊控制主要有以下三大目标：一是实现计算机过程控制，使整个处理过程自动化、智能化；二是在保证出水水质的前提下，尽可能节约运行费用，通过合理控制曝气量和反应时间来降低能耗；三是避免因曝气量不足或反应时间过长引发的污泥膨胀现象，从而确保系统的稳定运行。基于前述的大量实验数据，选择在系统初始阶段在线检测 DO 值并将其作为 SBR1 曝气量的模糊控制参数。这种方法不仅能够及时调整系统内的 DO 水平，使其保持在合适的范围内，从而提高处理效率和效果，还能够最大限度地减少后续过程中对曝气量的频繁调节。这意味着，通过在初始阶段对 DO 进行精确控制，可以显著减少系统运行中的能量消耗和人工干预次数，进而达到节能降耗的目的。此外，这种控制策略有助于防止污泥膨胀，提高污水处理系统的整体稳定性和可靠性。总的来说，以 DO 作为 SBR1 曝气量的模糊控制参数，不仅有助于实现智能化的过程控制，还能在保证出水水质的同时，降低能耗和运行成本，避免潜在的运行风险，提高污水处理系统的效率和经济效益。

设定每一周期反应初始的曝气量均为 0.6 m³/h，以在线检测的 DO 值作为被控制变量，以曝气量的变化量（ΔU）为控制变量。在设计模糊控制系统时，以在线检测的 DO_i 与设定的 DO 标准浓度（记为 DO_s）的偏差 E_{DO_i}，作为模糊控制器的一个输入变量，然后确定采样周期。一个采样周期后，以该偏差 E_{DO_i} 的变化量 CE_{DO_i} 作为模糊控制器的另一个输入变量。

$$E_{DO_i} = DO_i - DO_s \quad i = 1, 2, 3, \cdots \tag{8-1}$$

$$CE_{DO_i} = E_{DO_i} - E_{DO_{i-1}} \quad i = 1, 2, 3, \cdots \tag{8-2}$$

式中：下标 i 表示第 i 次采样的相应数据；$E_{DO_{i-1}}$ 为第 i-1 次采样处理水 DO_i 的偏差。

根据这两个输入变量，经过模糊控制器的计算，进行判断与决策，将曝气量的变化量 ΔU 作为模糊控制系统的输出变量。确定了模糊控制器的输入与输出变量后，根据模糊控制理论按照以下步骤建立模糊控制系统。

（1）精确量的模糊化。将 DO 的偏差及偏差的变化量用模糊变量表示，即将被控制变量进行模糊化处理，得到模糊集合向量。

对误差 E_{DO}、误差变化 CE_{DO} 及控制量 ΔU 的模糊集及论域的定义如下：

CE_{DO} 和 ΔU 的模糊集 ce_{DO} 和 Δu 均为 {NB，NM，NS，O，PS，PM，PB}；

E_{DO} 的模糊集 e_{DO} 为 {NB，NM，NS，NO，PO，PS，PM，PB}。

上述模糊语言变量的意义如下：NB = Negative Big（负大），PB = Positive Big（正大），NM = Negative Medium（负中），PM = Positive Medium（正中），NS = Negative Small（负小），PS = Positive Small（正小），NO = Negative Zero（负零），PO = Positive Zero（正零），O = Zero（零）。

e_{DO} 和 ce_{DO} 的论域均为 {−6，−5，−4，−3，−2，−1，0，+1，+2，+3，+4，+5，+6}；

Δu 的论域为 { −7，−6，−5，−4，−3，−2，−1，0，+1，+2，+3，+4，+5，+6，+7}。

将所确定的连续检测的 DO 的偏差 E_{DO} 化为在 [−6，+6] 变化的离散的整型变量 XE_{DO}，即进行整型化处理。在此设定 DO 为 2.0 mg/L，这是相对于 COD 为 1 000 mg/L 左右，曝气量为 0.6 m^3/h，反应 9 min 左右时的 DO 水平。模糊变量误差 E_{DO}、误差变化 CE_{DO} 及控制量 ΔU 的模糊集和论域确定后，需确定模糊语言变量的隶属函数，即所谓能对模糊变量赋值，就是确定论域内元素对模糊语言变量的隶属度。上述论域上的模糊变量均假定为正态型模糊变量，其正态函数为

$$F(x) = \exp\left[-\left(\frac{x-a}{\sigma}\right)^2\right] \quad i = 1, 2, 3, \cdots \tag{8-3}$$

式中：x 为论域中的元素；a 为隶属度为 1 时 x 的值；σ 为隶属函数的范围。

此函数确定了隶属函数曲线的形状。将确定的隶属函数曲线离散化，就得到了有限个点上的隶属度，便构成了一个相应的模糊变量的模糊子集。偏差 E_{DO} 经整型化处理后变为离散的整型数 XE_{DO}，再经隶属函数曲线离散化处理后得到模糊变量 e_{DO} 的隶属函数赋值 $\mu_{E_{DO}}$。由式（8-3）确定的偏差变化量 CE_{DO} 和曝气量的变化量 ΔU 与偏差 E_{DO} 的数据处理方法相同，即进行整型化处理和隶属函数离散化处理，得到相应的隶属函数赋值 $\mu_{CE_{DO}}$ 和 $\mu_{\Delta U}$。

（2）建立模糊控制规则。在实验基础上，分析 DO 与有机物降解及曝气量之间的关系，建立以模糊语言表示的模糊控制推理的合成规则和模糊控制规则。

根据操作过程中可能遇到的各种情况和系统的运行数据，这是一组根据系统输出的误差及误差的变化趋势来消除误差的模糊控制规则。这些模糊控制规则可以用模糊条件语句

来描述，例如：

① if eDO =NB or NM and CEDO =NB or NM then Δu=PB or

② if eDO =NB or NM and CEDO =NS then Δu =PB or ⋯ ⋯

选取控制量的原则为：当误差大或较大时，选择控制量以尽快消除误差为主；而当误差较小时，选择控制量要注意防止超调，以系统的稳定性为主要出发点。例如，DO 误差及误差变化均为负大，表示 SBR 反应器内 DO 的水平很低，而且有进一步降低的趋势，如果不加以调整，势必造成反应时间过长或引起污泥膨胀，为尽快提高 DO 浓度，消除误差，必须增大曝气量，所以 Δu 取正大。当误差为负小，误差变化为正小时，系统本身具有消除误差的能力，可以不调整曝气量。

（3）模糊推理及其模糊量的非模糊化。在模糊控制规则的指导下，经过模糊决策后，得到 Δu。为了对被控制对象 SBR 处理系统施加精确的控制，还需要将 Δu 转化为可执行的精确量，即曝气量的变化量的准确量，这就是非模糊化处理过程。上述模糊控制规则所确定的每一条模糊条件语句都可以计算出相应的 Δu。计算出的控制量是一个模糊子集，不能直接应用于被控对象，必须经过非模糊化处理转化为精确量。通常采用的非模糊化方法中比较简单的一种是选择最大隶属度法，就是选取模糊子集中隶属度最大的元素作为控制量，但是这种方法虽然简单，却丢掉了一些有用信息。另外一种方法是加权平均法，这种方法可以充分利用模糊推理结果模糊子集提供的有用信息，可根据模糊控制器的设计需要，选取相应的非模糊化方法，得到模糊控制表，将其储存在计算机中，进行实时控制时，从表中查询所需的控制策略。

上述过程根据在线检测反应初期（8~10 min）的 DO 对曝气量进行调整。模糊控制的每一步都以前面的大量实验数据为基础。在正常情况下，反应初期将曝气量调整到合适的水平后，后续反应在此恒定曝气量下运行，DO 不会产生较大波动，直到反应结束时 DO 迅速大幅度升高，因此可以减少调控次数。但是，如果原水水质或微生物状态发生突变，反应初期的 DO 值不足以反映后续过程的 DO 水平，随着 COD 降解，DO 可能产生大幅度变化，超出正常水平，此时需要对曝气量进行再次调整，以保证正常的 DO 水平。调整的主要依据是在线监测的 DO 水平，同时也应该参考反应时间的长短，避免将反应结束时 DO 的大幅度升高当作反应过程中 DO 的波动。因为，在有机物达到难降解程度时，DO 迅速大幅度升高，这是停止曝气、结束反应阶段的信号。如果在反应过程中，频繁调整曝气量，势必使 DO 始终维持在 2.0 mg/L 左右，而不会发生 DO 迅速大幅度升高的现象，进而影响反应时间的控制。初始调节的曝气量越大，说明原水的 COD 越高，相应的反应时间也越长，反应时间与曝气量之间有一定的相关性。在初始阶段对曝气量进行调节后，便可粗略估计出大致的反应时间。距离反应结束大约 1 h 的时间范围内，不再对曝气量进行调节，这样可以避免对反应时间控制的干扰。

8.1.1.2 SBR1 曝气时间的模糊控制

在反应初期（10 min），使用上述模糊控制方法对曝气量进行调整，使后续反应过程中 DO 处于合适的水平。由于 SBR 法间歇运行的特点，当有机物达到难降解程度时，DO 迅速大幅度升高，在 10 min 内 DO 便可上升至 2.5 mg/L，反应结束时 DO 可升至 6 mg/L 左右。这一变化特点可用模糊语言变量加以描述，以此作为停止曝气的信号，用 DO 误差的大小和误差变化的快慢作为模糊控制器的两个输入变量。SBR 法处理化工废水的试验结果表明：当 DO 升高的幅度大于 2.5 mg/L，且 DO 的变化速度大于 0.20 mg/(L·min)时，应停止曝气，使反应结束，这是建立模糊控制规则的重要依据。

研究表明：当 SBR1 内有机物达到难降解程度时，DO 迅速大幅度升高，受 DO 变化的影响，ORP 也迅速大幅度升高，上升速度可达到 5 mV/min，是在此之前 ORP 上升速度的 4~6 倍。ORP 的这一变化特点也可以用模糊语言变量加以描述，将 ORP 随时间的变化率 CE_{ORP} 作为模糊控制器的另一个输入变量。而 ORP 的绝对值由于受温度、原水 pH 值、探头质量等因素的影响，当反应结束时，变化量不是很稳定，因此 ORP 的绝对偏差不作为输入变量。

在有机物降解过程中，DO 水平有时会出现上升。然而，这种上升的速度和幅度通常较小，不足以引起 ORP 的大幅度变化。只有在有机物降解结束时，DO 水平才会迅速且显著地上升，从而导致 ORP 发生明显变化。因此，在控制系统中，单独以 DO 作为模糊控制器的输入变量可能无法准确反映有机物降解过程的进展。为了提高 SBR1 曝气时间的控制精度和可靠性，可以在已有的以 DO 作为模糊控制器输入变量的基础上，引入另一个输入变量。这个新的输入变量可以是有机物降解过程中的其他关键参数，如 pH 值、氨氮水平或硝酸盐水平等。通过综合考虑多个输入变量，模糊控制器能够更加准确地评估反应器内的生化反应状态，从而对曝气时间更精确地进行控制。这种多变量模糊控制策略的优势在于，它能够捕捉到有机物降解过程中各参数的细微变化，提供更为全面和准确的系统反馈。例如，当 DO 水平上升但未引起 ORP 显著变化时，新的输入变量可以提供补充信息，使控制系统更好地判断有机物是否完全降解。此外，这种策略还可以减少控制过程中的不确定性和误差，提高系统运行的稳定性和处理效率。由于 DO 和 ORP 在反应结束时始终在升高，E_{DO}、CE_{DO} 和 CE_{ORP} 均为正，可以简化对 E_{DO}、CE_{DO} 和 CE_{ORP} 及 Δu 的模糊集及论域的定义：

E_{DO}、CE_{DO} 和 CE_{ORP} 的模糊集 e_{DO}、ce_{DO} 和 ce_{ORP} 均为 {PS，PM，PB}；

e_{DO}、ce_{DO} 和 ce_{ORP} 的论域均为 {1，2，3，4，5，6}。

而对 Δu（曝气量）而言，只有两种选择，一种是维持原来的曝气量不变，继续等待，另一种是立即停止曝气，不存在改变曝气量大小的问题。DO 的设定值取 2.0 mg/L，对输入变量 E_{DO}、CE_{DO} 进行模糊化处理，当 e_{DO} 为 PB，且 ce_{ORP} 为 PB，ce_{DO} 为 PM 或 PB，即 ORP 迅速大幅度升高，DO 升高到最大值，DO 上升速度也趋于最大时，认为有机物降解结束，停止曝气。当 ce_{ORP} 为 PM，且 e_{DO}、ce_{DO} 均为 PB，即 DO 已迅速大幅度升高，ORP 也开始大幅度升高时，也认为有机物降解结束，停止曝气。当 e_{DO} 为 PS 或 PM 时，无论 DO 的变化速率如何，均维持原有的曝气量，避免因曝气时间不够而使出水达不到排放标准。

将 DO 和 ORP 联合作为 SBR1 反应阶段好氧反应时间的模糊控制参数，可有效避免因 SBR1 反应时间不足，SBR1 出水 COD 过高，造成 SBR2 硝化反应速率降低，硝化菌比例减少；也可避免因 SBR1 反应时间过长而浪费能耗或 SBR1 内发生污泥膨胀。采取上述模糊控制策略，可使 SBR1 反应时间的控制准确可靠，而 SBR1 反应时间的控制是保证两阶段反应器内微生物组成不被破坏而使两阶段 SBR 系统长期稳定运行的关键。

8.1.2 SBR2 反应阶段的模糊控制

8.1.2.1 SBR2 硝化时间的模糊控制

SBR2 好氧阶段主要发生硝化反应，好氧曝气时间的控制也就是硝化反应时间的控制。研究发现 DO 在硝化过程中缓慢攀升，当氨氮基本耗尽时，DO 升高的速度增大，可以达到 0.15~0.2 mg/(L·min)，DO 值可升到 5 mg/L 左右。pH 值在硝化过程中由于碱度消耗而缓慢下降，当氨氮被耗尽后，继续曝气，pH 值开始上升，上升速度为 0.02~0.03 min^{-1}。ORP 在硝化过程中缓慢攀升，硝化结束时趋于平稳，对硝化时间的指示作用不是很明显。因此，选择 pH 值和 DO 作为 SBR2 硝化反应时间的控制参数。pH 值和 DO 的变化特点可以用模糊语言变量加以描述，选择 DO 的绝对值 E_{DO}、DO 的变化率 CE_{DO} 和 pH 值的变化率 CE_{pH} 作为模糊控制器的输入变量。控制量，即 Δu 只有两种选择：一是维持原来的曝气量不变，继续等待；二是停止曝气。停止曝气又分为两种情况：一种是氨氮彻底耗尽，硝化反应结束；另一种是由于碱度不足，硝化反应停止，氨氮仍有剩余。

由于 DO 始终在升高，E_{DO} 和 CE_{DO} 均为正。

E_{DO} 和 CE_{DO} 的模糊集 e_{DO} 和 ce_{DO} 均为 {PS,PM,PB}；e_{DO} 和 ce_{DO} 的论域为 {1,2,3,4,5,6}。

pH 值的变化率由负变正，因此 CE_{pH} 的模糊集 ce_{pH} 定义为 {NB, NS, NO, PO, PS, PB}；ce_{pH} 的论域为 {-4,-3,-2,-1,0,+1,+2,+3,+4}。

当 ce_{pH} 为 PB 且 e_{DO} 也为 PB 时，不管 DO 的变化率如何，氨氮已经耗尽，可以停止曝气。如果 ce_{pH} 为 PS，但 e_{DO} 和 ce_{DO} 均为 PB 时，说明氨氮已耗尽，也可以停止曝气，这是由于系统内剩余碱度较少，pH 值上升速率较慢，但 pH 值升高仍然可以说明氨氮已耗尽。如果 e_{DO} 和 ce_{DO} 均为 PB，而 ce_{pH} 仍为 NO 或 PO，说明因系统内碱度不足，硝化反应基本停止，DO 迅速大幅度升高，pH 值则降到较低值趋于稳定，没有发生升高现象。此时，若继续曝气，已没有意义，应该停止曝气或补充碱度后再继续曝气。采取上述模糊控制规则，即可以实时控制 SBR2 的曝气时间，也可以判断硝化过程中碱度是否充足，氨氮是否耗尽。

8.1.2.2 SBR2 反硝化时间的模糊控制

反硝化需要碳源，而原水中的易降解有机物在 SBR1 和 SBR2 的好氧阶段基本被耗尽，因此，在反硝化开始时需投加碳源。以高浓度原水作为碳源，投加碳源的量可根据 SBR2 硝化反应的时间近似估计。硝化反应时间越长，产生的硝态氮浓度越高，反硝化需要的碳源也越多。

研究表明，在反硝化过程中 ORP 下降。当硝酸盐被耗尽时，ORP 迅速大幅度下降，下降速度为 20~25 mV/min，下降到 −250~ −200 mV，ORP 曲线上出现硝酸盐拐点。pH 值在反硝化过程中升高，当硝酸盐耗尽时趋于平稳，pH 值稳定在 8~8.5，若延长搅拌时间，pH 值有下降趋势。pH 值和 ORP 可以联合作为 SBR2 反硝化时间的控制参数，并且 pH 值和 ORP 的变化可以用模糊语言变量描述。选择 ORP 的绝对值 E_{ORP}、ORP 的变化率 CE_{ORP} 和 pH 值的变化率 CE_{pH} 作为模糊控制器的输入变量。由于 ORP 始终在下降，E_{ORP} 和 CE_{ORP} 均为负，因此定义：

E_{ORP} 的模糊集 e_{ORP} 为 {NB,NM,NS}；

CE_{ORP} 的模糊集 ce_{ORP} 为 {NB,NM,NS,NO}；

CE_{pH} 的模糊集 ce_{pH} 为 {NB,NM,NS,O,PS,PM,PB}；

e_{ORP} 的论域为 { -6, -5, -4, -3, -2, -1}；

ce_{ORP} 的论域为 { -6, -5, -4, -3, -2, -1,0}；

ce_{pH} 的论域为 {-6,-5,-4,-3,-2,-1,0,+1,+2,+3,+4,+5,+6}。

对于 Δu 而言，只有两种选择：一是继续搅拌；二是停止搅拌。停止搅拌又分为两种情况：一种是硝态氮完全耗尽，反硝化结束；另一种是碳源不足使反硝化受抑制，硝态氮仍有剩余。当 e_{ORP} 和 ce_{ORP} 均为 NB，而且 ce_{pH} 为 NS、O 或 PS 时，表明硝态氮耗尽，停止搅拌。其中，ce_{pH} 为 NS 表明厌氧产酸发酵开始，引起 pH 值略有下降；ce_{pH} 为 O 表明反硝化恰好结束，pH 值趋于稳定；ce_{pH} 为 PS 表明虽然混合液中已没有硝态氮，且 ORP 已迅速大幅度下降，但反硝化菌吸附了少部分硝态氮，反硝化仍在进行，使 pH 值略有升高。当 ce_{pH} 为 NS，且 e_{ORP} 为 NM，ce_{ORP} 为 NB 时，也表明反硝化彻底结束，可以停止搅拌。虽然此时 e_{ORP} 没有达到 NB，但是已开始迅速大幅度下降，即 ce_{ORP} 为 NB，且 pH 值已略有下降，表明厌氧发酵开始，硝态氮已被耗尽。当 ce_{ORP} 为 NO，且 ce_{PH} 为 PS 或 O，不管 e_{ORP} 为何种状态，均表明系统内碳源不足，反硝化受抑制，硝态氮仍有剩余。此时若继续搅拌，反硝化速率极低，没有意义，因此停止搅拌，或补充碳源后继续搅拌。而 ce_{pH} 为 NM 或 NB 的情况，是由于反硝化开始时投加原化工废水为碳源，化工废水呈酸性引起 pH 值的快速下降，其下降速度明显快于反硝化彻底结束时厌氧产酸发酵引起的 pH 值下降，产酸发酵引起的 pH 值下降只能达到 NS，这是两者的区别。采取上述模糊控制规则，不仅可以根据原水水质实时控制反硝化时间，而且可以判断反硝化过程中碳源是否充足，硝态氮是否被耗尽。

8.2　基于学习和优化的智能控制的 SBR 工艺模拟

为了提高 SBR 工艺的处理效率和稳定性，基于学习和优化的智能控制方法应运而生。这些方法通过引入人工智能技术，特别是神经网络、遗传算法和混合智能算法，如自适应模糊推理系统，为 SBR 工艺的模拟与优化提供了全新的解决方案。

8.2.1　基于 BP 神经网络的 SBR 工艺模拟

神经网络是在模拟人脑神经系统的基础上所构建的一种信息处理网络，其特点是在数据处理过程中具有并行性、分布性和自适应性，因而在解决高度非线性和不确定性的问题时，它比模糊逻辑更具实用价值。污水处理系统存在复杂性、多变量、非线性等问题，导致无法获得实际处理过程的精确数学模型。因此，利用神经网络预测污水参数的变化很有意义。

目前，神经网络的硬件实现有三种方法：超大规模集成电路（very large scale integration，VLSI）实现、光学实现以及分子/化学实现。用现场可编门阵列（FPGA）实现神经网络属于数字 VLSI 实现方式，是目前比较成功的方式。FPGA 非常适合并行计算，并且 FPGA 还可以嵌入软核，实现中央处理单元（CPU）和数字信号处理器（DSP）的功能，是实现神经网络的理想工具。在 FPGA NIOS II 软核上实现的多层前馈神经网络，使网络更加灵活，提高了神经网络的运行速度。假设样本有五项。每组数据从左到右分别是进水 COD、初始 DO、初始 MLSS、所需的曝气量和所需的曝气时间。

（1）若进水 COD 高，则在同一 MLSS 条件下，所需的曝气量大。进水 COD 高，则浓度梯度大，反应速率快，有机物降解 OUR 高，由于曝气量恒定，反应进行 10 min 消耗的氧量也多，反映出的 DO 值就低。10 min 之后，进水 COD 高的体系与进水 COD 低的体系相比，有机物浓度仍然较高，因此其 OUR 仍然很高，要维持 DO 值在 2.0 mg/L 左右，在整个过程中需要补充的氧量也就多，反映出曝气量大。由于调节曝气量，不同进水 COD 情况下反应速率不一样，因此反应时间变化不大。在 MLSS 为 2 000 mg/L 时，进水 COD 浓度为 1 200 mg/L 所需的曝气时间与进水 COD 浓度为 400 mg/L 所需的曝气时间相比，仅增加 20 min，变幅为 0.025 min/（mg/L）。

（2）初始 MLSS 的影响规律与 COD 不完全一样。对于初始 MLSS 高的体系，初始 DO 值低，所需的曝气量多，而曝气时间少。这是因为初始阶段有机物充分，MLSS 高则反应速率也高，其 OUR 也就高，致使初始 DO 值低，而且要维持 DO 在 2.0 mg/L 左右所需的曝气量也大。在整个反应过程中 MLSS 的变化与 COD 的变化不同——在整个反应过程中 COD 逐渐减小，而 MLSS 则相反。虽然在 SBR 工艺中 MLSS 的增加量不是很多，但它使反应速率逐渐提高。因此，在同一进水 COD 条件下，MLSS 高的反应体系所需的反应时间短。

（3）当进水 COD 相同（或者初始 MLSS 相同）时，初始 DO 值高，则所需的曝气量小，曝气时间长。当曝气量恒定时，初始 DO 值由初始阶段反应体系内的反应速率决定。反应速率低则 DO 值高，反映出初始 MLSS 低（或者进水 COD 浓度低）。

拟选用 3 层 BP 神经网络，即只有一个隐藏层。网络的输入神经元数为 3，输出神经元数为 2，隐藏层的神经元数目待进一步确定。由于样本数目不多，按前面的训练算法分析，选用 Levenberg-Marquardt 或者拟牛顿算法比较合适。在 MATLAB 软件中调整用于验证的数据的比例。根据经验公式，拟选隐藏层的神经元数目为 7。MATLAB 2013a 神经网络工具箱用 net.trainFcn = 'trainbfg' 来选择训练算法。训练算法函数可以用 help nntrain 查看，在 Mathworks 公司的官方主页上查询。如果是用 feedforwardnet 函数建立的网络，那么它的调用格式是 feedforwardnet(10，'trainbfg')，小括号中的“10”是隐藏层的神经元数目，后面的“trainbfg”是 trainFcn 的具体函数形式，默认是 trainlm。经过多次验证，确定最终使用网络结构为 3-8-2 的 LM 算法。[隐藏层的神经元数目设置为 8 比较合适，隐藏神经元数目为 7 时，容易产生多次有效性检查（validation checks）]。激活函数无须调整，默认设置已经取得了比较好的训练效果。在 LM 算法下，仅 8 次就完成了训练，出现了 3 次 validation checks。训练效果较好，无明显偏差，test 样本的偏差可能是受到了原数据的影响。用 help network 命令可以看到，查看 MATLAB 软件的神经网络工具箱中的权值和偏置的相关参数有 3 个：net.IW、net.LW 和 net.b。其中，net.IW 是输入层到隐藏层的权值向量，net.LW 是隐藏层到输出层的权值向量，net.b 是偏置向量。getwb(net) 可以将网络的权值和偏置保存为单个向量。当网络训练达到理想效果时，可以使用 save name net 的形式将网络保存在工作目录下，所保存的网络文件名为 name.mat。load name net 用于读入保存好的网络，使用 sim(net, name)

即可调用网络。

8.2.2　基于仿人智能控制的 SBR 工艺模拟

在 SBR 最为重要的反应工序阶段中，污染物降解是借助生物化学反应作用完成的，微生物生长与污水中 DO 含量直接相关，因此 DO 控制直接影响污水处理品质。城市污水处理过程易受污水水质和水量变化的影响，因此其是一类具有不确定性、多变量、时变性、非线性、大惯性及大滞后的复杂过程，难以实现精确控制，其控制难点在于，过程控制策略与过程控制论特性的严重失配。仿人智能控制（human-simulated intelligence control，HSIC）具有结构简单、鲁棒性强、响应快速等优势，其在污水处理中的可行性和有效性已经得到了验证。

HSIC 控制算法研究的对象是控制器如何模拟专家的控制结构和控制行为，基于仿人智能模态基元，以产生式规则描述控制行为，可利用特征模型、特征辨识、特征记忆等智能属性，直接采用启发式思考和直觉推理方式模拟整个控制过程，借助产生式规则“If 条件，Then 操作”描述整个过程的控制行为，基于过程误差特征辨识确定控制模态，最终构造出与过程控制论特性相匹配的控制算法。

HSIC 控制过程模型如图 8-1 所示，$r(t)$和$y(t)$分别为过程输入与过程输出，$e(t)$和$U(t)$分别表示过程误差和控制器输出。相平面则表征过程误差变化的特征。用$\dot{e}$表示过程误差变化率。当$e\cdot\dot{e}>0$或者$e=0$且$\dot{e}\neq 0$时，e的绝对值呈现增大趋势；当$e\cdot\dot{e}<0$或者$\dot{e}=0$时，e的绝对值呈现减小趋势，并且过程误差随着时间的变化而趋于回到零点。由此可见，当$e\cdot\dot{e}>0$或者$e=0$且$\dot{e}\neq 0$时，选比例控制模式是可取的；当$e\cdot\dot{e}<0$或者$\dot{e}=0$时，选保持模式是可取的。

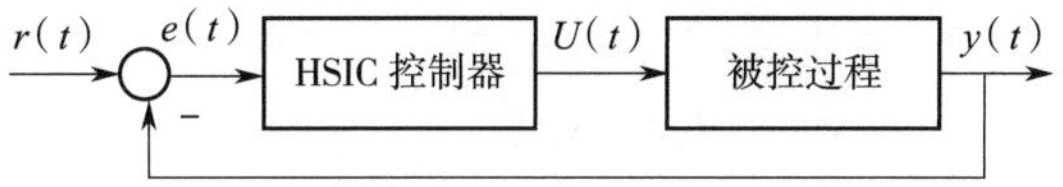

图 8-1　HSIC 控制过程模型

总结前述分析，HSIC 的原型基本控制算法可以归纳为

$$U=\begin{cases} K_{\mathrm{p}}\cdot e+k\cdot K_{\mathrm{p}}\cdot\sum\limits_{i=1}^{n-1}e_{m,j}, & e\cdot\dot{e}>0\text{或}e=0\text{且}\dot{e}\neq 0 \\ k\cdot K_{\mathrm{p}}\cdot\sum\limits_{i=1}^{n}e_{m,j}, & e\cdot\dot{e}<0\text{或}\dot{e}=0 \end{cases} \tag{8-4}$$

式中：$e_{m,j}$为误差最大值的第j次峰值；$\dot{e}$为误差变化率；k为抑制系数；K_{p}为比例系数；U为控制器输出。

该算法的特征是，针对不同误差模态，采取不同控制模态，以开、闭环相互交替控制的方式实现对被控对象的双模态控制。事实上，按照上述方法，在融入专家知识、实践经验和操作者的调整技巧、技能与智慧后，采用产生式规则可以构造出各种各样的适合过程控制论特性的多模态 HSIC 控制算法。上述算法中只有k和K_{p}两个控制参数，参数优化相对比较简单，在工程中一般可凭借控制经验采用人工方法整定。但是，对于多模态控制算法，由于控制参数繁多，采用人工方法难于整定出优化控制参数，因此必须研究控制参数优化整定的方法。

粒子群优化（PSO）是一种随机全局优化搜索算法，收敛速度快，通用性强，但也存在搜索精度低、早熟收敛、后期迭代效率低等不足。GAPSO 算法的基本思路为：基于 GA 算法易于进行交叉变异运算，提高对广泛空间的搜索能力，从而高效地搜索出全局最优解。在迭代过程中，GAPSO 可借助遗传交叉算子操作增加粒子的多样性，从而加快粒子的收敛速度，避免局部最优的早熟现象。此外，鉴于全局和局部的搜索能力是由惯性权重 W 决定的，为改善原始算法的收敛性能，可以采用非线性递减方式实现惯性权重，于是惯性权重为

$$W_i=(W_{\text{start}}-W_{\text{end}})\left(\frac{t_i}{t_{\max}}\right)^2+(W_{\text{start}}-W_{\text{end}})\left(\frac{2\cdot t_i}{t_{\max}}\right)+W_{\text{start}} \tag{8-5}$$

式中：t_i、$t_{\max}$ 分别为当前的迭代次数和群体最大迭代次数；W_{start}、W_{end} 分别为初始惯性权重和终点惯性权重。

可见，在迭代中，惯性权重系数非线性递减，因此可获得均衡的全局和局部搜寻能力。

GAPSO 算法的步骤如下。

步骤 1：初始化粒子群，包括在空间 R^n 上随机产生 m 个粒子，设定搜索空间维度 n、粒子群的种群大小 m、学习因子 c_1 与 c_2、惯性权重系数 W_{start} 和 W_{end}、最大迭代次数 $t_{\max}$、当前迭代次数 t_i、编码方式，形成种群矩阵和粒子速度变化矩阵。

步骤 2：更新惯性权重系数，计算每个粒子的适应度 $F(X_i)$。

步骤 3：进行遗传操作产生下一代粒子。

步骤 4：更新粒子个体极值。

步骤 5：更新种群全局极值。

步骤 6：产生新种群 $X(t+1)$。

步骤 7：满足设定条件，则停止搜索，输出结果。

为比较控制效果，设计了如下两种控制算法。

算法 1：

$$\begin{cases}u=\operatorname{sgn}(e)\cdot U, & |e|>E\\ u=K_\text{P}e+K_\text{I}\int_0^t e\mathrm{d}t+K_\text{D}\dot{e}, & |e|\leqslant E\end{cases} \tag{8-6}$$

算法 2：

$$\begin{cases}u=\operatorname{sgn}(e)\cdot U, & |e|>E_1\\ u=K_\text{P1}e+K_\text{D1}\dot{e}, & |e|<E_1\text{且}|\dot{e}|\geqslant E_2\\ u=K_\text{P2}e+K_\text{D2}\dot{e}, & |e|<E_2\text{且}|\dot{e}|\geqslant E_1\\ u=K_\text{P3}e+K_\text{D3}\dot{e}, & |e|<E_2\text{且}|\dot{e}|<E_1\text{且}|e|>E_3\text{且}|\dot{e}|>E_2\\ u=u_{n-1}, & |e|\leqslant E_3\text{且}|\dot{e}|\leqslant \dot{E}_2\end{cases} \tag{8-7}$$

式中：e 为特征模型中误差特征阈值；K_P、K_I、K_D 由 GAPSO 算法获得；U 根据经验确定；e、$\dot{e}$ 分别为误差及其变化率的特征阈值；K_P1、K_D1、K_P2、K_D2、K_P3 和 K_D3 分别为待整定的控制参数，由 GAPSO 算法获得。

显然算法 1 为改进的 PID 控制算法，算法 2 为多模态 HSIC 控制算法，为获得良好的动态特性，最优目标函数选为

$$J=W_1\int_0^t[|e(t)|+u^2(t)]\mathrm{d}t+W_2\sigma \tag{8-8}$$

式中：W_1、W_2为权值；σ为超调。

为了便于比较控制效果，实验仿真以溶解氧控制的改进模型 $G(s)=7.812\,5e^{-20s}/(74s+1)$ 为例。控制参数的选择基于 GAPSO 算法，设 W_{start} 和 W_{end} 分别为 1.2 和 0.4，学习因子 $c_1=c_2=1.2$，最大粒子群数为 50，最大迭代次数为 500，遗传交叉因子为 0.7，变异操作采用初始化方式，在 MATLAB 环境下对两种算法的控制参数进行优化。优化结果为：算法 1 的控制参数 K_P、K_I 和 K_D 分别为 0.398 4、0.001 7 和 3.240 2；算法 2 的控制参数 K_{P1}、K_{D1}、K_{P2}、K_{D2}、K_{P3} 和 K_{D3} 分别为 6.339 5、8.854、−6.706 5、0.148 14、26.468 和 3.053 0。

仿真过程控制采用单位阶跃输入，分析对比响应曲线可知，算法 1 和算法 2 均可使 DO 水平达到稳定状态，并且稳定值都保持在 2 mg/L。算法 1 存在超调与振荡，并不可取；算法 2 不存在超调与振荡，有更好的控制品质，显然更适合应用于污水处理过程。考察外部扰动对过程的影响，可从分析控制算法的抗干扰性能着手。假设两种控制算法均在 t=100 s 时施加扰动脉冲，其幅度为 0.5，宽度为 10 s。对比两种算法的仿真响应曲线可知，曲线均有超调产生，但算法 1 的超调与振荡幅度大，振荡频率比较高，算法 2 的抗干扰性能更好。考虑过程内部参数扰动对过程的影响，可对控制算法进行鲁棒性分析。如果是强鲁棒性的，那么该控制算法就是可取的。当时间常数由 T=74 s 变为 T=150 s 时，算法 1 明显有大幅度超调，并且达到稳定状态的调节时间长；算法 2 没有产生超调，过程响应非常平稳，对过程的控制作用是明显的。因此，算法 2 表现出很强的鲁棒性。当时延参数由 τ=10 变为 τ=50，算法 1 产生大幅度超调，并产生强烈的振荡，振荡频率高，过程根本不可能达到期望的稳定状态，因此算法 1 在这种情况下是绝对不能用于过程控制的；算法 2 无超调产生，过程响应非常平稳，对过程的控制作用是明显的，即使在时延参数增大至 5 倍的情况下，算法 2 仍然表现出了非常强的鲁棒性与优秀的控制品质，在控制工程中，这是非常可贵的。在原过程模型中增加一个惯性环节，其过程模型变为 $G_1(s)=7.812\,5e^{-20s}/(74s+1)(5s+1)$，这时控制算法 2 比控制算法 1 有更好的控制品质，过程响应平稳，响应上升时间快，调节时间短，可以比较快地达到稳定状态；控制算法 1 产生严重超调，并且出现振荡现象，是不可取的。

通过分析实验数据可知，算法 2 在各种条件下表现出更优的控制品质。首先，在没有任何内外扰动的情况下，算法 2 的响应曲线平稳，不存在超调和振荡，相较于算法 1，显示了更好的控制性能。在外部脉冲干扰下，算法 2 表现出强大的抗脉冲干扰能力，能够有效应对外部干扰并保持系统稳定；相反，算法 1 在相同条件下则表现不佳。当时间常数 t 增加一倍左右时，算法 2 的响应只是调整时间增加，但其稳态性能未受到影响，依然保持良好的控制品质。而算法 1 在此情况下出现了较大的超调，无法维持稳定的控制效果。进一步，当过程时延参数增大至 5 倍时，算法 2 虽然增加了过程响应时延，但仍能保持较好的控制品质，而算法 1 则完全失去了对过程的控制能力。最后，在原过程中加入一个惯性环节后，尽管算法 1 和算法 2 均能实现稳态控制，但算法 1 存在超调现象，而算法 2 在过程响应时间、调节时间和平稳性方面均表现优异，显示出更可靠的控制性能。综合来看，算法 2 在各种测试条件下均优于算法 1，表现出更好的稳定性和抗干扰能力，适用于更复杂的控制环境。综上，算法 2 可快速、准确地实现对污水处理过程的稳态控制，并表现出了良好的控制品质。

8.3 智能化 SBR 污水处理系统的设计与实现

8.3.1 SBR 工艺自动控制系统的常用形式

从整体使用情况来讲,国内大多数污水处理厂站使用的计算机自控系统可以分为以下四种。

1)计算机(PC)- 可编程控制器(PLC)系统

顾名思义, PC-PLC 系统由两部分组成:一是计算机(PC),它主要用于构成中央控制室的工程师站和操作员站;二是可编程控制器(PLC),它构成多个分控站并通过网络与 PC 实现可靠联接。PC-PLC 系统的主要性能表现在实时多任务集散型网络控制系统,实现分散控制、集中管理,能实时监控各个生产过程,能自动进行各项参数和数据的统计和处理,有较强的数据处理能力,系统性能较好且稳定,开发方便简洁,操作、维护简单,应用较为灵活。

PC-PLC 系统的具体优势为:①开发周期较短,编程不复杂且易于维护; ②组网非常方便,有较高的可靠性,增减 PLC 很容易,能够快捷方便地实现网络扩展功能,硬件配置和调整非常简洁方便; ③系统实行分散控制、集中管理,实行分级分布式控制,有很好的系统安全性; ④直接与现场工业信号连接,可快速完成机电一体化。

2)分布式控制系统(distributed control system, DSC)

DCS 又被称作集散式控制系统,它是由微机和现场的各种终端相互连接组成的。该系统可发挥集中操作、分散控制的综合作用,使用网络实现工程师站、操作员站、检测站和各个控制站的互联,以实现控制目标。该系统所使用的技术包括微机技术、网络通信技术、测控技术、图形技术、显示技术、信号技术和人机接口技术等。它能增强生产过程的管理和自动控制水平,能被用来实现各种过程生产,特别是对过程生产的连续性控制更好。

DCS 的优点为: ①响应较快,具有实时功能,软件和硬件资源非常多,可适应各种要求甚至特殊要求; ②实行了真正意义上的现场分散控制,使得危险性被分散较低,提高了运行稳定性和安全性; ③通过网络实行各种横向以及纵向通信,系统扩展十分方便; ④使用分级分布式控制方法,使各个子系统运行各自的控制程序,传输现场的各种信息,降低了系统总信息量的传输,使系统应用程序变得简单。

DCS 的缺点为:系统开发的周期较长,软件编程工作活多且量大,对工作人员水平要求较高。

3)监视控制和数据采集(supervisory control and data acquisition, SCADA)系统

SCADA 系统由多个远程终端(RTU)与一个主控(MTU)组成,使用数据链路层和物理链路层实现 RTU 与 MTU 的相互联系。SCADA 系统是以计算机为基础的 DCS 与电力自动化监控系统,能够实现生产过程控制与调度自动化,应用领域较广,在石油、电力、冶金以及化工等领域较为常用,能够实现过程控制、数据采集和监视控制等许多功能。尤其是在远动系统中更有优势,能够实现对现场各种设备的操作控制以及状态监视,具有设备控制、采集数据及测量、调节参数以及各种信号和报警等功能。该系统能较好地完成顺序和连续控制,有较好的通信联网功能,能较好地适配现场分布较大的情况。

SCADA 系统的优点为：①能够实现与其他系统的广泛集成；②能够实现综合自动化，能够面向对象技术、Internet 技术、JAVA 技术；③适用于专家系统、模糊决策、神经网络等新技术的研究与应用。

SCADA 系统的缺点为：系统实时性较差，无法实现大规模和复杂的控制功能。

4）现场总线控制系统（filedbus control system，FCS）系统

FCS 由 PLC 和 DCS 发展而来，该系统不仅具备 PLC 和 DCS 的优点，并且迈出了具有革命性的关键一步。它的底层网络是现场总线，其自控系统的基础为现场总线，其自控系统的网络由网络集成实现，远程工业微机和现场智能设备之间的联系以及现场智能设备之间的联系通过规范和公开的通信协议实现，进行信息交换以及数据传输。该系统实现了现场设备和自控设备双向数字通信现场的总线信号控制，它的综合自动控制系统是管理控制的一体化。FCS 以现场数字智能设备为基础，它把集中控制站改为虚拟的分散的控制站。

FCS 系统的优点为：①工控机兼容计算机，借助计算机可获得较为丰富的软硬件资源；②具有实时性，响应快；③网络通信变量及节点较多，可进行数字的串行信息传输；④系统网络可以实现各个不同厂商的产品的相互连接。

8.3.2　SBR 处理技术对自控系统的要求及选择

污水处理过程十分复杂，为实现安全、稳定、长周期、高效率运行，管理工作必须由一个现代化的综合管理与智能监控系统完成。现今我国大部分的污废水处理系统一般都采用基于 DCS 或 PLC 的计算机控制技术，它们的集散系统都是自封闭式的，整套自控系统相对独立，很难实现系统与外部网络的连接，也使现场运行设备之间不能取得联系，最终不能实现资源共享。另外，DCS 和 PLC 系统采用一个设备测控点对应一个 I/O 点的传统的控制器与现场设备的互联方式，又由于在污废水处理现场过程控制的设备呈分散式分布，点多面广，假如使用前面所述的自动系统，那么现场控制和通信必然使用大量电缆，从而使整个建设工程耗资巨大，造成浪费，并且网络连接错综复杂，陷入性能及可靠性低、维护保养较难及未来扩展性难以实现等种种困境。

伴随控制、通信及计算机技术的飞跃进步，以集成网络自动技术为基石的工厂信息系统逐渐发展成型，它的特点为 CPU 内置驱动装置及传感器等智能设备，并大量使用应用 TCP/IP 协议及 OSI 开放系统互联协议，实现转换量程、数字滤波及调节回路等功能。同时，工控先进模式持续出现，诸如 FIELDBUS 现场总线就是这个时期逐步发展成功的。现场总线技术是在传统 DCS 与 PLC 系统的基础上发展起来的先进控制技术，是现场自控技术与数字通信、计算机技术结合的产物，它必将在自动控制系统领域产生重大影响。

依据国际电工委员会 IEC 61158，现场总线的定义为，安装在过程区域的仪器仪表及现场设备和控制室内的系统及自动控制装置间的一种数字式、多点和串行通信的数据总线。它表明总线连接数字智能化的、分散式分布的及网络节点中的控制和检测设备，使设备以及网络之间实现信息的交互和共享，该技术从根本上说是一种工业现场级的设备数字化网络通信技术。生产过程中各个设备的状态及参数信息都可以通过总线传递给中央控制室，同时中央控制室也能把各种指令传递给现场设备，这使得该网络具备自控能力。一般把这样数字的、信息和自控集成的网络叫作现场总线系统，它一般处于底层网络。FCS 不仅是全分

布的控制系统，还是开放的通信网络，可实现模拟信号到数字信号的转变，实现远距离传输信息且能够使控制系统安全可靠，增强抗干扰性能，并提高精确性。FCS 使用现场总线将连接在总线内的所有网络节点共同联合组成自动化系统，以实现控制、计算及显示等功能，为先进的网络集成自动化系统。

8.3.2.1 现场总线控制技术的特点

为了适应发展控制网络的需要，FCS 技术使用数字进行通信，发展出数字的、自现场检测设备装置到控制室 PC 的通信网络。它的具体特点如下：可靠的全数字化通信，实现控制器和现场智能设备之间通过一条通信电缆进行全数字化信号传输，具备检测和纠错功能；分散和分布性，控制单元分散配置在现场，提升系统的分布性；强大的信息集成功能，与现场智能设备互联，能够获取和掌握设备的相关数据和状态；经济性，通过减少连接导线，降低安装和维护的费用；开放性，鼓励自动化系统供应商开发自控系统和行业应用技术，并推动更多生产自动化设备的制造商研发具有自主知识产权的系统。

8.3.2.2 现场总线技术的种类

PROFIBUS 为当今先进现场总线技术的代表，取得了世界各地开发商和用户的广泛认同，它已成为开放式的国际性的技术标准，很多从事自动化技术研究的开发商都将 PROFIBUS 通信接口应用在研发的自动化设备上。PROFIBUS 总线可以同时连接 126 个站点；传输介质为能够达到防爆本质安全和总线供电的光缆或双绞线；以 12 Mbit/s 进行传输时，最大传输长度能达到 100 m，以 1.5 Mbit/s 进行传输时能达到 400 m，若使用中继器增强则能达到 10 km。PROFIBUS 现场总线主要有三种，其中在现场使用的为 PROFIBUS-DP 系列，它的数据接口是 RS-485，各个开发商开发的不同标准的装置能够通过该接口连接起来。

8.3.2.3 下位机及上位机的需求及选择

在现场总线控制技术中，为了达到完整、实时、可靠一致处理信息的目的，必须采用实时的控制系统网络，所以网络技术为其核心。因为以 SBR 污废水处理工艺为基础的自控系统的特点是强调周期性、逻辑控制及时序性，涉及非常复杂的过程。基于以上因素，确定下位机（底层系统控制单元）由 PLC 实现，上位机（中控室控制及监视系统）选择 PC，因为上位机速度快，存储信息量较大，通常不参与控制过程，而主要负责系统管理控制等较高级别的功能。

8.3.3 PROFIBUS 网络配置需求

8.3.3.1 网络硬件配置及拓扑结构

在进行硬件配置时，选择 PROFIBUS-DP 作为电气网络的通信协议。在此网络中，主动站选择可编程控制器（PLC）和上位控制监视机，从动站则选择传感器、变频器和外围 I/O 设备。通过 RS-485 端子集成接口或 IM/CP 接口，将主设备或从设备的总线节点连接到 PROFIBUS-DP 网络上。对于那些距离较远的站点，可能需要在网络中使用 RS-485 总线中继器，因为根据 PROFIBUS 电气网络的特性，在不同的传输速度下，各段数据传输的最大长度不同,使用中继器可以扩展网络覆盖范围,确保远距离站点的稳定通信。

网络拓扑结构展示各模块之间的关系及其几何布局和通信线路。这种结构不仅影响网络的设计,还涉及可靠性、成本和功能等方面的因素。通常,拓扑结构的选择要根据系统的规模、成本、实现的难易程度、可靠性和实时性等综合考虑。总线型结构是一种常见的选择,适用于许多系统。选择总线型结构时,需要考虑以下内容:①系统规模,根据系统的大小来选择合适的网络拓扑结构,以确保能够覆盖所有需要连接的设备;②成本,评估不同拓扑结构的实施成本,选择在预算范围内且性价比高的方案;③实现难易程度,考虑不同拓扑结构的实现难度,选择既能满足技术要求,又相对易于实现的结构;④可靠性,确保选择的拓扑结构能够提供高可靠性,避免网络故障导致系统停机;⑤实时性,在需要实时数据传输的应用场景中,确保网络拓扑能够支持实时通信,减少延迟和数据传输时间。通过综合以上因素,确定采用总线型结构能够满足系统需求,并实现高效可靠的网络通信。

8.3.3.2　网络组态

完成硬件设置后,需要使用 STEP7 或 SIMATIC NET6.0 软件进行网络组态,以确保网络正常通信,具体步骤如下。

第一步:进行 S7-300 型 PLC 的硬件组态。根据物理地址和实际配置类型,对 S7-300 的各个信号模件、中央处理单元、通信处理器(CP)、机架以及电源等进行详细组态。这一步骤需要确保所有硬件组件正确连接并配置,以便后续网络通信能够顺利进行。

第二步:进行 PROFIBUS 网络的组态。当硬件组态完成后,需使用 SIMATIC 程序组中的 Configuration Console 工具,将 PROFIBUS 网络的模式设置为 Configured Mode。在组态过程中,可以根据需要设置插槽号为任意值,但需注意的是,各个站点的地址值必须唯一,不能重复。同时,需将网络内所有站点的传输速率设置为相同,以确保数据通信的稳定性和一致性。

此外,在设置从站地址时,必须为每个从站赋予唯一的地址值,以避免地址冲突和通信错误。完成所有设置后,将配置结果下载到各个模块中,确保所有设备配置一致,能够正常通信。

通过上述步骤,可以实现对 S7-300 硬件和 PROFIBUS 网络的正确组态,确保整个系统能够正常运行和通信。这些步骤不仅保障了硬件和网络的协调工作,也为系统的稳定性和可靠性提供了基础。

8.3.4　控制系统结构及运行模式需求

根据“分散控制,集中管理”的原则,分布式控制系统结构的基础是 PROFIBUS 网络,控制体系分为三层。首先,采用分散控制使各个设备装置产生故障的风险得到有效分散,使设备故障率下降,从而有效方便地处理设备故障;其次,采用集中管理能够达到集中收集综合信息的目的,进而有效优化系统控制。依据全集成自动化(totally integrated automation)的构思,把 SBR 工艺污废水处理厂站的控制系统划分成三个部分,即管理监控级、控制级和现场级。

为确保 SBR 工艺污废水处理系统能够安全、稳定、长周期、可靠运行,可以使用现场手动操作、PLC 自动控制和中控室上位监控计算机参数控制三种控制模式。生产现场的电气控制柜内设置有转换开关,以分别实现这三种控制模式的转换。

8.3.5 控制系统软件需求

SBR 工艺污废水处理系统日常稳定运行的核心为自控系统软件设计,自控系统的软件包含下位机 PLC 软件及 PC 上位机监控软件。PLC 软件的主要作用包括完成工艺过程的自动控制和收集过程检测数据;PC 上位机监控软件的主要作用包括监视控制系统各个环节,与下位机通信,完成数据传输。优秀的软件必定具有实用、可靠、修改方便等特点,不仅能完成生产现场的自动控制,还具备一定处理某些突发特殊意外情况的能力。

8.3.5.1 PC 上位机监控软件

制作 PC 上位机监控软件的程序有多种方法,如可以使用工业组态软件和可视化编程工具 Visual C++ 或 Visual Basic 等,并且借用 OPC 实现下位机与上位机之间的数据通信连接。PC 上位机监控软件应包含的功能如下:①控制操作,在中控室内对电机、电动阀、曝气机等设备进行集中控制,提供简便的控制界面和功能调整,设置用户权限和安全级别,并记录操作日志;②界面显示,实时显示所有参数,动态监控生产工厂和智能设备的运行状态;③数据管理,管理和保存相关参数的曲线,防止数据丢失;④故障报警,根据不同类型的故障发出警报,如异常数字、设备故障等,并提供多种报警处理方式,包括声光报警、打印报警记录等;⑤报表形成,生成各种运行参数的日报、月报、季报和年报;⑥登录识别,通过用户身份识别登录,控制用户的访问权限。

8.3.5.2 PLC 下位机控制软件

PLC 下位机控制软件的主体功能为根据 SBR 工艺污废水处理工程的需要,自动完成诸如现场设备的停启等。PLC 下位机控制软件通过网络实现和上位机之间的通信,把所收集到的相关参数及各种设备装置的状态和实际情况传输到 PC 上位机,以便将生产现场的现状及时显示出来;有时根据需要,控制室还可以人为地设置相关控制参数以达到控制目的;可以将采集到的相关参数和设备状况显示于大屏幕上,使得全部情况被所有人员直观掌握;同时,PLC 下位机控制软件实现与生产现场的自动化仪表、传感器及变送器的互联,及时完成数据的采集处理及管理和通信。

参考文献

[1] 金羽. 温度对 A^2/O 系统的影响特征及脱氮除磷强化技术研究 [D]. 哈尔滨:哈尔滨工业大学,2013.

[2] 刘成良,刘可慧,李天煜,等. 盐度对厌氧氨氧化生物脱氮效率的影响研究 [J]. 环境科学学报,2011,31(9):1919-1924.

[3] 祝贵兵,彭永臻,吴淑云,等. 碳氮比对分段进水生物脱氮的影响 [J]. 中国环境科学,2005,25(6):641-645.

[4] SONIL R I, 侯德刚, 张振家, 等. 基于 BP 人工神经网络的生化处理水水质预测 [J]. 现代化工, 2009(12):66-68.

[5] 蔡清谊. 基于人工神经网络的洪水预报与灾度评价研究 [D]. 合肥：合肥工业大学，2008.

[6] 黄明智，马邕文，万金泉，等. 污水处理中人工神经网络应用研究的探讨 [J]. 环境科学与技术，2008，31(3)：131-135.

[7] 赖华平，郑链，王克勇，等. 神经网络的硬件实现及其在引信中的应用研究 [J]. 测试技术学报，2008(z1)：711-714.

[8] 盛荣菊，马建伟. 人工神经网络 FPGA 硬件实现的研究进展 [J]. 电气自动化，2009(5)：53-54.

[9] 潘峥嵘，张赵良，朱菊香. 基于 SOPC 的人工神经网络的硬件实现方法 [J]. 电子测量技术，2009，32(6)：116-118.

[10] 李林华. 基于神经网络 SBR 系统控制模型的建立及实验验证 [D]. 镇江：江苏大学，2002.

[11] 刘春艳，凌建春，寇林元，等. GA-BP 神经网络与 BP 神经网络性能比较 [J]. 中国卫生统计，2013，30(2)：173-176.

[12] 卢飞. 基于 SBR 污水处理工艺的自动控制系统的设计 [D]. 成都：电子科技大学，2011.

[13] 张振家，周长波，熊庆明. UASB-SBR 工艺处理啤酒生产废水 [J]. 中国给水排水，2001，17(9)：54-56.

[14] 孔繁俊. 现场总线与 DCS 的集成 [J]. 硫磷设计与粉体工程，2005(3)：37-39.

[15] 张民. 浅谈现场总线及发展前景 [J]. 青海科技，2005(1)：54-57.

[16] 张敏，曹利人. 基于现场总线的 SCADA 系统在污水处理厂的应用 [J]. 中国给水排水，2006(22)：75-78 .

[17] 杨立福. 给水排水自动化技术(SCADA)综述 [J]. 给水排水，2000，26(3)：72-78.

[18] 李正军. 现场总线技术及其应用技术 [M]. 北京：机械工业出版社，2004.

[19] 孙楠. 现场总线应走 DCS 兼容的道路 [J]. 工业控制计算机，1999(1)：3-5.

[20] 欧阳劲松. 现场总线国际标准化概述 [J]. 自动化仪表，1999(3)：1-3.

[21] 许庆星. 现场总线控制系统及应用 [J]. 电气时代，2000(8)：6-9.

[22] 王庚妮，王振华，温敏霞.SBR 处理工艺在煤化工企业的应用 [J]. 氮肥技术，2010(4)：33-36.

[23] 李祖枢，涂亚庆. 仿人智能控制 [M]. 北京：国防工业出版社，2003.

[24] 陈贵敏，贾建援，韩琪. 粒子群优化算法的惯性权值递减策略研究 [J]. 西安交通大学学报，2006，40(1)：53-56.

第 9 章　污水处理氧化沟工艺模拟及优化

随着人口数量不断增长，城镇化和工业化不断推进，淡水资源高消耗，导致我国水资源短缺问题日益显著。据了解，我国人均占有水量不足世界人均占有水量的四分之一，300 多个城市呈现水资源匮乏状态，而水体污染加剧了水资源短缺问题。虽然污水处理厂不断升级改造，处理效率也不断提高，但是污染物质的排放造成的河流、湖泊污染问题并未从根本上得到解决。与此同时，城镇规模还在不断扩大。因此，城镇污水处理越来越重要。城镇污水处理的经验表明，氧化沟法具有投资少、曝气效果好、操作简单、电费和人工费低等优点，在城镇污水处理中，可以更加有效地发挥作用。氧化沟具有的优势，尤其是在基建投资、污水处理效果等方面的优势，吸引有关专业人员对其不断进行深入研究与探索。

本章的目的在于进一步提高氧化沟的处理效率，特别是去除氮磷的能力；扩大氧化沟对各类污水的适应范围，扩大和提高氧化沟对各种生产性有机污水的处理能力；降低工程占地面积，减少能耗，并使氧化沟的处理能力大型化和深度化。除此之外，本章将以采用氧化沟污水处理工艺的嵊新污水处理厂作为 FCASM4 的校验对象，利用从现场采集的实验数据，对模型参数进行校核，在此基础上为该厂的提标改造提供最佳工况方案。

9.1　氧化沟工艺简介

9.1.1　工艺原理

氧化沟工艺是传统活性污泥处理工艺的变形，常常采用延时曝气的运行方式，其一般包括沟体、曝气设备、进出水装置、导流和混合设备等。沟体的平面形状一般呈环形，也可以是长方形、“L”形、圆形或其他形状，沟端面形状多为矩形或梯形。氧化沟工艺的主要原理是将有机物在氧化反应器中氧化降解，使废水中有机物的浓度降低。氧化沟能保证较好的处理效果，这主要是因为其巧妙结合了 CLR 形式和曝气装置特定的定位布置，因而具有独特的水力学特征和工作特性。一般经过旋流沉砂池的污水直接进入氧化沟，在氧化沟的沟段中，污水与活性污泥组成混合悬浮液，在不间断的循环流动过程中，通过活性污泥中微生物的生长和繁殖实现污水中含碳有机物的降解，完成硝化、反硝化和生物除磷。典型氧化沟工艺的结构形式为圆形沟道，平面形状一般为椭圆形，截面多为矩形或梯形。氧化沟中的表面曝气机与水下推进器等曝气与推流设备可以使混合液在沟段内定向流动，因而氧化沟内的流体有着复杂而特殊的水力学特征，这些特征不仅受曝气与推流设备的影响，同时还受沟结构的影响。整体来看，氧化沟是一个完全混合的反应器，但在部分区域有着明显的推流特性，在这样的条件下，经过较长的停留时间，可以形成较好的混合液生物絮凝体，良好的絮凝体有助于在后续二沉池中进行高效泥水分离，从而获得较好的出水效果。同时，由于氧化沟具有推流特性，沟中溶解氧含量的梯度变化明显，有助于提高脱氮除磷的效果。

9.1.2　工艺类型

根据池型和工作原理的不同,氧化沟工艺大致可分为以下四类。

(1)多沟交替式:无须特别配套二沉池,一般采用椭圆形池进行组合,采用转刷或者转碟等表面曝气机进行曝气。多沟交替式氧化沟是由丹麦 Kruger 公司开发的一种组合式氧化沟,一般有双沟与三沟两种交替式氧化沟。双沟氧化沟有 D 型、DE 型与 VR 型等,一般两个沟体的结构完全相同,污水从一沟进,从二沟出,将两个氧化沟连接起来运行,两个沟体分别作为曝气区与沉淀区。三沟氧化沟以 T 型为主,其工作原理与双沟相似。

(2)奥贝尔(Orbal)式:需要配套二沉池,一般为圆形或椭圆形多沟段池型,同样采用表面曝气机进行曝气。Orbal 氧化沟一般由多个圆形或椭圆形的同心沟段组成,大多数 Orbal 氧化沟有三个环形沟段。

(3)一体式:无须特别配套二沉池,在此类池体中可以完成生化反应、沉淀、泥水分离、污泥回流等。一体式氧化沟又称合建式氧化沟,因为其在沟内设置有用于泥水分离的装置,无须单独设置二沉池。因此,一体式氧化沟可以同时具有生化反应器与二沉池的功能,这样可以减少污水处理厂总体构筑物的数量与面积,同时减少工艺流程。

(4)卡鲁塞尔(Carrousel)式:这类氧化沟为椭圆形池,多采用倒伞或转刷、转碟曝气机,一般沟深较大。Carrousel 氧化沟是在 1967 年由荷兰 Dars-Heederik-Verhey 公司研发的,结合了多种活性污泥法工艺的优点。

9.1.3　技术特征

与其他污水处理工艺相比,氧化沟工艺具有以下技术特征。

(1)结构上的特性:一般情况下,污水处理中的氧化沟由一系列闭合的环形沟渠构成,多呈圆形或椭圆形。另外,其内部结构多样化,有单沟式的,也有类似于跑道形式的多沟式的,有尺寸相同且相互平行式的(D 型、T 型氧化沟),也有尺寸不同的同心圆式的(Orbal 氧化沟)等。沟道总长一般为几十米,甚至是上百米,沟深为 3~7 m。

(2)流态上的特性:在一个水力停留时间周期内,氧化沟的沟道内能够完成几十次到上百次水力循环,从这点来说氧化沟内的流态是完全混合的。但是,从一次水力循环的效果来看,其流态又具有推流的特性。正是由于氧化沟内的流体具有特殊的流态特性,其不仅具有很好的抗冲击负荷能力,还能够在一定的范围内形成好氧、缺氧交替环境,获得比较理想的处理效果。

(3)内部环境的特性:由于氧化沟的特殊流态,其内部微环境比较复杂。推流的特性使得有机物在氧化沟内部呈梯度式的分布,再加上溶解氧的沿程分布特性,比较容易创造硝化、反硝化等理想的脱氮环境。

9.1.4　工艺特点

氧化沟技术上的一些特征,使其在污水处理工艺的应用中具有以下优势。

(1)氧化沟同时具备向前推流和完全混合的特点,污水进入氧化沟后,在搅拌器的作用下在沟内沿一定方向流动,由于污水在氧化沟中不断循环又有很好的混合性能,原水进入氧化沟会被沟内泥水混合液稀释。因此,氧化沟特殊的工作模式不仅仅有利于克服污水在反应池中出现短流现象,还有利于提高系统应对污水水质发生突变的能力,即提高系统的抗冲击负荷能力。

(2)沟内具有非常明显的DO梯度,氧化沟内DO的量是逐渐递减的,曝气区DO含量较高,下游DO含量较低,形成好氧、缺氧交替变化的环境,创造了利于反硝化反应发生的条件。因此,氧化沟不仅仅有良好的有机物降解能力,同时具备较好的脱氮能力。

(3)由于氧化沟独特的曝气方式,在沟内出现低能区和高能区,在曝气设备附近出现高能区,在该区域溶解氧、污水以及污泥絮体能得到充分混合,而远离曝气设备的低能区,有利于污泥的沉降、絮凝,使污泥保持良好的悬浮状态。

(4)氧化沟可以不设初沉池,工艺流程相对AAO简单,氧化沟的HRT、SRT较其他工艺来说比较长,HRT一般为8~45 h,SRT一般可保持在10~30 d,无论是溶解性有机物还是悬浮性有机物都可以降解得更加彻底,出水水质较好。氧化沟排出的剩余污泥已经可以达到较为稳定的状态,剩余污泥量较少。

氧化沟工艺的缺陷与优势并存。首先,氧化沟工艺具有工艺流程简单、耐冲击负荷能力强、可以同步除磷脱氮、剩余污泥少等优点,但是不能根据进水水质情况以及碳氮比合理控制硝化和反硝化容积,优化其参数。其次,由于缺少厌氧段,氧化沟的除磷功能受到一定的限制,不能充分利用生物段对磷的去除功能,会导致污水处理成本增加,不能满足当前水处理行业对脱氮除磷日益严格的要求。此外,氧化沟多采用表面曝气方式,使用转刷、转盘等,这种曝气方式限制了氧化沟池体的深度。

9.2 氧化沟工艺污水处理厂现场试验

9.2.1 污水处理厂概况

浙江绍兴市嵊新污水处理厂位于绍兴市嵊州市郊区,总投资4.3亿元,于2007年3月投入运行,承担着处理嵊州、新昌两地生产和生活污水的功能,日处理污水量超6万t。该污水处理厂的主要生化反应处理装置是厌氧池和氧化沟,氧化沟的两个直廊道底部都布满曝气管,在直廊道的两端有污水力推流器,推动污水的流动,两个廊道内的水流循环流动,溶解氧的曝气系统有向水体传递氧和混合搅拌的双重作用,该厂氧化沟内的溶解氧浓度保持在2.5 mg/L左右,二沉池的污泥部分排放,部分回流至厌氧池。混合液回流管尚未开通。由该厂工艺设计流程可知,该工艺主要用于有机碳去除与脱氮,没有明显的除磷效果。

各个反应池的尺寸见表9-1。进水流量由厂内自动在线监测系统监测得到,试验期间进水流量主要在3 500 m^3/h上下波动,整体上比较稳定。

表9-1 反应池尺寸

反应池	尺寸
厌氧池	32.2 m × 15 m × 12 m
氧化沟	107.6 m × 35.45 m × 10.8 m
二沉池	48 m(*D*)× 4.5 m

9.2.2 常规水质指标监测

本模型的校验工作选择在浙江省绍兴市嵊新污水处理厂进行，于 2012 年 7 月 5 日至 2012 年 7 月 13 日进行实验。在现场每 3 h 采一次样，取 3 个平行样，每日 24 h 连续测定。

（1）采样点：斜板沉淀池出水口、厌氧池出水口、氧化沟出水口、二沉池出水口。

（2）监测指标：COD、氨氮、硝酸盐氮、亚硝酸盐氮、正磷酸盐、悬浮固体、溶解氧、pH 值、温度。

各常规指标的测定方法及主要仪器见表 9-2。

表 9-2　常规指标测定方案

序号	指标	方法	所用仪器
1	COD	COD 密闭快速消解法	DR2008 COD 快速测定仪
2	氨氮	可见光分光光度法	752 nm 分光光度计
3	硝酸盐氮	紫外分光光度法	UV2000 紫外分光光度计
4	亚硝酸盐氮	可见光分光光度法	752 nm 分光光度计
5	正磷酸盐	钼锑抗分光光度法	752 nm 分光光度计
6	悬浮固体	称重法	电子天平
7	溶解氧	快速测定法	溶氧仪
8	pH 值	pH 计法	pH 计
9	温度	温度计法	水温计

本试验除了对 COD、氨氮、磷酸盐、硝酸盐氮及亚硝酸盐氮等常规指标进行了监测，还对环境条件进行了测定，包括温度、pH 值、DO 等对系统有影响的因子。结果显示，进水 COD 主要为 300~400 mg/L，其在检测时间的第 24 h 处出现了一个峰值，浓度突变为 600 mg/L，进水 COD 基本稳定，经过厌氧池内微生物水解酸化等反应的降解，厌氧池出水 COD 在 200~300 mg/L 波动，再经过氧化沟内好氧异养菌的降解，氧化沟出水 COD 在 100~120 mg/L 波动。进水氨氮主要在 30~40 mg/L 波动，在第 66 h 处出现了一个 83 mg/L 的波动值，经过厌氧池中微生物的降解，出水氨氮为 20 mg/L 左右，经过氧化沟中硝化菌的作用，出水氨氮浓度低于 5 mg/L。整个系统（包括进水、厌氧池出水及氧化沟出水）中的磷酸盐浓度都在 5 mg/L 以下。系统中亚硝酸盐氮的浓度在 7 mg/L 左右波动。硝酸盐氮的进水浓度为 3 mg/L 左右，厌氧池出水中硝酸盐氮的浓度与进水相比没有明显变化，而经过氧化沟内微生物的作用后，出水硝酸盐氮浓度增加至 12 mg/L 左右。系统进水混合液 SS 为 300 mg/L 左右，氧化沟内的 SS 比厌氧池内略大，出水 SS 浓度在 100 mg/L 以下。进水 pH 值为 8.2~8.8，经过厌氧池内水解酸化菌的作用后，下降至 8~8.4，氧化沟出水 pH 值约为 7.3，二沉池出水 pH 值约为 7.5。厌氧池内溶解氧基本在 1 mg/L 以下，氧化沟内溶解氧约为 2.5 mg/L。整个系统内的温度维持在 32 ℃左右，变化不大。

9.2.3 进水 COD 组分监测

进水水质特征的测定其实就是对各模型进水 COD 组分的监测，由于现场实验时测定的是总 COD，而在模型计算时需要知道每一个 COD 组分，因此分析进水中这些组分在总 COD 中的占比是必须进行的工作。由于实验分析手段的限制，现场没有条件对各个组分别测定，因此本研究在现场开展实验之前先取污水处理厂进水在实验室中进行分析，各 COD 组分的分析方法见表 9-3。

表 9-3 COD 组分分析方法

组分	测定与计算方法
S_A、S_{PRO}	液相、气相色谱法测定
X_s、S_s	间歇 OUR 呼吸计量法
S_I	测定溶解性 COD 浓度 S_{COD}，由 $S_I=S_s-S_{COD}$ 计算得到
S_F	$S_F=S_s-VFA$
X_{DNB}、X_{DNS}	呼吸计算法测定（缺氧呼吸速率）
X_H	呼吸计算法测定（好氧呼吸速率）
X_{OH}	$X_{OH}=X_H-X_{DNS}-X_{DNB}$
X_I	$X_I=COD-S_s-S_I-X_s-X_H$

根据模型计算需要，对嵊新污水处理厂进水水质特征进行测定分析，由好氧间歇呼吸计量实验得到的呼吸速率变化情况，计算得到 X_H、S_s 和 X_s 的浓度值，通过反硝化实验分别测定 X_{DNS} 和 X_{DNB} 的浓度值，从而得到 X_{OH} 的浓度值。COD 各组分占比见表 9-4。

表 9-4 COD 各组分占比

组分	S_A	S_{PRO}	S_F	S_I	X_s	X_{OH}	X_{DNB}	X_{DNS}	X_I
占比	10.8%	6.4%	15.3%	21.3%	34.8%	6.7%	1.4%	2.7%	0.6%

9.2.4 水力弥散系数测定

本实验采用酸性大红 GR 为示踪剂，测定反应池中的水力弥散系数。具体方法如下：将 1 kg 酸性大红 GR 融入 5 L 水中，搅拌均匀后，倒入厌氧池的进水口，每隔 30 min 在厌氧池、氧化沟出水口取样测定示踪剂的浓度，连续测定 8 h。根据最小二乘法，通过 MATLAB 软件编程计算出两池的水力弥散系数 E_L 及 Pe，计算结果见表 9-5。

表 9-5 水力弥散系数测定结果

系数	厌氧池	氧化沟
E_L/（m^2/min）	13.8	394.8
Pe	3.26	0.38

9.3　氧化沟工艺污水处理厂多场耦合模型研究

9.3.1　FCASM4 模型的建立

该厂氧化沟工艺采用微孔曝气方式，池内两廊道都设置了曝气管，除弯道处溶解氧稍低，其余各处都处于好氧状态。因此，假设 DO 在氧化沟内分布均匀，池中各处都处于好氧状态。根据物料守恒原理，得到厌氧池与氧化沟中变量的变化速度方程如下。

1）厌氧池

$$\frac{\partial C_i^{\mathrm{a}}}{\partial t}=\frac{Q_{\mathrm{a}}}{V_{\mathrm{a}}}C_i^{\mathrm{ain}}-\frac{Q_{\mathrm{a}}}{V_{\mathrm{a}}}C_i^{\mathrm{a}}+r(C_i^{\mathrm{a}}) \tag{9-1}$$

式中：t 为时间（h）；C_i^{a} 为厌氧池中组分 i 的浓度（mg/L）；C_i^{ain} 为厌氧池进水中组分 i 的浓度（mg/L）；Q_{a} 为厌氧池的进水流量（$\mathrm{m^3/h}$）；V_{a} 为厌氧池容积（$\mathrm{m^3}$）；$r(C_i^{\mathrm{a}})$ 为厌氧池中组分 i 的 FCASM4 反应速率方程。

流进厌氧池的流量是进水流量、混合液回流量与污泥回流量的加和，表达式为

$$Q_{\mathrm{a}}=(1+R+r)\times Q \tag{9-2}$$

式中：R 为污泥回流比；Q 为总进水流量（$\mathrm{m^3/h}$）；r 为混合液回流比，这里 r=0。

2）氧化沟

$$\frac{\partial C_i^{\mathrm{o}}}{\partial t}=\frac{Q_{\mathrm{o}}}{V_{\mathrm{o}}}C_i^{\mathrm{oin}}-\frac{Q_{\mathrm{o}}}{V_{\mathrm{o}}}C_i^{\mathrm{o}}+r(C_i^{\mathrm{o}}) \tag{9-3}$$

式中：C_i^{o} 为氧化沟中组分 i 的浓度（mg/L）；C_i^{oin} 为氧化沟进水中组分 i 的浓度（mg/L）；Q_{o} 为氧化沟进水流量（$\mathrm{m^3/h}$）；V_{o} 为氧化沟容积（$\mathrm{m^3}$）；$r(C_i^{\mathrm{o}})$ 为氧化沟中组分 i 的 FCASM4 反应速率方程。

氧化沟进水流量的表达式为

$$Q_{\mathrm{o}}=(1+R+r)Q \tag{9-4}$$

在氧化沟中，溶解氧与系统中其他的变量不同之处在于，除了有流进、流出以及生化反应的量之外，还存在曝气过程中输入的溶氧量，因此溶解氧的变化速度是这几项的加和，其速率方程可以表示为

$$\frac{\partial C_{\mathrm{S,O_2}}^{\mathrm{a}}}{\partial t}=\frac{Q_{\mathrm{o}}}{V_{\mathrm{o}}}C_{\mathrm{S,O_2}}^{\mathrm{oin}}-\frac{Q_{\mathrm{o}}}{V_{\mathrm{o}}}C_{\mathrm{S,O_2}}^{\mathrm{o}}+r(C_{\mathrm{S,O_2}}^{\mathrm{o}})+K_{\mathrm{L}}a(C_{\mathrm{S,O_2}}^{\mathrm{a}}-C_{\mathrm{S,O_2}}^{\mathrm{o}}) \tag{9-5}$$

式中：$C_{\mathrm{S,O_2}}^{\mathrm{o}}$ 为氧化沟中溶解氧的浓度（mg/L）；$C_{\mathrm{S,O_2}}^{\mathrm{oin}}$ 为氧化沟进水中溶解氧的浓度（mg/L）；$K_{\mathrm{L}}a$ 为氧传递速率（$\mathrm{h^{-1}}$）；$C_{\mathrm{S,O_2}}^{\mathrm{a}}$ 为饱和溶解氧浓度（mg/L）。

9.3.2　FCASM4-Hydro 耦合模型的建立

1）控制方程

各池水力场控制方程如下。

（1）厌氧池的控制方程为

$$\frac{\partial C_i^{\mathrm{a}}}{\partial t}=\frac{Q_{\mathrm{a}}}{V_{\mathrm{a}}}\left(\frac{1}{Pe_{\mathrm{a}}}\cdot\frac{\partial^2 C_i^{\mathrm{a}}}{\partial x}-\frac{\partial C_i^{\mathrm{a}}}{\partial x}\right)+r\left(C_i^{\mathrm{a}}\right) \tag{9-6}$$

式中：Pe_{a} 为厌氧池中的贝克来数。

（2）氧化沟的控制方程为

$$\frac{\partial C_i^{\mathrm{o}}}{\partial t}=\frac{Q_{\mathrm{o}}}{V_{\mathrm{o1}}}\left(\frac{1}{Pe_{\mathrm{o}}}\cdot\frac{\partial^2 C_i^{\mathrm{o}}}{\partial x}-\frac{\partial C_i^{\mathrm{o}}}{\partial x}\right)+r\left(C_i^{\mathrm{o}}\right) \tag{9-7}$$

式中：Pe_{o} 为氧化沟中的贝克来数。

2）边界条件

厌氧池、氧化沟的边界条件根据 Danckwerts 对封闭系统所提出的边界条件，采用无量纲形式，得到如下边界方程组。

（1）厌氧池的边界方程为

$$\begin{cases}\dfrac{\mathrm{d}C_i^{\mathrm{a}}}{\mathrm{d}x}=Pe_{\mathrm{a}}\left[C_{\mathrm{S,O_2}}^{\mathrm{a},(0)}-C_i^{\mathrm{ain}}\right], & x=0\\ \dfrac{\mathrm{d}C_i^{\mathrm{a}}}{\mathrm{d}x}=0, & x=1\end{cases} \tag{9-8}$$

式中：$C_i^{\mathrm{a},(0)}$ 为 t 时刻厌氧池进水口断面上组分 i 的浓度（mg/L）。

（2）氧化沟的边界方程为

$$\begin{cases}\dfrac{\mathrm{d}C_i^{\mathrm{o}}}{\mathrm{d}x}=Pe_{\mathrm{o}}\left[C_i^{\mathrm{o},(0)}-C_i^{\mathrm{oin}}\right], & x=0\\ \dfrac{\mathrm{d}C_i^{\mathrm{o}}}{\mathrm{d}x}=0, & x=1\end{cases} \tag{9-9}$$

式中：$C_i^{\mathrm{o},(0)}$ 为 t 时刻氧化沟进水口断面上组分 i 的浓度（mg/L）。

3）初始条件

由于模型组分数量多且复杂，且很多组分的分析手段还未知，因此目前还无法对组分初始值全部进行测定，这里模型组分的初始值采用的是对实测值进行稳态模拟的结果，且假设 t=0 时刻厌氧池与氧化沟内组分的浓度处处相同。

9.3.3 FCASM4-Hydro-Temp 耦合模型的建立及校核

水温与微生物的生化反应之间是相互作用的，水温的变化会对不同种类的细菌产生不一样的影响，而微生物的生化反应过程会吸收或释放能量。这里将温度作为一个影响因素耦合到各个菌种的反应速率方程中，从而得到 FCASM4-Hydro-Temp 耦合模型，其生化反应速率表达式为

$$\frac{\partial X_{\mathrm{s}}}{\partial t}=\frac{Q}{V}\left(\frac{1}{Pe}\cdot\frac{\partial^2 X_{\mathrm{s}}}{\partial x^2}-\frac{\partial X_{\mathrm{s}}}{\partial x}\right)-k_{\mathrm{HYD}}\mathrm{e}^{\theta_{\mathrm{HYD}}(T-20)}\cdot\frac{X_{\mathrm{s}}/X}{K_x+X_{\mathrm{s}}/X}\cdot (X_{\mathrm{OH}}+X_{\mathrm{DNS}}+X_{\mathrm{DNB}}+X_{\mathrm{ACID}}+X_{\mathrm{PAO}}+X_{\mathrm{DPB}}+X_{\mathrm{GAO}}) \tag{9-10}$$

式（9-10）是 X_{s} 的生化反应速率表达式，其余组分的推导与其相似，只是 θ 的取值有所差别。FCASM4 有 48 个组分，将这 48 个组分的方程式联立求解微分方程组，即可得到每一个组分的值。针对建立好的 FCASM4-Temp 模型，用 MATLAB 软件内的微分方程组计算

程序 ode 函数进行编程计算，参考 IWA 模型的典型参数值以及其他课题组的研究结果，通过结合过程工程法与灵敏度分析法，对模型的参数进行校核，当各个出水指标与实测值接近，则表示参数校核工作完成。其中，灵敏度分析采用的公式为

$$S_j^i = \frac{\dfrac{Y_{i1} - Y_{i0}}{Y_{i0}}}{\dfrac{P_{j1} - P_{j0}}{P_{j0}}} = \frac{\dfrac{\Delta Y_i}{Y_{i0}}}{\dfrac{\Delta P_j}{P_{j0}}} \tag{9-11}$$

式中：S_j^i 为参数 j 对组分 i 的灵敏度；Y_{i0} 为初始参数条件下模拟出水中组分 i 的浓度值；Y_{i1} 为参数 j 取值变化后模拟出水中组分 i 的浓度；P_{j0} 为参数 j 的初始值；P_{j1} 为参数 j 变化后的值。

利用现场实验 0~60 h 的数据对 FCASM4-Temp 进行参数校核，模型参数校核结果见表 9-1，其他参数取值不变，仍取 FCASM4 模型所列的典型值。

表 9-1　模拟参数校验结果

参数	意义	参考值	校核值
Y_{ACID}	产酸菌的产率系数	0.1	0.1
Y_{ACET}	产氢产乙酸菌的产率系数	0.1	0.1
Y_{MAC}	乙酸产甲烷菌的产率系数	0.04	0.04
Y_{MH2}	氢气产甲烷菌的产率系数	0.04	0.04
μ_{ACID}	产酸菌的最大比生长速度	1.2	1.2
μ_{ACET}	产氢产乙酸菌的最大比生长速度	1.2	1.2
μ_{MAC}	产甲烷菌的最大比生长速度	1.4	1.4
$K_{S,AC}$	产酸菌的 SF 饱和常数	0.3	0.2
K_{CH4}	甲烷的半饱和系数	0.16	0.16
b_{AC}	产酸菌的衰减系数	0.14	0.08
b_{MAC}	产甲烷菌的衰减系数	0.009	0.004

9.3.4　FCASM4- Hydro-Temp 耦合模型数值模拟运用

利用现场试验 60~120 h 的数据对模型进行数值模拟验证研究。将 FCASM4-Hydro-Temp 模型对系统出水的模拟结果与实测值进行比较，该模型 COD、氨氮、磷酸盐的模拟结果与实测值十分接近。该污水处理厂的进水水质变化很大，出水结果随进水值的变化也很大，而本模型能够比较准确地对 COD、氨氮、磷酸盐浓度进行模拟预测，模拟曲线的变化趋势与实际曲线变化趋势较为一致，且模拟结果与实测结果十分接近，这可以充分说明 FCASM4 模型对 COD、氨氮以及磷酸盐的去除的模拟与实际过程比较接近，但同时可以看出模型对硝酸盐及亚硝酸盐的模拟仍不准确，说明本模型对反硝化脱氮过程的描述存在一定缺陷。

测得斜板沉淀池出水即厌氧池进水 COD 为 300~500 mg/L，经过厌氧池生化反应处理

后,实际出水COD降至150~200 mg/L,模型模拟结果为200 mg/L左右,变化幅度不太大,与实际趋势的吻合度较高。在描述COD去除时,FCASM4模型在FCASM3模型的基础上增加了酸化过程,厌氧消化过程确保了厌氧池模拟结果的准确,厌氧段起主要作用的是厌氧菌的酸化作用以及异养菌的水解作用。实验测得氧化沟出水COD为100~150 mg/L,模拟结果与其一致,整体趋势也吻合,模拟峰值与谷值也与实际几乎一致。

厌氧池的出水氨氮值与实测值的曲线几乎吻合,实际测得斜板沉淀池出水即厌氧池进水氨氮值为30~40 mg/L,经过厌氧段的处理后,实际出水氨氮值为15~20 mg/L,模拟出水氨氮值也在20 mg/L左右。在第63 h,进水氨氮出现了一个较高的峰值,相对应的厌氧池出水在该时刻也同样出现一个峰值,而模拟值也同样在该处出现了一个较高的峰值,说明模型灵敏度很高,可以较准确地预测该系统厌氧段对氨氮的去除效果。实际测得的氧化沟出水氨氮值较低,为0~4 mg/L,而模拟值较实测值低,这是由于模型模拟的硝化菌比实际系统生长得好,主要是因为模型考虑的氧化沟是一个完全混合的体系,不存在水力死角,因此氧化沟中溶解氧的分布较均匀,而实际系统由于水力死角的存在,溶解氧分布不均匀,导致氨氮的模拟值比实测值低。但实测值与模拟值的差距较小,因此总体上模型仍可以较好地预测氧化沟的出水氨氮值。

由于进水磷酸盐浓度较低,因此系统中聚磷菌的浓度相对于其他菌种浓度较低,从实际测得的整个生化反应段的磷酸盐变化情况来看,聚磷菌厌氧释磷及好氧吸磷现象并不明显,进水磷酸盐浓度与厌氧池及氧化沟出水磷酸盐浓度相差不大,厌氧池出水磷酸盐浓度比进水侧稍微低些,而该值在氧化沟出水侧则比厌氧池出水侧低些。整个系统磷酸盐的去除主要靠异养菌生长过程中对基本营养盐的消耗。

模型对硝酸盐的模拟结果相对实测结果波动较大,系统实际出水硝酸盐相对稳定。厌氧池实测出水硝酸盐浓度为0~4 mg/L,模型模拟的厌氧池出水硝酸盐浓度为0~10 mg/L;氧化沟实测出水硝酸盐浓度为10~15 mg/L,而模型模拟值为0~25 mg/L。可以看出,模型对硝酸盐去除过程的描述与实测结果存在一定偏差,这可能是由于对硝酸盐还原菌生化反应过程的描述有偏差,或者是模型对反硝化脱氮的菌种没有考虑全面。

出水厌氧亚硝酸盐的浓度约为0 mg/L,而模拟值的波动较实测值而言比较大,说明该模型对亚硝酸盐的模拟不准确,对亚硝酸还原菌以及硝酸还原菌的生化反应过程的描述存在偏差。综合硝酸盐与亚硝酸盐两者的模拟结果,可以发现硝酸还原菌与亚硝酸还原菌是反硝化过程的两大类菌种,这两类反硝化菌都是在缺氧条件下发挥作用的,而该污水处理工艺的生化反应系统没有缺氧池存在,可能在氧化沟的某些混合不均匀处存在缺氧状态,但整个系统的缺氧状态很少,按照现有关于反硝化的模型过程,该过程几乎无法进行。而实际测得的结果表明,系统对硝酸盐、亚硝酸盐具有一定的去除作用,这可能是因为系统中存在非传统脱氮的菌种。

以往的一些研究表明,除了传统的脱氮理论,越来越多的研究中出现了一些其他的脱氮机理,如好氧反硝化。一般来说,氧气在曝气池中由微生物表面扩散至菌胶团或较大污泥絮体的内部时,存在的阻力较大,故通常无法传递至最深处,因此菌胶团形成了表面层好氧、中间层缺氧、内部厌氧的状态。此时氨氮在表面被好氧菌氧化成硝态氮或亚硝态氮,然后硝态氮与亚硝态氮在中间层被兼性菌用于自身的生长繁殖,同时硝态氮与亚硝态氮被还原成氮气并从系统中去除。由于模型将系统中的物质假设为均质状态,未考虑菌胶团、污泥絮体的建模过程，因此导致部分实际存在的反硝化过程未得到模拟，最终导致出水硝酸盐与亚硝酸盐与实测值有偏差。

9.3.5　FCASM4-Hydro-Temp 耦合模型数值模拟结果

由氧化沟工艺三场耦合模型模拟得到的出水结果可以看出，FCASM4-Hydro-Temp 模型对系统出水 COD、氨氮及磷酸盐的模拟结果与实测结果较接近，由于 FCASM4-Hydro-Temp 模型硝酸盐及亚硝酸盐的校核结果不理想，在此不再对这两个指标进行分析。从两个池测得的 *Pe* 分别为 3.26 和 0.38，由此可知厌氧池可视为推流式系统，氧化沟则可视为完全混合式系统。由各池内污染物随水力推流方向的分布可知，厌氧池中 COD 顺水力推流方向逐渐降低，厌氧池氨氮值降低较慢，可能是因为厌氧池内的微生物对氨氮的降解比较缓慢；氧化沟内 COD、氨氮及磷酸盐随推流方向几乎不发生变化，这主要是由于氧化沟内的水流属于完全混合式流态。由于系统聚磷菌较少，磷酸盐在两个池子中的变化幅度较小。

9.3.6　最佳工艺组合筛选

前文已经分别探讨了溶解氧、污泥回流比、混合液回流比及温度这 4 个工艺参数对系统出水指标的单因素影响，但工艺参数之间会存在相互影响，因此这里针对嵊州市污水处理厂冬季氨氮不达标的现象，研究低温（10 ℃）条件下溶解氧、污泥回流比及混合液回流比这 3 个因素不同水平组合下系统出水的水质，对这 3 个因素分别取 3 个不同的水平进行正交试验，从而得出最佳工艺组合。不同工艺组合下氧化沟出水 COD、氨氮等指标的模拟值见表 9-2 至表 9-5（磷酸盐不进行分析），再对正交试验结果进行直观分析，分析结果见表 9-6。

表 9-2　不同工艺组合下的出水氨氮浓度

工艺组合序号	氧传递速率 K_La/d^{-1}（A）	混合液回流比 *r*（B）	污泥回流比 *R*（C）	空白	NH_4^+-N 浓度（mg/L）
1	50	1	1	2	5.85
2	50	2	1.5	1	5.65
3	50	3	0.75	3	5.71
4	75	1	1.5	1	1.35
5	75	2	0.75	3	1.44
6	75	3	1	2	1.26
7	100	1	0.75	3	0.60
8	100	2	1	2	0.63
9	100	3	1.5	1	0.66

表 9-3　不同工艺组合下的出水 COD

工艺组合序号	氧传递速率 K_La/d^{-1}（A）	混合液回流比 *r*（B）	污泥回流比 *R*（C）	空白	COD/（mg/L）
1	50	1	1	2	116.7

续表

工艺组合序号	氧传递速率 K_La/d^{-1}（A）	混合液回流比 r（B）	污泥回流比 R（C）	空白	COD/（mg/L）
2	50	2	1.5	1	115.8
3	50	3	0.75	3	116.2
4	75	1	1.5	1	116.5
5	75	2	0.75	3	117.5
6	75	3	1	2	116.6
7	100	1	0.75	3	116.4
8	100	2	1	2	116.8
9	100	3	1.5	1	117.8

表 9-4　不同工艺组合下的出水 NO_3^- 浓度

工艺组合序号	氧传递速率 K_La/d^{-1}（A）	混合液回流比 r（B）	污泥回流比 R（C）	空白	NO_3^- 浓度 /（mg/L）
1	50	1	1	2	6.70
2	50	2	1.5	1	6.65
3	50	3	0.75	3	6.83
4	75	1	1.5	1	23.13
5	75	2	0.75	3	23.38
6	75	3	1	2	23.57
7	100	1	0.75	3	26.10
8	100	2	1	2	25.92
9	100	3	1.5	1	26.40

表 9-5　不同工艺组合下的出水 NO_2^- 浓度

工艺组合序号	氧传递速率 K_La/d^{-1}（A）	混合液回流比 r（B）	污泥回流比 R（C）	空白	NO_2^- 浓度 /（mg/L）
1	50	1	1	2	24.18
2	50	2	1.5	1	24.49
3	50	3	0.75	3	24.31
4	75	1	1.5	1	12.96
5	75	2	0.75	3	12.68
6	75	3	1	2	12.67
7	100	1	0.75	3	10.82
8	100	2	1	2	11.03
9	100	3	1.5	1	10.56

表 9-6　正交直观分析表

考察指标	COD			NH_4^+-N			NO_3^-			NO_2^-		
	A(K_La)	B(r)	C(R)	A(K_La)	B(r)	C(R)	A(K_La)	B(r)	C(R)	A(K_La)	B(r)	C(R)
k_1	116.233	116.533	116.7	5.737	2.6	2.583	6.727	18.613	18.740	20.993	15.987	15.937
k_2	116.867	116.700	116.7	1.350	2.573	2.58	23.360	18.650	18.730	12.770	12.733	15.960
k_3	117.000	116.867	116.7	0.63	2.543	2.553	26.110	18.933	18.727	10.803	15.847	12.670
R	0.767	0.334	0.0	5.107	0.057	0.03	19.393	0.320	0.200	10.190	3.254	3.290

这里模拟的结果是各指标的出水浓度水平，因此 k 值越小越好，R 值越大表明该参数对该指标的影响越大。由表 9-6 可知，对于出水 COD，污泥回流比影响因子近似于 0，溶解氧与混合液回流比略有影响，这 2 个因素的显著性排序是 A>B。再考虑每一个因素在不同水平上的情况，可以得出，对出水 COD 而言，最佳的工艺组合是 A_1B_1。对于出水氨氮，可以看出溶解氧对其影响十分显著，而混合液回流比与污泥回流比对它的影响甚微，这 3 个影响因素的显著性排序为 A>B>C，再考虑每一个因素在不同水平上的情况，可以得出，对出水氨氮而言，最佳的工艺组合是 $A_3B_3C_3$。对于出水硝酸盐，可以看出溶解氧对它的影响十分大，这主要是由于氮平衡的关系，溶解氧影响氨氮值，氨氮被氧化成硝态氮，从而间接影响了硝酸盐，混合液回流比与污泥回流比对其也略有影响。对于氧化沟出水硝酸盐，3 个因素的显著性排序为 A>B>C，比较各因素在不同水平上的情况可以得出，对硝酸盐而言，最佳的工艺组合是 $A_1B_1C_3$。出水亚硝酸盐指标与硝酸盐相似，受溶解氧的影响很大，这也是由于受到氮平衡的影响，另外混合液回流比与污泥回流比对它也有一定影响，三者显著性排序为 A>C>B，比较不同水平的模拟结果，得到亚硝酸盐指标的最佳工艺组合为 $A_3C_3B_2$。综合考虑使各指标的出水效果，理论上最优的工艺组合是 $A_1B_2C_3$，即 K_La=50 d^{-1}，r=2，R=1.5。由于该厂主要考虑氨氮达标，若以氨氮处理效果最佳为参考，则最优工艺组合为 $A_3B_3C_3$，即 K_La=100 d^{-1}，r=3，R=1.5。

9.4　基于人工神经网络的氧化沟工艺水质预测模型研究

9.4.1　人工神经网络概述

数据驱动的人工智能模型采集污水处理过程中的各关键参数，并以数据为对象进行建模，其又被称为黑箱模型。因为该建模方式不需要了解过程中具体的运行机制，而是基于大量实测数据按照一定的算法进行模拟，因此可以在任意场景对任意关系进行建模拟合。由于运营管控的需要，现代污水处理厂安装了很多在线监测仪表，收集了大量过程数据，这为数据驱动模型的应用提供了良好的基础。人工智能模型是一种输入-输出模型，其中输入包含辅助变量信息，而输出则与目标变量信息相关，模型通过对预处理后的数据集进行学习，从而建立起输入变量与输出变量之间的关系。面向污水处理过程的智能模型以人工神经网络（ANN）方法应用得较为普遍。

人工神经网络是模拟人类大脑神经系统的工作原理,将被研究对象看作由许多神经元互相连接构成的一个网络系统,常简称为神经网络。人工神经网络被看作一种抽象的数据模型,由大量人工神经元节点和各个节点之间相互连接的信息传输通道构成。每个神经元节点都具有一种特定的转换函数,用以实现输出与输入之间的线性或非线性映射。每两个神经元节点间的连接除了表示二者之间存在信息传输通道外,还表示该对神经元之间存在着一个信号的加权值。因此,神经网络的输出会随着神经网络连接方式、加权值以及转换函数的不同而不同。目前,人工神经网络广泛应用于污水处理过程,在难测组分软测量、水质参数预测、故障诊断和优化控制方面都起到了重要的作用。

人工神经网络常用的连接方式包括前馈神经网络、反馈神经网络和自组织神经网络。

(1)前馈神经网络:前馈神经网络的特点是输出层和隐藏层之间不存在反馈信号,在训练该种网络时,通常采用误差反向传播的方法。但是在训练结束后,没有反馈信号在网络中传输。BP 神经网络和 RBF 神经网络是最常见的前馈神经网络。由于在网络中不存在反馈信号,因此前馈神经网络在逼近对象的静态特性方面效果较好,应用范围较广。

(2)反馈神经网络:反馈神经网络最大的特点是,隐藏层和输出层之间不仅存在着前向传播通道,同时还存在着反馈传输通道。由于反馈通道的存在,这种神经网络在逼近系统的动态特性方面具有十分优秀的表现。反馈神经网络的典型是 Elman 神经网络、DRNN 神经网络。

(3)自组织神经网络:自组织神经网络属于无监督网络,也就是说,对于该种网络模型,在训练时,网络会自动寻找样本间数据存在的依存关系,不断地调整神经网络的结构和加权值,从而达到逼近研究对象特性的目的。

9.4.2 基于 LSTM 神经网络的 COD、NH_4^+-N 和 TP 水质预测模型

在时间序列分析中,循环神经网络(RNN)因其内部的结构特性和信息传递方式,拟合效果优于普通的前馈神经网络。循环神经网络在某一个时间点的状态,不仅与当前时间点的输入有关,还与若干之前时间点的状态相关,因此循环神经网络可以对数据的周期性进行拟合。但是当序列过长时, RNN 很容易发生梯度消失或梯度爆炸等问题,因此长短期记忆(LSTM)神经网络被提出以解决该问题,LSTM 在解决时间序列问题上有着良好的效果。

LSTM 神经网络由 Hochreiter 等提出,它由 RNN 改进而来,是一种可以处理长时间依赖问题的神经网络。与标准前馈神经网络不同的是, LSTM 具有反馈连接。针对每个时间步, LSTM 输入不仅有当前时间步网络的输入 x_t,还有上一时间步的输出 h_{t-1} 和上一时间步的长期记忆 c_{t-1},其输出也有两个,即当前时间步的输出值 h_t 和当前时间步的长期记忆值 c_t。LSTM 性能提升的关键就是对长期记忆 c_t 的控制。LSTM 利用遗忘门、输入门和输出门三个门的开关来实现对长期记忆 c_t 的控制。

1)遗忘门

遗忘门 f_t 决定上一时间步的长期记忆 c_{t-1} 中丢弃多少信息。它会读取上一个时间步的输出 h_{t-1} 和当前时间步网络的输入 x_t,其分别代表 LSTM 的过往信息和输入的新信息。将信息经过加权偏置后用 sigmoid 函数激活,输出一个由 0~1 的系数组成的向量 f_t,系数越小表示丢弃的信息越多。

2)输入门

输入门 i_t 决定用哪些新信息对上一时间步的长期记忆 c_{t-1} 进行更新。输入门由两部分组成：tanh 模块和 sigmoid 模块。首先用 tanh 模块对网络的输入 h_{t-1} 和 x_t 进行处理，得到一个当前状态 c_t，其中一部分信息将用于对长期记忆 c_{t-1} 进行更新。决定用多少信息来更新长期状态是由 sigmoid 模块完成的。sigmoid 模块通过对网络的输入 h_{t-1} 和 x_t 进行处理，得到一个由 0~1 的系数组成的向量 i_t。i_t 和 c_t 相乘即可实现长期记忆 c_{t-1} 的更新。

3)输出门

输出门 o_t 决定网络要将长期记忆 c_t 中的多少信息输出到 h_t 中，其也是一个由数值为 0~1 的系数组成的向量，由本时间点的输入和激活函数 sigmoid 函数得到。用输出门 o_t 与网络的长期记忆相乘，即可得到网络的输出值。

利用 LSTM 神经网络建立水质预测模型，是因为污水数据在时间上存在先后关系，具有时间序列特征，污水处理过程是一个复杂多变的过程，容易受到温度、降雨等动态因素的影响，具有不确定性、非线性、时延性和复杂性等特点，而 LSTM 神经网络模型可以很好地解决普通 RNN 无法处理的长时间依赖问题。由于独特的神经网络结构，LSTM 网络在处理长时间依赖问题时，比传统神经网络的收敛性更好，更容易得到最优解，因此建立 LSTM 水质预测模型。

对基于 LSTM 神经网络的水质预测模型进行研究，采用庐江市污水处理厂的历史水质数据作为实验数据，将污水数据输入建立的 LSTM 模型，就可以得到出水 COD、出水 NH_4^+-N 和出水 TP 的预测值，计算预测值和实测值之间的误差，获得模型的 MAPE、RMSE 和 MAE 值，判断 LSTM 神经网络模型的有效性和精度。

本次研究的实验数据为庐江市污水处理厂的历史水质数据，每分钟采集一次。得到的水质参数主要有进水累计流量、提升泵液位、进水 COD、氧化沟南侧 DO、氧化沟南侧 MLSS、氧化沟南侧 ORP、氧化沟北侧 DO 等。

数据集内容包括进水 pH 值、进水 NH_4^+-N、出水 NH_4^+-N、进水 TP、出水 TP、进水 COD、出水 COD 及其他参数。处理后，总共有 10 080 个数据，其中 7 400 个被用作训练模型的训练组，其他 2 680 个被用作测试训练模型的测试组。此外，利用 PCA 减少数据维度，去除数据噪声、冗余，简化源数据复杂度，得到最终输入预测模型的辅助变量。

本研究选取 MAPE、RMSE 和 MAE 这三个误差指标评估模型。MAPE 用于衡量模型的准确性；RMSE 用于评价预测精度，对结果中极大和极小的误差反应敏感；MAE 可以衡量模型预测结果的好坏。一般来说，误差指标数值越小，预测结果越准确。

表 9-7 中 NPCA 和 PCA 分别表示未经过 PCA 处理和经过 PCA 处理。经过 PCA 处理的数据比未经 PCA 处理的数据更贴近实测值，说明 PCA 处理不仅节约了时间成本和内存成本，同时还提高了模型的精度。此外，可知在预测 COD 时，经过 PCA 处理的 LSTM 模型比未经过 PCA 处理的 LSTM 模型在 MAPE 指标上提高了 71.8%，在 RMSE 指标上提高了 60%，在 MAE 指标上提高了 80%；在预测 NH_4^+-N 时，经过 PCA 处理的 LSTM 模型比未经过 PCA 处理的 LSTM 模型在 MAPE 指标上提高了 2%，在 RMSE 指标上提高了 12.2%，在 MAE 指标上提高了 31.4%；在预测 TP 时，经过 PCA 处理的 LSTM 模型比未经过 PCA 处理

的 LSTM 模型在 MAPE 指标上提高了 33.3%，在 RMSE 指标上降低了 10%，在 MAE 指标上没有变化。由此可知，经过 PCA 处理的 LSTM 模型预测的准确度高于未经过 PCA 处理的 LSTM 模型，说明将 LSTM 模型运用在有时间序列特点的污水水质数据中是可行的。

表 9-7 LSTM 模型预测 COD、NH_4^+-N、TP 时的评价指标

指标	COD		NH_4^+-N		TP	
	NPCA	PCA	NPCA	PCA	NPCA	PCA
MAPE	0.078	0.022	0.205	0.201	0.078	0.052
RMSE	0.644	0.259	0.049	0.043	0.009	0.010
MAE	0.504	0.103	0.035	0.024	0.006	0.006

9.4.3 基于改进 BP 神经网络的 TN 和 TP 水质预测模型

目前，在模拟预测领域，BP 神经网络凭借简单的网络架构和高效的预测能力，已满足诸如环境、安防等有限预测的多个领域的应用要求。BP 神经网络是基于误差反向传播（error back propagation）算法的前向神经网络，本质上是一种梯度下降的局部优化技术。其处理信息前向传递，依据误差反向修改权值，使误差缩小至可接受程度，属于有监督学习模式。目前，在应用于分类识别、逼近、回归等领域的神经网络模型中，约有 80% 为 BP 神经网络或其改进形式。对于同一类型的污水处理过程，通过 BP 神经网络可以建立特定输入与输出间对应关系的水质模拟预测模型，而不同种类的污水处理过程则要考虑选取不同的输入参数或网络结构。

本次样本数据根据相关技术规范要求，在总进水口设点取进水水样，在总出水口处取出水水样。进水取样避开厂内回流排放影响，出水取样宜靠近排放管道中线。进、出水水质以日均值计的需要取 24 h 综合混合样，每次取样间隔不得小于 2 h。使用自动采样器进行采样的，可设置为等时间间隔或者等累计流量采样。最终，采集到东污水处理厂一期 2020 年全年工艺运行及水质监测数据共计 359 组。将三沟式氧化沟的进水水量、中沟平均溶解氧浓度、平均 MLSS、再生水系统进水量及处理药剂投加量等污水处理过程的主要工艺参数和进水水质指标共计 12 类参数作为输入值，见表 9-8。将出水 TN、TP 作为输出值，构建输入神经元为 12、输出神经元为 2 的 BP 神经网络预测模型。

表 9-8 一期预测模拟输入数据汇总

类别	变化范围
进水水量/m^3	36 790~75 621
三沟式氧化沟平均 MLSS/（mg/L）	7478~11 998
三沟式氧化沟中沟平均溶解氧浓度 /（mg/L）	0.54~4.95
深度处理进水量/m^3	31 182~47 371
聚合氯化铁投加量/t	1.59~10.37
进水 COD/（mg/L）	73~3 080

续表

类别	变化范围
进水 BOD_5/(mg/L)	31~1 310
进水 SS/(mg/L)	72~2 928
进水 TN/(mg/L)	17.42~68.89
进水 NH_4^+-N/(mg/L)	9.88~34.5
进水 TP/(mg/L)	1.38~20.21
进水 pH 值	6.97~7.86

为验证预测模型的预测效果,将测试集输入训练好的模型中进行模拟，计算模拟的预测值与测试集实测值的平均绝对误差(MAE)、平均相对误差(MRE)和均方误差(MSE)。

在本次研究的东污水一期工程的 359 组数据中,以 90%(323 组,随机)作为 BP 神经网络预测模型训练组,10%(36 组)作为测试组(集)。随机分配数据,其中,训练组 85% 入训练集,15% 入验证集。扩建工程按照同样的比例对 355 组数据进行分组,训练组包括 320 组数据(85% 入训练集和 15% 入验证集),测试组(集)包括 35 组数据(10%)。测试集预测结果误差分析见表 9-9,将测试集 36 组数据的预测结果与监测结果对比可知,当采用学习率可变的 momentum-BP 算法时, TN 的 MAE 为 1.4, MRE 为 14.84%, MSE 为 2.758 4;采用 LM 算法时, MAE 为 1.33, MRE 为 14.64%, MSE 为 1.712 7。可以看出,基于 LM 算法的 BP 神经网络预测模型可以更好地预测东污水处理厂一期工程出水 TN 达标情况,达标预测错误率为 0。当采用学习率可变的 momentum-BP 算法时,测试集 TP 的 MAE 为 0.15, MRE 为 70.38%,MSE 为 0.034 3,但错误率为 11%;采用 LM 算法时,MAE 为 0.06,MRE 为 28.34%,MSE 为 0.005 9。可以看出采用学习率可变的 momentum-BP 算法预测 TP 时,误差较大,故不适合采用该算法预测 TP。采用 LM 算法优化 BP 神经网络可以更好地预测东污水处理厂一期工程出水 TP 的达标情况,达标预测错误率为 0。

表 9-9 污水处理厂一期 TN、TP 预测结果

训练函数	最佳时迭代次数	训练回归 R 值	类别	预测均值	检测均值	MAE	MRE	MSE	错误率
traingdx	23	0.969 2	TN	10.38	10.28	1.4	14.84%	2.758 4	0
			TP	0.32	0.24	0.15	70.38%	0.034 3	11.11%
trainlm	8	0.982 6	TN	10.95	10.82	1.33	14.64%	1.712 7	0
			TP	0.25	0.24	0.06	28.34%	0.005 9	0

注:预测结果基于东污水处理厂一期 2020 年全年工艺运行及水质监测数据。

表 9-9 中,训练回归 R 值的作用是衡量 BP 网络训练过程中预测值和目标值之间的相关性,R 值越接近 1,则表明预测值与目标值关系越密切,R 值为 0 表示预测值与目标值没有关系。可以看出,采用学习率可变的 momentum-BP 算法的 R 值(0.969 2)与采用 LM 算法的 R 值(0.982 6)基本相同,但训练迭代次数更多。LM 算法的预测结果与实际监测结果相比,变化趋势保持一致,预测样本的 TP 均值(0.25 mg/L)与实际监测均值(0.24 mg/L)基本

一致。

9.4.4 基于 RBF 和 DRNN 组合神经网络的 BOD 水质预测模型

RBF 网络是最常用的一种前馈神经网络，这种神经网络结构简单，能够将来自输入层的外部信息经过隐藏层神经单元的映射，以非线性的形式反映到输出端。每个隐藏层单元都对应着一个 RBF 的中心，当该中心确定以后，这种非线性映射关系便找到了。分别建立 2 个 RBF 神经网络模型，每个 RBF 神经网络均分为 3 层：输入层均含 6 个神经元，包括流量、COD、ORP、DO、水温、pH 值；隐藏层分别有 10 个和 11 个神经元；输出层均为 1 个神经元，对应 BOD。输出层采用线性转换函数。将归一化处理后的 m 组样本数据分成两组：一组作为 2 个 RBF 神经网络模型的共同初始训练数据集；另一组作为测试数据集。采用梯度下降法分别训练所述的 2 个 RBF 神经网络，学习指标采用误差平方和函数。应用 RBF 神经网络模型进行预测，模型会出现过度拟合现象，个别值存在较大的预测误差，模型稳定性较差，这将导致对未来趋势的错误判断，因此应用该模型进行预测存在较大风险性。

对角递归神经网络（diagonal recurrent network neural，DRNN）作为递归神经网络的一种典型结构，在实际建模中应用较多。本例选取 DRNN 为建模工具，以污水处理过程中的 BOD 参数为实际研究对象。分别建立 2 个 DRNN 神经网络模型，其网络结构分别为 $6\times11\times1$ 和 $6\times12\times1$。因此，2 个 DRNN 神经网络均为 3 层结构：输入层均有 6 个神经元，分别对应流量、COD、ORP、DO、水温、pH 值；输出层均有 1 个神经元，对应 BOD，采用线性转换函数；隐藏层分别采用 11 个和 12 个神经元。将归一化处理后的 m 组样本数据分成两组：一组作为 2 个 DRNN 神经网络模型的共同初始训练数据集；另一组作为测试数据集。采用梯度下降法分别训练 2 个 DRNN 神经网络，学习指标采用误差平方和函数。DRNN 模型仍存在收敛速度较慢、误差相对较大、预测精度不足的缺点。在水质预测中，这些缺点会导致预测的输出与真实测量结果存在较大的偏差。

近年来，组合神经网络模型应用得越来越广泛。由于单神经网络模型预测时容易出现单点测量误差不够理想的情况，RBF 神经网络和 DRNN 神经网络这两种神经网络模型具有各自的优点：RBF 神经网络有着很好的静态逼近特性，而 DRNN 神经网络模型表现出强大的动态非线性映射能力。在实际中，这两种模型都有着广泛的应用。

将建立的 2 个 RBF 神经网络和 2 个 DRNN 神经网络进行耦合，得到一个组合神经网络。其模型的输出是 2 个 RBF 神经网络输出和 2 个 DRNN 神经网络输出的加权和。将校验数据集作为组合神经网络输入，用于校验所建立的组合神经网络模型，预测结果见表 9-10。结果显示，组合神经网络的预测精度比单神经网络（RBF、DRNN）的预测精度有所提高。

表 9-10 组合神经网络预测值

BOD 实测值/（mg/L）	BOD 预测值/（mg/L）	相对误差/%
3.83	3.80	0.8
3.87	3.82	1.3
3.88	3.77	2.8

续表

BOD 实测值/(mg/L)	BOD 预测值/(mg/L)	相对误差/%
3.89	3.86	0.8
3.90	3.82	2.1
3.91	3.85	1.5
3.92	3.96	1.0
3.94	3.89	1.3
3.85	3.89	1.0
4.01	3.96	1.2
4.02	3.95	1.7
4.04	3.95	2.2
4.06	4.01	1.2
4.10	4.05	1.2

注:BOD 的实测值由实验室化验方法得到。

参考文献

[1] 林琳. 氧化沟工艺污水处理厂优化与综合评价 [J]. 资源节约与环保,2019(10):31.

[2] 孙培德,陈一波,王剑乔,等. 活性污泥法污水处理厂数字化与智能控制 [M]. 北京:化学工业出版社,2014:150-166.

[3] 许琪. 污水处理厂氧化沟及高效澄清池工艺的数值模拟与优化研究 [D]. 武汉:华中科技大学,2020.

[4] 巫林林. 复合型氧化沟工艺运行效能及氮去除规律研究 [D]. 重庆:重庆大学,2017.

[5] 李雪. 高原地区 AAO 氧化沟工艺污水厂提标改造技术研究 [D]. 哈尔滨:哈尔滨工业大学,2019.

[6] LUO Y, YAO J, WANG X, et al. Efficient municipal wastewater treatment by oxidation ditch process at low temperature: Bacterial community structure in activated sludge [J]. Science of the total environment, 2020, 703: 135031.

[7] 马笑文. 基于神经网络的污水处理厂进水负荷与出水水质预测建模研究 [D]. 南京:南京大学,2020.

[8] 徐恩毅. 基于组合神经网络的污水处理软测量仪表的研究 [D]. 武汉:湖北工业大学,2017.

[9] 尉胜男. 基于 LSTM 神经网络的污水处理厂水质预测研究 [D]. 合肥:合肥学院,2022.

[10] 郭龙龙. 城镇污水处理厂进水特征分析和出水 TN、TP 达标预测 [D]. 邯郸:河北工程大学,2021.

[11] 邓锐. 基于长短期记忆神经网络的污水处理厂出水水质预测建模研究 [D]. 合肥:合肥学院,2021.

第 10 章　污水处理物理化学工艺模拟及优化

废污水物理化学处理法是运用物理和化学的综合作用使废水得到净化的方法。水或污水中的污染物在处理过程或自然界的变化过程中，通过相转移作用而被去除，这种处理或变化过程称为物理化学过程。污染物在物理化学过程中可以不参与化学变化或化学反应，直接从一相转移到另一相，也可以经过化学反应后再转移，因此在物理化学处理过程中可能伴随化学反应，但不一定总是伴随化学反应。常见的物理化学处理过程有沉降、气浮、过滤、混凝、高级氧化等。本章借助数值模拟和神经网络方法开展不同物理化学工艺的模拟及优化，并对各工艺设施的结构提出改进对策，优化相应结构参数。

10.1　重力沉降工艺模拟及优化

10.1.1　重力沉降工艺模拟

10.1.1　物理模型

在带有固定堰水箱的沉降罐中，聚合物驱采出污水由进水管以切线方向进入中心反应筒和中心柱管构成的环形空间，经由配水干管、配水支管和配水口进入沉降罐的上部；水中分散的油滴随之上浮，在罐上部水面形成油层，流入环形集油槽，由出油管排出罐外；除油后的污水经罐下部集水口、集水支管和集水干管进入中心柱管，沿中心柱管上升，经出水管流入设在罐上部外侧的固定堰水箱，由出水堰流出。中心柱管顶部有开孔，使罐内液面上方和固定堰水箱上方气压均衡，从而有效控制罐内液面。另外，罐顶用天然气或氮气密封，且在寒区，沉降罐上部设置蒸汽加热盘管，以使分离出的污油顺利排出。

考虑到沉降罐发挥功能的区域主要是中心反应筒和罐壁之间的区域，在该区域内实现配水、沉降、集水、收油等功能，因此对沉降罐结构进行合理简化：

①略去沉降罐内的辅助部件及加强结构；

②不考虑罐底的排泥装置；

③视来水为油水两相混合物；

④认为油水界面始终保持在同一高度；

⑤将罐顶的环形集油槽进行简化，在模型上方的四周设置条状出油口，油相由此排出；

⑥省去中心柱管，来水从配水干管流进配水支管，然后从配水口进入罐内，分离后的水相从集水口进入集水支管，流入集水干管。

10.1.2　数学模型

1. 湍流模型

基于湍流动能及湍流扩散率方程的半经验标准 k-ε 模型是最常见且适用范围广的湍流模型，RNG k-ε 模型是在标准 k-ε 模型的基础上发展而来的，是由理论推导出来的，而不是依靠经验来确定的，常用于应变率较高或流线弯曲程度较大的流动，RNG k-ε 模型在大尺度运动和修正后的黏度项中体现小尺度运动的影响，而使这些小尺度运动系统地从控制方程中去除。通过修正湍流黏度，考虑了平均流动中的旋转及旋流流动情况，增加了 ε 方程中反映主流时均应变率的产生项，这样该模型中的产生项不仅与流动情况有关，而且在同一问题中还是空间坐标的函数。因此，RNG k-ε 模型的适用性比标准 κ-ε 模型更强，能更好地处理高应变率及流线弯曲程度较大的流动，常用于低雷诺数流动的情况，甚至对层流也有较好的模拟效果。考虑沉降罐流场可能的复杂性，选择适用于高应变率、流线弯曲程度较大情况的 RNG k-ε 模型。

湍流动能方程为

$$\frac{\partial(\rho k)}{\partial t}+\frac{\partial(\rho k_i)}{\partial x_i}=\frac{\partial}{\partial x_j}\left(a_k\mu_{\text{eff}}\frac{\partial k}{\partial x_j}\right)+G_k+\rho\varepsilon \tag{10-1}$$

式中：ρ 为流体密度；k 为湍动能；t 为时间；x 为空间坐标；k_i 为速度分量与湍动能之积；x_i 为该速度分量对应方向的空间坐标；μ_{eff} 为动力黏度 μ 和湍动黏度 μ_t 之和；x_j 为某一方向的空间坐标；G_k 为湍动能输运项；ε 为湍动能耗散项；a_k 为 k 有效普朗特数的倒数。

2. 离散相模型

多相流问题在求解连续相流动方程的同时，还需要对颗粒、液滴、气泡、粒子等第二相颗粒进行求解。求解方法一般有两种：第一种是欧拉-欧拉方法，在欧拉框架下对连续相流体求解 N-S 方程，对粒子相也在欧拉框架下求解颗粒相方程，对象为空间点；第二种是欧拉-拉格朗日方法，对连续相流体在欧拉框架下求解 N-S 方程，对粒子相在拉格朗日框架下求解颗粒轨迹方程，以单个粒子为对象。研究有粒子存在的流动时，离散相模型是最直观和最容易被理解的。在拉氏坐标下计算的粒子是一个个离散存在的颗粒，通过连续相流场的计算，结合流场变量求解每一个颗粒的受力，获得颗粒的速度，从而追踪每一个颗粒的轨迹。可以考虑离散相的惯性力、拖曳力、重力、布朗运动等多种作用；可以计算连续相中湍流旋涡对颗粒产生的影响（随机轨迹模型）；可以考虑相间的耦合对离散相轨迹、连续相流动的影响。

最早的确定轨迹模型假设颗粒沿各自的轨道互不干扰地运动，颗粒数总通量沿轨迹守恒，因此没有颗粒湍流扩散的概念。实际上，颗粒的湍流扩散（颗粒受到湍流的作用）不但存在，而且起着重要的作用。因此，在轨迹模型中需要考虑颗粒与湍流的相互作用，通过随机轨迹模型或颗粒云模型计算。随机颗粒轨迹模型采用随机方法来考虑瞬时湍流速度对颗粒运动轨迹的影响。颗粒云模型则跟踪一个由统计平均决定的“平均”轨迹，假设颗粒群中的颗粒分布服从高斯概率分布，颗粒的发展变化过程也用概率表达。

1）单颗粒运动控制方程

采用颗粒确定轨迹模型在坐标系中处理连续的流体相，进而处理单个颗粒相，通过对大量颗粒的轨迹进行统计分析就可以得到颗粒群的运动情况。单个颗粒的运动方程可直接由

牛顿第二定律得出，表达式为

$$m_{\mathrm{p}}\frac{\mathrm{d}v_{\mathrm{p}}}{\mathrm{d}t}=F_{\mathrm{A}}+F_{\mathrm{B}}+F_{\mathrm{C}}+F_{\mathrm{D}}+F_{\mathrm{G}}+F_{\mathrm{M}}+F_{\mathrm{S}} \tag{10-2}$$

式中：m_{p} 为颗粒质量；v_{p} 为颗粒速度；t 为时间；F_{A} 为附加质量力；F_{B} 为颗粒在流体中进行加速或减速运动而产生的力；F_{C} 为颗粒之间、颗粒与壁面碰撞产生的力；F_{D} 为流体对颗粒的拖曳力；F_{G} 为由重力产生的体积力；F_{M} 为颗粒在流场中旋转产生的力；F_{S} 为流场中由于速度梯度的存在而引起的力。

尽管作用在颗粒上的力相当复杂，但一般情况下并非所有的力都同等重要。对于油水两相流动，在以上所有的力中，拖曳力和重力是最重要的，其中拖曳力的表达式为

$$F_{\mathrm{D}}=C_{\mathrm{D}}A\frac{\rho}{2}\left(U-v_{\mathrm{p}}\right)\left|U-v_{\mathrm{p}}\right| \tag{10-3}$$

式中：C_{D} 为阻力系数。

对于颗粒与连续相密度相差不多的情况，重力起着重要的作用，其表达式为

$$F_G=g(\rho-\rho_p) \tag{10-4}$$

式中：ρ_{p} 为颗粒相密度；ρ 为连续相密度。

2）颗粒随机轨迹模型

通过轨迹模型得到的颗粒轨迹是确定的，但事实上，由于湍流的影响，流体在各个时刻、各个方向上都存在脉动速度，脉动速度将时刻影响颗粒在流场中的速度与位置。因此，必须考虑湍流脉动的影响。此时，需要采用随机轨迹模型。流体的瞬时速度可以表示为 $u=U+\dot{u}$，其中 U 为流体的平均速度，$\dot{u}$ 为流体的湍流脉动速度，由此得到的颗粒随机轨迹模型为

$$\begin{cases}\dfrac{\mathrm{d}v_{\mathrm{p}x}}{\mathrm{d}t}=\dfrac{1}{\tau}(U+\dot{u}-v_{\mathrm{p}x})\\[2ex]\dfrac{\mathrm{d}v_{\mathrm{p}y}}{\mathrm{d}t}=\dfrac{1}{\tau}(V+\dot{v}-v_{\mathrm{p}y})\\[2ex]\dfrac{\mathrm{d}v_{\mathrm{p}z}}{\mathrm{d}t}=\dfrac{1}{\tau}(W+\dot{w}-v_{\mathrm{p}z})\end{cases} \tag{10-5}$$

3）连续相与离散相间的相互作用

离散相模型中离散的含义是不考虑颗粒之间的碰撞，其适用于第二相粒径小、浓度低的情况，一般要求颗粒相的体积分数低于 10%，因此当第二相中稀疏的颗粒在连续相中运动时，由于颗粒浓度过小，颗粒之间的距离很远，相互碰撞的机会很小，因此不再考虑颗粒之间的作用。

根据聚合物驱采出污水实际含油量及油滴粒径分布，其沉降分离过程符合离散相模型的计算条件。计算中考虑离散相对流场的作用，采用双向耦合的方法，即当计算颗粒的轨迹时，跟踪计算颗粒沿轨迹的质量、动量的获得与损失，这些物理量用于随后的连续相的计算。因此，在连续相影响离散相的同时，也得到了离散相对连续相的作用。交替求解离散相与连续相的控制方程，直到二者均收敛为止，这样便实现了双向耦合计算。

对于聚合物驱采出污水沉降分离过程中的油水两相流动，在考虑相间耦合作用时，只考

虑两相间的动量交换,忽略质量交换和热量交换。当颗粒穿过每个连续相的控制体时,可以通过计算颗粒的动量变化求解连续相传递给离散相的动量。颗粒动量变化值的计算式为

$$F = \sum \left[\frac{18\mu C_{\mathrm{D}} Re}{24\rho_{\mathrm{p}} d_{\mathrm{p}}^{2}} (u_{\mathrm{p}} - u) \right] \dot{m} \Delta t \tag{10-6}$$

式中:μ 为流体的动力黏度(Pa·s);ρ_{p} 为颗粒密度(kg/m³);d_{p} 为颗粒直径(m);Re 为相对雷诺数;u_{p} 为颗粒速度(m/s);u 为流体速度(m/s);C_{D} 为拖曳力系数;$\dot{m}$ 为颗粒质量流量(kg/h);Δt 为时间步长。

这个动量交换作为动量源作用到随后的连续相的流场计算中,从而描述颗粒对连续相的影响。

3. 网格划分

为了降低网格数量、提高网格质量、缩短计算时间、方便后续处理、精确完整地获得流动信息等,充分利用简化后沉降罐结构对称的特点,选取模型的八分之一作为研究对象。沉降罐物理模型中的配水单元和集水单元结构复杂。以配水单元为例,其由配水干管、配水支管、喇叭形配水口结构本身和与之相连的单元构成,形成了多处复杂的结构体,这些区域难以用结构化网格进行划分,只能采用非结构化网格,而如果受这些部位影响的模型整体采用非结构化网格进行划分,又将导致扭曲较高的网格数量过多,影响计算精度。因此,采用分块划分网格的思想,并结合线、面、体顺序生成体的方法进行沉降罐物理模型的网格划分。网格具体划分方法如下:基于 FLUENT 软件,使用 Split 命令将沉降罐物理模型分割成五部分;在进行分割操作时选中 Connected,保持相邻体之间的连接关系;分割后的五部分从罐顶到罐底依次命名为“体 A1”“体 A2”“体 A3”“体 A4”“体 A5”。

首先,对配水单元所属的“体 A2”进行划分。在配水口处划分细密的网格以描述此处参数的剧烈变化,对配水支管、配水干管结构复杂处的面网格进行加密,提高网格质量,然后进行体网格的生成,保证生成后的体网格单元扭曲较小,相邻的体网格单元之间的体积变化较小,以此降低截断误差,保证结果良好的收敛性。

然后,进行“体 A1”的划分。“体 A2”网格划分完毕后,“体 A1”和“体 A2”共用的连接面上已经形成了三角形的面网格,在此基础上使用 Cooper 方法生成楔形的体网格,并保证网格具有合适的长宽比,此法大大降低了相邻体之间的截断误差。

同理,划分与“体 A2”相连接的“体 A3”。当“体 A3”划分完毕后,“体 A4”上方的面已经有了三角形的面网格,这样便使用与“体 A2”相同的方式对“体 A4”进行网格划分,最后划分“体 A5”,方法同“体 A1”。

4. 数值计算

1)基本假设

在依照前述简化聚合物驱采出污水沉降罐物理模型的同时,就聚合物驱采出污水的沉降过程作出相应假设:

①沉降罐内压力和温度恒定,压力为大气压,温度为 40 ℃;

②离散相油滴不发生变形、聚结和破碎;

③离散相油滴的粒径是均匀、一致的,主要受到拖曳力和重力的作用;

④离散相油滴在入口截面上均匀分布;

⑤沉降介质为油、水两相，不考虑其他杂质。

2）边界条件

Ⅰ. 连续相入口边界

设置入口边界为速度入口，根据沉降罐的进液量确定入口速度，并假设入口的流动已经充分发展，流体在入口界面均匀分布。

1 200 m^3 聚合物驱采出污水沉降罐的沉降时间为 8~16 h。选择沉降时间为 10 h 的工况进行研究，对应的进液量为 118.76 m^3/h，配水干管数量为 4 根，规格为 $\Phi 219\ mm \times 6\ mm$。

雷诺数 $Re = \frac{pvd}{\mu} = 25\ 311 > 2\ 000$，因此流动为湍流流动，湍流强度 $I \approx 0.16(Re_{D_H})^{-\frac{1}{8}} \times 100\% = 4.51\%$。圆孔的水力直径等于圆孔的直径 $D_H = 0.207\ m$。

Ⅱ. 连续相出口边界

假设出口处的流动充分发展，定义集水出口和油出口为自由出流边界（outflow）。

Ⅲ. 连续相壁面条件

采用标准壁面函数，壁面采用无滑移边界进行处理。

Ⅳ. 离散相入口边界

油滴颗粒均匀分布在入口截面上，垂直截面射入，初始入射速度与连续水相速度相同。

Ⅴ. 离散相出口边界

当油滴颗粒运动到集水出口和油出口时，逃逸（escape）离开沉降罐，停止对颗粒的追踪。

Ⅵ. 离散相壁面条件

当颗粒运动到壁面时，设定颗粒服从镜面反射原理，以此对颗粒的下一点位置和速度进行计算，设置壁面条件为反射（reflect）。模型中不设置壁面对颗粒的捕获。

3）求解过程

基于 FLUENT 软件，利用有限体积法进行离散，将控制方程转换为用数值方法求解的代数方程；对压力速度耦合采用 SIMPLEC 算法；压力梯度项采用 PRESTO! 格式；对于空间离散化，扩散项采用具有二阶计算精度的中心差分格式，对流项采用 QUICK 格式；对于时间项的离散，采用一阶隐式格式，从而在保证计算精度的前提下，提高计算效率。

4）计算基础参数

选择 3 种动力黏度的聚合物驱采出污水开展模拟计算。

10.1.2 重力沉降罐结构优化

10.1.2.1 结构改进方案

原型配水单元的配水口采用梅花点状布置方式，设计提出一种结构改进方案。

（1）布置两圈成同心圆的穿孔管进行配水，每个圆周上的配水管由四段弧形配水管组成，处于罐体同一四分之一结构中的内外两根弧形配水支管与同一根配水干管相连，配水干管与中心反应筒相连。

（2）配水支管上方布置若干配水口，每一个配水口所辖沉降区域的面积大致相等，以使罐体沉降面积得到均匀、充分利用，改善罐内的流场，达到更好的沉降分离效果。

（3）以改进前后模型配水口总面积相等为原则，进行新型结构配水口的设计，原模型喇叭形配水口直径为 200 mm，数量为 24 个，设计得到的新模型圆形配水口直径为 140 mm，数量为 48 个。

安装新型配水单元的沉降罐工作原理：聚合物驱采出污水由进水管进入中心反应筒和中心柱管构成的环形空腔进行缓冲，通过配水干管分配到内圈配水支管、外圈配水支管中，通过其上方的配水口分流到沉降区域。在浮力作用下，油滴上浮形成油层，溢流至集油槽内，通过出油管排出沉降罐外。分离后水相在沉降罐下部通过集水口、集水支管流入集水干管，流入中心柱管，再通过与之相连的出水管排出沉降罐外，完成油水分离操作。

10.1.2.2　结构参数优化

1）配水单元高度

建立不同高度（10.2 m、11.1 m、12.0 m）的配水单元重力沉降罐模型。其中，八分之一模型的配水口个数为 6 个（内圈 2 个、外圈 4 个），配水口形状为圆形，直径为 140 mm。以除油率和纵向含油率分布指标评价配水单元高度对聚合物驱采出污水的沉降分离效果的影响。

从罐底至罐顶，污水中油的含量呈升高趋势，这是由于在浮力作用下油滴上浮并不断积聚，在罐顶处形成油层，水相下沉，从而在罐底区域形成了含油较少的水层。然而，含油率最高的水层的含油率约为 40%，反映出聚合物驱采出污水的水相黏度增大制约了油滴从水相浮升。

考虑理想重力分离工艺中，沉降罐顶部水层含油率越高，底部水层含油率越低，表明分离除油效果越好，因此综合对比不同配水单元高度下的含油率分布，选定 11.1 m 的配水单元高度进一步进行结构参数优化。

2）配水口直径

建立配水单元高度为 11.1 m 的重力沉降罐模型，其中，八分之一模型的配水口个数为 6 个，配水口形状为圆形，直径为 140 mm、170 mm、200 mm 和 230 mm。同样，以除油率和纵向含油率分布指标评价配水口直径对聚合物驱采出污水的沉降分离效果的影响。

随着配水口直径增大，沉降罐顶部水层的含油率经历了由低到高再下降的变化。当配水口直径为 200 mm 时，罐顶水层的含油率最大，达 48.2%；当配水口直径为 140 mm 时，含油率较低，相较于其他三种尺寸，相差 2.3%~5.4%。对比罐底水层含油率可知，配水口直径为 140 mm 时，罐底水层最低含油率为 1.2%，比其他三种尺寸高 0.4%~0.9%。综合分析，选定 200 mm 的配水口直径进一步进行结构参数优化。

3）配水口形状

将配水口调整为与 200 mm 圆孔直径配水口等面积的矩形，定义两组不同长宽比的矩形配水口，尺寸分别为 130 mm × 240 mm 和 90 mm × 350 mm，其中长边是与弧形配水支管成相同弧度的圆弧形边，以 90 mm × 350 mm 的尺寸为例建立模型，其余部件和结构的尺寸不变。

同样，通过数值计算得到两种矩形配水口结构的重力沉降罐内含油率的分布。相比之下，两种矩形配水口结构的罐顶水层最高含油率低于 200 mm 圆孔直径配水口结构的结果，罐底水层最低含油率高于 200 mm 圆孔直径配水口结构的结果。因此，在面积相等的情况下,圆形配水口更有益于提高除油率。

4)配水口数量

内外圈配水口数量比保持 1∶2,配水口个数从 6 个增加到 9 个、12 个,计算不同配水口数量下重力沉降罐内含油率的分布。配水口从 6 个增加到 12 个的过程中,沉降罐顶部水层最高含油率先上升后下降。当配水口数量为 9 个时,出现最高的含油率。虽然数量增加到 12 个时,罐顶水层最高含油率有所下降,但是仍然较配水口数量为 6 个时高。配水口为 9 个和 12 个时罐底水层最低含油率为 2%,低于配水口为 6 个时的结果。因此,优化确定配水口数量为 9 个。

综上,优化改进配水单元结构的沉降罐参数为:配水单元高度为 11.1 m;配水口直径为 200 mm;配水口形状为圆形;配水口数量为 72 个;内外圈配水口数量比为 1∶2;配水口布置方式为等距布置。

10.1.2.3 提效分离效果分析

1)流场分布

在双环形穿孔配水单元的沉降罐内,聚合物驱采出污水沉降过程中流场比较均匀,漩涡流和返混流大大减少,配水单元上方的速度矢量方向变化减少,进而减小了对罐顶油层的扰动。重力沉降区域的矢量线疏密均匀,方向总体向下,流场稳定,为聚合物驱采出污水的沉降分离创造了有利条件。

2)含油浓度分布

配水单元结构改进后,新型沉降罐顶水层含油率显著增大,最高含油率由原沉降罐的 41.1% 增加到 55.4%,高含油率的含油水层厚度明显增大,沉降分离后聚合物驱采出污水水相的最低含油率由原沉降罐的 0.9% 降低到 0.2%。对于模拟计算的聚合物驱采出污水水质,沉降分离平均除油率从原沉降罐的 50.6% 提高到 63.5%,提高 12.9%。

10.2 溶气气浮工艺模拟及优化

10.2.1 溶气气浮工艺模拟

10.2.1.1 物理模型

工艺的核心为溶气气浮沉降罐,与普通立式重力沉降罐相同,其来水依然由进水管以切线方向进入立式沉降罐中心反应筒和中心柱管构成的环形空间,经由其配水干管、配水支管和配水口布水于沉降罐的上部;沉降分离后的污水依然经立式沉降罐下部集水口、集水支管和集水干管进入中心柱管,沿中心柱管上向流,由出水管流出。不同的是,外置溶气设施形成的溶气水由溶气水进水管回流到立式沉降罐,通过布气单元的气体释放头完成溶气水释放,继而与立式沉降罐内的处理污水混合,发挥气浮功能,污水中的油珠、悬浮物絮体等附着在所释放的小气泡上,被浮升并被携带至液面集油系统,由出油管排出罐外。

根据作为这种工艺主体的溶气气浮沉降罐结构,以 1 200 m^3 罐容规格的溶气气浮沉降罐为原型。考虑其发挥污水分离功能的区域主要在沉降罐中心反应筒和罐壁之间,在此区域实现来水配水、沉降、气浮、分离后集水、收油等功能，因此针对数值模拟过程，对溶气气浮沉降罐的结构进行合理简化：

①略去溶气气浮沉降罐内的辅助部件及加强结构（如集油系统）；

②省去中心反应筒，来水从中心柱管依次流入配水干管和配水支管，再由配水口布于沉降罐内，经分离后的水相从集水口依次进入集水支管、集水干管。

10.2.1.2　数学模型

污水溶气气浮沉降过程中有气、液、固相混合，对于此类混合相的数值模拟，可以引入 FLUENT 软件中的混合模型（mixture model）。作为一种简化的多相流模型，混合模型考虑了相间的扩散作用和脉冲作用，引入了滑移速度的概念，允许各相以不同的速度运动，可用于模拟各相有不同速度的多相流，也可用于模拟有强烈耦合的各向同性多相流和各相以相同速度运动的多相流。

考虑到聚合物驱采出污水的沉降分离过程中沉降罐内复杂的流场，选择适用于高应变率、流线弯曲程度较大的 RNG k-ε 模型。RNG k-ε 模型的特点见 10.1.1 节。

10.2.1.3　网格划分

利用 Gambit 生成所建物理模型的非结构化网格。对于溶气气浮沉降罐，将模型拆分为四个部分，即沉降罐上部配水口附近的布水区域和布气区域及沉降罐中部自由沉降区域和沉降罐下部集水口附近的集水区域，分别以不同的网格密度对这些区域进行网格划分。其中，重点对布水区域和布气区域的网格进行加密。

10.2.1.4　数值计算

1）基本假设

聚合物驱采出污水的沉降分离特性主要与配水单元、布气单元及沉降分离区域的流场特征相关。因此，基于溶气气浮沉降罐简化物理模型，在三维数值模拟中，对聚合物驱采出污水的沉降分离过程作出如下假设：

①聚合物驱采出污水为油、悬浮固体、水三相混合物；

②沉降分离过程中沉降罐内油水界面始终保持在同一高度；

③沉降分离过程中聚合物驱采出污水的密度变化不大，视为不可压缩流体；

④沉降分离过程中聚合物驱采出污水的温度恒定；

⑤回流溶气水中的溶气量达到饱和状态；

⑥给定回流比的溶气水回流到布气单元后，溶气得以在对应释放压差下最完全释放，或某回流比的溶气水回流到布气单元以某释放压差释放时，溶气获得该释放压差对应的最完全释放。

2）边界条件

溶气气浮沉降罐物理模型的壁面边界考虑黏性的影响，壁面为静止状态；来水给定入口速度，出口边界采用自由出口。

3）基础参数

根据 1 200 m³ 罐容规格重力式沉降罐的设计规范与生产运行实践，以及对不同动力黏度采出污水水质特性的分析结果,设置溶气气浮沉降分离工艺下的模拟计算基础参数。

4)求解过程

鉴于污水重力沉降分离及气浮沉降分离过程中重力对流动特征影响的事实,考虑污水体系中相间存在相互的运动,因此计算方式为非定常计算。如前所述,湍流模型选择 RNG k-ε模型,压力-速度耦合的求解采用压力耦合方程的半隐式方法,即 SIMPIE 算法,压力梯度项选择“ Least-quares cell based”,压力离散项采用 PRESTO! 格式,时间项的离散采用一阶隐式格式,为在保证计算精度的前提下提高计算效率,各变量的松弛因子选择“默认”。

为方便对比,在聚合物驱采出污水的重力沉降分离特性模拟的基础上,采用与溶气气浮沉降相同的条件和方法进一步同步开展数值模拟,描述聚合物驱采出污水的普通立式重力沉降的分离特性,其模型建立及网格划分过程等不再赘述。

10.2.2 溶气气浮单元结构优化

从气水混合溶解、微小气泡释放形成到气泡载体作用发挥的一体化优化与改进是气浮工艺设计的关键。因此,本小节重点考虑溶气气浮单元布气工艺控制面积及布气工艺控制液位高度,兼顾配水单元压力场分布、分离流场中油珠、悬浮物的运动轨迹特征及对污水中油珠、悬浮物的去除效果,进行溶气单元工艺结构优化,优化形成适宜的气体释放头数量、适合的布气环布局模式及合理的布气液位高度的溶气单元工艺改进方案,以期为溶气气浮沉降罐的结构改进与聚合物驱采出污水的处理提效提供依据和支持。

1)布气环气体释放头布置优化

Ⅰ.模型建立及网格划分

继续以 1 200 m^3 罐容规格的溶气气浮沉降罐为原型,并对其结构进行同样的简化,建立物理模型,布气工艺采用单环布气,通过改变布气环上均匀分布的气体释放头间距,控制溶气气浮面积。基本假设、数学模型、边界条件、网格划分方法及求解方法均与前文相同。

Ⅱ.结果分析

Ⅰ)配水单元压力场分布

为探究与布水区域相接的布气区域布气环气体释放头布置的差异是否对溶气气浮沉降罐配水的均匀性存在影响,在数值模拟研究中,取沉降罐上部配水支管位置的横截面,分析聚合物驱采出污水的沉降分离运行稳定工况下配水单元的压力场分布。

布气环气体释放头以不同间距布置时,从中心柱管口位置延伸至配水干管区域均保持较高的压力分布,进入配水支管后压力则明显降低,至配水口时压力降到最低。在相同处理水质、相同处理量、相同溶气气浮运行工况参数及相同的配水单元结构下,当布气环气体释放头间距为 856 mm,(布气环气体释放头数量为 22 个)时,布水截面的压力整体降低,尤其在配水支管至配水口的区域,相对于布气环气体释放头的其他布置间距,此布置间距下的压力场分布相对更为均衡,这一压力场分布特征将提高沉降处理来水布水的均匀性,改善沉降分离流场的稳定性与聚合物驱采出污水的沉降分离效果。

Ⅱ)粒子迹线特征

当布气环气体释放头间距缩小(布气环气体释放头数量增多)时,布气区域及以上单位面积内呈抛物线轨迹向上运动的油珠粒子和悬浮物粒子数量明显增多，反映出对溶气气浮面积的更有效控制；同时，粒子轨迹向更为稳定有序的特征演变，揭示出更为均匀稳定的分离流场的构建，进而促进布气环气体释放头所释放的气泡附着、载体作用的发挥。然而，当布气环气体释放头间距从 1 046 mm 缩小到 856 mm 并继续缩小时，由于相同的回流比和溶气释放压差，单位时间、单位气浮面积释放形成的气泡相对增多，气泡间发生合并的概率便增大，造成连续性大尺寸气泡的产生，在微小气泡发挥浮选效应的同时，有不同连续程度的气相以非混合的状态参与聚合物驱采出污水体系混合物的沉降过程，使自沉降罐布气区域到沉降区域，粒子轨迹又向混乱特征发展，且有显著的涡流形成，分离流场的稳定性受到冲击，影响气浮效应的发挥。因此，布气环上气体释放头间距为 856 mm，也就是气体释放头为 22 个的方案，在模拟工况下的溶气气浮运行中能够获得油珠粒子、悬浮物粒子及其混合体粒子较为稳定有序的运动轨迹。

Ⅲ. 沉降分离效果

为了定量衡量布气环气体释放头布置对分离效果的影响，模拟工况运行稳定后，在距离沉降罐底部 1 400 mm 的集水口高度处取横截面，追踪提取截面上的油珠粒子、悬浮物粒子的体积分数分布，作为沉降分离出水水质的特性参数，并以主视方向上的横截面直径为横轴、横截面中心为原点，建立沉降分离出水含油率和悬浮物含量的分布特征，并结合来水水质特性，计算确定除油率和悬浮物去除率。

随着布气环气体释放头间距的缩小，也就是布气环气体释放头数量的增多，出水水质得到改善，且出水截面上水层的含油率和悬浮物含量的波动减小，表明聚合物驱采出污水中的油珠、悬浮物能够充分借助气泡的载体作用而浮升，但当布气环气体释放头间距缩小到 856 mm（布气环上均匀分布的气体释放头数量增加到 22 个）后，继续缩小布气环气体释放头间距，则出水含油率及悬浮物含量的分布相当，除油率和悬浮物去除率不再提高，反而有小幅降低的趋势，揭示出溶气气浮面积的控制程度达到极限，这与粒子轨迹特征的描述相吻合。模拟工况下，不同布气环气体释放头间距下的除油率和悬浮物去除率如表 10-1 所示。

表 10-1　不同布气环气体释放头间距下的除油率和悬浮物去除率

布气环气体释放头间距/mm	除油率	悬浮物去除率
1 046	59.89%	30.76%
942	61.10%	31.80%
856	65.08%	35.03%
785	64.32%	33.77%

2）布气环结构优化

Ⅰ. 模型建立及网格划分

继续以 1 200 m^3 罐容规格的溶气气浮沉降罐为原型，进行同样的结构简化，采用气体释放头数量为 22 个的布气工艺，通过改变布气环数量（单环、双环）控制溶气气浮面积。基本假设、数学模型、边界条件、网格划分方法及求解方法均与前文相同。

Ⅱ.结果分析

Ⅰ)配水单元压力场分布

取沉降罐上部配水支管位置的横截面,分析聚合物驱采出污水的沉降分离运行稳定工况下配水单元的压力场分布。结果显示,在单环和双环两种情况下,配水单元具有相似的压力场分布特征,从中心柱管口位置延伸至配水干管的区域均保持较高的压力分布,进入配水支管后压力则呈现下降趋势,至配水口时压力进一步降低,双环结构下配水单元的流场压力整体低于单环结构,压力场分布的均衡性增强,有益于布水均匀性的改善,从配水环节上保证聚合物驱采出污水的分离流场的稳定性和分离效果。

Ⅱ)粒子迹线特征

相比于单环结构,双环结构布气区域及以上的油珠粒子和悬浮物粒子呈抛物线轨迹向上运动的特征更显著,反映出对溶气气浮面积的更有效控制,气泡的载体作用发挥得更显著,且在自由沉降区域和集水区域,明显呈现更为稳定有序的粒子运动轨迹,表明双环结构在控制溶气气浮面积、稳定分离流场方面具有优势。

Ⅲ)沉降分离效果

追踪提取沉降罐集水口高度(距离沉降罐底部 1 400 mm)处横截面上油珠、悬浮物粒子的体积分数分布作为沉降分离出水水质的特性参数,并以主视方向上横截面的直径为横轴、横截面中心为原点,计算建立不同布气环结构下沉降分离出水含油率和悬浮物含量的分布特征。在双环形布气环结构下,出水含油率和悬浮物含量均略低,且在出水截面的波动小,分离出水水质稳定,这正是得益于此结构时布水的均匀性、溶气气浮面积的有效控制及分离流场的稳定性。模拟工况下,单环、双环结构下的除油率和悬浮物去除率如表 10-2 所示。

表 10-2 不同布气环数量下的除油率和悬浮物去除率

布气环数量	除油率	悬浮物去除率
1(单环)	65.08%	35.03%
2(双环)	66.71%	36.48%

3)双环布气结构高度优化

Ⅰ.模型建立及网格划分

以 1 200 m^3 罐容规格的沉降罐为原型,进行同样的结构简化,建立物理模型。布气工艺采用双环结构,内、外布气环上的气体释放头均匀分布,内布气环上以 1 570 mm 等间距分布 8 个气体释放头,外布气环上以 1 794 mm 等间距分布 14 个气体释放头,总计 22 个气体释放头共同控制溶气气浮面积,通过改变双环布气结构的高度控制溶气气浮作用的液位高度。基本假设、数学模型、边界条件、网格划分方法及求解方法均与前文相同。

Ⅱ.结果分析

Ⅰ)配水单元压力场分布

取沉降罐上部配水支管位置的横截面分析聚合物驱采出污水的沉降分离运行稳定工况下配水单元的压力场分布。在双环布气结构不同高度下,均存在中心柱管口至配水干管区域压力高、配水支管至配水口区域压力低的压力场分布特征;但随着高度的降低,配水单元的流场压力整体增大,压力场分布的均衡性下降。例如,布气结构高度为 10.6 m 时,配水单元的流场压力更小、分布更不均衡；而布气结构高度为 8.7 m 时，配水单元的流场压力更大、分布均衡性增强。这种压力场分布特征表明，沉降罐溶气单元布气工艺控制液位高度过低不利于发挥其对布水均匀性的促进作用，进而会影响分离流场的稳定性及聚合物驱采出污水的沉降分离效果。

Ⅱ)粒子轨迹特征

溶气单元中布气工艺双环布气结构高度在 9.7~10.6 m 改变时，分离流场中的粒子轨迹相似且稳定有序，反映出溶气气浮作用与控制液位高度的有效契合。而当双环布气结构高度降低到 8.7 m 时，由于布气区域占据了自由沉降区域，气泡释放形成、气泡附着浮升而带来的扰动使在自由沉降区域和集水区域的粒子的轨迹呈现杂乱特征，冲击分离流场的稳定性，进而影响出水水质，导致其波动。因此，9.7~10.6 m 的溶气气浮作用液位控制高度（双环布气结构高度），在模拟工况下能够获得油珠粒子、悬浮物粒子及其混合体粒子较为稳定有序的运动轨迹和均匀的分离流场。

Ⅲ)沉降分离效果

追踪提取沉降罐集水口高度（距沉降罐底部 1 400 mm）处横截面上油珠、悬浮物粒子的体积分数分布，作为沉降分离出水水质的特性参数，并以主视方向上的横截面直径为横轴、横截面中心为原点，计算双环布气结构不同高度下沉降分离出水的含油率和悬浮物含量。在相同的溶气气浮运行工况参数下，双环布气结构在 9.7~10.6 m 的高度范围内时，出水水质变化不大；但当双环布气结构高度降低到 8.7 m 后，出水水质显著恶化，此时出水截面上含油率和悬浮物含量的波动大，表明 8.7 m 不适合作为溶气气浮作用的液位控制高度，这也与粒子轨迹特征的再现与描述相吻合。模拟工况下，双环结构不同布气高度下的除油率和悬浮物去除率如表 10-3 所示。

表 10-3　双环结构不同布气高度下的除油率和悬浮物去除率

布气高度/m	除油率	悬浮物去除率
10.6	68.29%	37.59%
10.2	66.71%	36.48%
9.7	67.14%	36.65%
8.7	61.94%	29.96%

10.3　过滤工艺模拟及优化

10.3.1　过滤工艺模拟

10.3.1.1　过滤布水物理模型

油田压力式过滤罐常见的布水模式有条缝式布水和筛管式布水。前者由钢管焊接成带有一系列纵向条缝的空心柱形钢结构，来水经过滤罐入口汇管进入空心柱形体，继而经条缝自流达到给滤料层布水的目的；后者将一定规格的钢制筛管作为支管，在过滤罐圆周面以一定的分布距离，将系列支管呈同一平面焊接于空心柱形钢结构的周围，每一根支管上有均匀的条缝来给滤料层布水。本例选择条缝式和筛管式两种布水方式的压力式过滤罐为研究对象，分别模拟其在不同处理量及来水水质条件下的布水行为，确定适于聚合物驱采出污水的过滤处理的布水模式，并实现过滤处理段中布水工艺的优化。

条缝式布水模式的过滤罐入口设于过滤罐顶部，来水通过入口进入布有均匀竖直缝隙的柱形布水器，再通过布水器的缝隙流出，进而被分布到滤料表面。其中，条缝间隔为200 mm，条缝宽度为30 mm。

筛管式布水模式的过滤罐入口设于过滤罐的侧壁，来水通过入口进入集水单元，集水单元的周围配有等间距布水筛管，来水通过集水单元后迅速进入筛管进而完成布水过程。其中，布水筛管直径为219 mm，缝隙间隔为200 mm，缝隙宽度为30 mm。

10.3.1.2 数学模型

针对石英砂滤层中水流过滤流动的流动状态，1996年，董文楚提出了相应雷诺数的计算公式：

$$Re=\frac{\psi\rho v d_c}{6\mu(1-\varepsilon_0)} \tag{10-7}$$

式中：Re 为水流在粒状材料孔隙内的雷诺数；ψ 为滤料的形状系数，对于石英砂滤料，ψ 为0.820~0.885；ρ 为水的密度（kg/m^3）；v 为过滤罐内的平均过滤速度（m/s）；μ 为过滤罐内水流的动力黏度（Pa·s）；d_c 为滤料的当量直径（mm）；ε_0 为滤料的孔隙率。

当 $Re<0.5$ 时，流态判别为层流；当 $1<Re<10^4$ 时，流态判别为由层流向湍流转化的阶段；当 $Re>10^4$ 时，流态判别为湍流。

针对过滤罐滤料层区域的基本特征，主要考虑石英砂滤料颗粒的形状及其孔隙率等关键影响因素，采用式（10-7）计算雷诺数并进行流态判断。对不同工况进行分析计算，确定模拟中的过滤过程为湍流流态，故采用工程上广泛应用的 k-ε 模型。k-ε 模型是针对湍流发展非常充分的模型，也是一种针对高 Re 的湍流计算模型。

10.3.1.3 数学模型网格划分

利用Gambit建立前述模型并生成非结构化网格，包括进水口、布水单元、配水空间、滤料层、集水空间和出水口，进行条缝式和筛管式两种布水结构的网格划分。

10.3.1.4 数学模型数值计算

1）基本假设

布水均匀性主要与过滤罐布水单元及其布水后过滤过程中滤料层内的流场特征有关，因此依照前述物理模型建立，在此三维数值模拟中，对压力式过滤罐复杂原型进行合理简化，并就聚合物驱采出污水过滤流动作出相应假设：

①压力式过滤罐内部采用前述的简化结构；

②在分离过程中，聚合物驱采出污水的密度变化不大，因此将聚合物驱采出污水视为不可压缩流体；

③假定滤料层各向同性；

④在流动、过滤过程中，假定水质温度恒定。

2）边界条件

对于所研究的物理模型，壁面边界考虑黏性的影响，壁面为静止状态；来水给定入口速度，出口边界采用自由出口；滤料层和垫料层构成的滤床区域按多孔介质处理，孔隙率根据滤料和垫料的技术参数进行取值。

3）求解过程

根据过滤理论，过滤过程的计算属于液、固两相分离过程，混合流体在过滤罐内受到重力的作用，因此在计算中考虑重力对流体的影响。同时，液、固两相之间存在相互运动，因此计算方式为非定常计算。另外，考虑到油田聚合物驱采出污水中的离散粒子的体积分数小于 10%，故多相流模型选择离散相模型（discrete phase model，DPM）模型，相应参数包含体积力（implicit body force）和相对滑移（slip velocity）。如前所述，湍流模型选择 k-ε模型的标准形式，压力-速度耦合的求解采用压力耦合方程的半隐式方法，即 SIMPLE 算法，对于 Pressure 项的空间离散选择 “Body Force Weighted”，残差均设为 0.001，各变量的松弛因子选择“默认”。

4）计算基础参数

在布水均匀性特征描述的模拟计算中，根据油田采出水处理设计规范及大庆油田生产运行实践，直径为 4 m 的处理不同粒料（石英砂、核桃壳）的单台压力式过滤器的处理量通常为 50~200 m^3/h，过滤入口压力平均为 0.12 MPa，出口压力平均为 0.06 MPa，相当于稳定运行的过滤压差在 0.06 MPa 以内。因此，在布水特征模拟计算中，对于上述两种布水模式的过滤器，均考虑较低和较高两种处理量，水质及其特性参数则依据实际测试结果选取和取值。

在布水工艺优化的模拟计算中，同样选取直径为 4 m 的石英砂过滤罐为研究对象，通过改变筛管的布设数量，建立相应的物理模型，过滤水质及其特性参数同样依据实际测试结果选取和取值。

10.3.2　过滤布水工艺优化

从综合对比分析可知，由于具有更为完善的布水单元结构，筛管式布水过滤罐相比条缝式布水过滤罐表现出更为均匀的布水性能。然而，目前在筛管式布水过滤罐的设计、制造中，其布水单元所配备的筛管最优数量的确定仍然处在摸索阶段，往往依据经验而定。因此，优化布水工艺、优化筛管布设数量，是大力推进筛管式布水过滤罐的前提。基于筛管式布水过滤罐的布水均匀性优势，以筛管式布水过滤罐为原型，改变筛管的布设数量，同前建立相应的物理模型。描述流动、过滤过程的控制方程与前述相同，在此不再赘述。

1）压力场分布

为了更加准确地分析不同布水筛管数量下过滤罐内压力的稳定性，以过滤罐内最大的压力和某位置处的压力差计算压降，分析过滤罐内的压降波动情况。

Ⅰ. 布水单元压力场分布

对布水单元进行局部分析，布设不同数量的筛管，由布水单元压力场分布可知，6 种筛管数量的布水单元均呈现出相同的压降规律，即在入口处压降较低，在中央柱状集水区域由于体积突扩而压降较大，筛管内的压降分布则较为稳定、均衡。

Ⅱ. 过滤罐内部压力场分布

在模型中建立过滤罐纵截面，研究过滤罐内整体压降的变化特征，从而全面分析布设不同数量的筛管的过滤罐内部流场的变化。不同筛管数量下过滤罐在进水口处的压降均较低，随着筛管布设数量的增加，整体压降数值有减小且平稳的趋势，这一稳定的压降特征揭示了过滤罐运行的稳定程度。

2）压降特征

为了进一步定量地分析压降特征分布，提取 6 种筛管数量下过滤罐轴线（即 z=0）处的压降数据进行分析。6 种筛管数量的过滤罐内轴线运行压降变化规律较为一致，在距离过滤罐顶部 0~2 m 的范围内，过滤罐内的压降平稳；在距离过滤罐顶部 2~4 m 的范围内，即过滤罐的滤料层位置处，过滤罐内的压降平稳升高；在滤料层之后，压降继续升高但幅度相对降低。

3）迹线特征

为了更加清晰地掌握布水均匀性效果，通过提取不同筛管数量的过滤罐中部分粒子的运动轨迹，掌握粒子运动及在过滤罐内的分散情况。随着筛管数量的增加，粒子分布更加均匀且分散，揭示了 9 筛管和 10 筛管布水具有的优越布水性能。

4）粒子分布及聚集特征

在过滤罐模型中建立滤料层横截面，进一步观察等量粒子在滤料表层的分布及聚集情况。随着布水单元筛管数量的增加，过滤罐内粒子分布呈现出更加分散的趋势。

在以上分析的基础上，同样基于图像分析方法，利用 Image-Pro Plus 图像分析软件对不同布水工艺滤料表层的粒子分布及聚集特征图像进行处理分析。定量计算结果表明，当筛管数量增加到 9 时，布水效果达到最大均匀程度。

综合分析过滤罐内的压力场分布、过滤轴线压降特征、粒子轨迹、滤料表层粒子分布及聚集行为，针对直径为 4 m 的聚合物驱采出污水压力式过滤罐，9 筛管布水模式能够稳定而均匀地布水，选用 9 筛管可有效保证聚合物驱采出污水的过滤处理效果。

10.4 用于混凝工艺的模糊神经网络模拟

10.4.1 混凝工艺出水水质预测系统模拟

本研究考虑的变量有进水 COD、进水流量、加药量及出水 COD，通过考察高效反应器出水 COD 和进水 COD、进水流量、加药量之间的关系，为建立模糊控制模型取得足够、合适的训练样本。在本研究中，废水取自某造纸厂，主要原料为废旧箱纸板，聚合氯化铝絮凝剂（PAC）的质量分数为 5%。在本研究中，各变量的改变周期为 0.5 h，出水 COD 为剔除了异常值之后的平均测量值，由于在实际生产过程中出水 COD 是变化的，因此每次从工厂取来的进水 COD 都是不同的。

在实验时，进水 COD 的变化范围为 648~2 120 mg/L，加药量的变化范围为 0.2~1.3 mg/L，进水流量的变化范围为 12~18 mg/L。由此可以看出，进水 COD 的变化范围较大，为了更好地覆盖所有变量空间，需要选择多个水平。假设进水 COD 为 6 个水平，如果加药量和进水流量也均为 6 个水平，则全面实验需要 216（$6 \times 6 \times 6$）个，若选取的水平更多，实验次数会进一步增加，在目前的实验条件下很难完成。为了满足上述样本数据的要求，结合实验室条件情况，采用正交试验法较为合理，即考虑进水 COD、进水流量和加药量 3 个因素，每个因素选取 4 个水平，在 3 个因素的变化范围内，根据正交试验搭配 $L_{16}(4^5)$分配实验号进行实验。

在实验过程中，通过向从工厂取回来的废水中加入一定量的清水得到 COD 不同的样本，本研究中共得到 64 个样本。数据采集完成后，为消除量纲的影响，对原始数据进行归一化处理。经归一化后的数据在 MATLAB 2021a 软件中进行 PCA 降维操作，通过分析各个变量的相关性，降低输入数据的维数，去除冗余信息，减少模型算法的计算量。对模糊神经网络模型进行性能分析，预测模型结构如图 10-1 所示。隶属度函数选用高斯函数。神经网络的输入量和输入层构成了网络的输入空间划分部分。该部分完成对输入数据的聚类、聚类中心修正工作。系统输入空间由 8 个变量构成，输入空间 $X=(x_1, x_2, \cdots, x_i)$，变量 $x_i(i=1, 2, \cdots, 8)$表示神经网络输入节点的个数。每个输入节点 x_i 与隐藏层中的 s 个节点相连，其节点个数代表了对输入变量的模糊分割数，也就是通过聚类方法得到的模糊规则数。因此，输入层节点个数为 8。

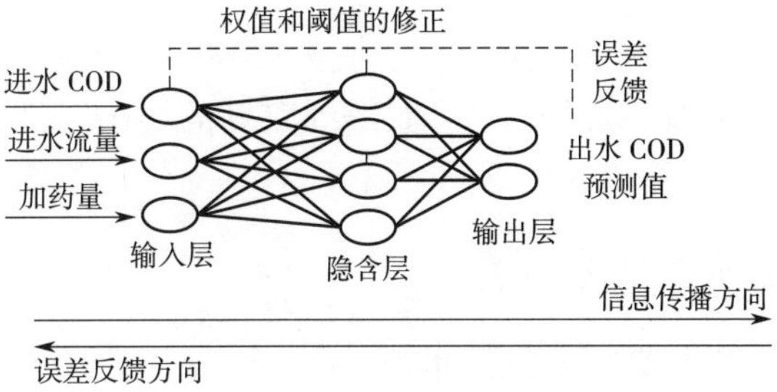

图 10-1　BP 神经网络原理

系统的模糊推理部分由第 1、2、3 隐藏层完成，实现每条规则的匹配工作。若通过聚类方法得到的模糊规则数为 3 条，则第 1、2、3 隐藏层的节点数均为 5。神经网络的输出层由 1 个节点构成，表示推理后的出水 COD 预测值。

将通过预处理后得到的 62 组数据分成训练数据和测试数据，为了使训练后的网络具有代表性，以训练数据中的 32 组为样本数据，其余 30 组作为测试数据，它们分别用于聚类工作、网络训练和检验训练后的网络泛化能力。

T-S 模型对输入空间的划分是线性的，即输入变量间是彼此独立的。对于复杂的非线性输入空间，应用 T-S 模型必须将输入空间分割得很细，这样系统中规则的数目将急剧增加，系统显得庞大而不易理解。聚类算法则能够很好地解决这个问题。在此通过 MATLAB 提供的模糊 C 均值聚类函数对训练数据进行聚类，得到 12 个聚类及其中心。这 12 个聚类就是从训练数据中归纳出的 12 条模糊规则，即对应如下规则：

$$R_i\text{: If } x \text{ is } A_i \text{ and } v \text{ is } B_i \text{ and} \ldots \text{and } y_1 \text{ is } G_i \text{ and } y_2 \text{ is } H_i,$$

$$\text{then } z = f(x, v, \ldots, y_1, y_2), i = 1, 2, \ldots, 12。\tag{10-8}$$

其中：$A, B, \cdots, G, H$ 为属于变量 $x, v, \cdots, y_1, y_2$ 的模糊变量；$f(\cdot)$表示输出与所有输入变量间的线性函数。

确定模糊神经网络预测模型结构和前件参数初始值后，利用混合算法对网络进行训练，当经过 937 步训练后，误差 E 达到规定值，此时可以得到修正后的网络前、后件参数，它们能够大大改善系统的功能。

由于网络输出是输入变量的线性函数，因而每一类均有 9 个常数参数，利用得到的网络前、后件参数即可实现对样本数据的仿真。利用训练好的网络模型对训练数据进行仿真，网络的仿真输出与实际输出非常接近，两者的相对误差绝对值为 0~0.065%，说明该模型的训练是成功的，该模型具有很强的学习能力，它储存了废水处理系统的运行信息。模型输出变量与输入变量具有时间差的映射关系，因此只要采集到式（10-8）右边相关的变量值，模型的输出就是废水的出水 COD 预测废水处理过程智能控制建模与策略值。模型输出曲线很好地跟踪了实际输出曲线，样本模型输出与实际输出的相对误差绝对值为 0.267 9%~16.105 7%。相对误差较大的原因是，足够的训练样本及如何选择训练样本对网络的学习和泛化能力影响很大，当测试数据仿真误差较大时，其相对于训练样本空间的分布较稀疏，即训练样本空间未能完全包含各种可能的系统信息，网络在其周围未能得到充分训练。

另外，输出误差比训练数据误差大的原因是，测试数据是网络模型未见过的信息。但这样的误差在废水处理领域是可以接受的，可以用来预测废水的出水 COD。

值得注意的是，62 组训练样本数据是通过分批次实验得到的，各批次在时间上是不连续的，但仿真时没有表现出明显的差异，表明神经网络具有很强的抗干扰能力；同时，其中 30 组训练样本数据并未参加网络训练，仍能得到较好的输出，说明网络具有较强的泛化能力。

10.4.2 混凝工艺加药控制系统模拟

影响混凝处理效果的主要因素包括水温、pH 值、反应器的进水流量、反应器的进水 COD、加药量等。由于本例所有实验都是在室温条件下进行的，而从工厂取样得到的废水的 pH 值稳定在 6.5~7.5，因此水温和 pH 值这两个因素可以忽略不计。对于非线性大滞后系统，实现快速稳定控制是过程控制工程中的一个难题，大滞后系统响应不仅跟当前时刻的因素有关，还跟历史时刻的发展趋势有关，反映在废水处理中就是出水 COD 不仅与上述因素有关，还与历史时刻的出水 COD 有一定的关系。因此，最终确定的因素为进水流量、进水 COD、加药量、出水 COD 的历史值及其变化趋势。

一方面，考虑到废水处理系统具有时变性和不确定性等，神经网络模型不能很好地逼近对象的动态特性，控制器模型也就不能很好地映射对象的逆动态特性。因此，在系统运行过程中，把实时的实验数据作为预测模型和控制模型的训练样本，对神经网络模型进行动态训练，以保证闭环系统的稳定性和良好的控制效果。

另一方面，考虑到废水处理过程具有纯滞后非线性特性，采取的模型应由两类网络组成：一类是用于系统控制的模糊神经控制器（FNNC），位于前向通道；另一类是用于被控对象输出预测的模糊神经预测器（FNNP）。预测器通过对网络的学习，预测被控对象的未来输出，使控制器预先感知系统输出状态的变化趋势，从而进行相应的调整。

废水处理系统属于大滞后系统，需要根据当前时刻影响出水 COD 的因素，预测未来时刻的出水 COD，以便与出水 COD 期望值比较，根据它们的差值来调节当前时刻的加药量，这就涉及三个方面的工作：①确定影响出水 COD 的因素；②较准确地预测出水 COD；③实现加药量的调节。

综合上述工作内容，本研究建立的混凝工艺加药控制系统由四部分组成：一体化高效处理系统、模糊神经网络预测模型、模糊神经网络控制器和优化处理器（网络模型算法）。首先，将由 10.4.1 小节预测得到的出水 COD 预测值与期望值比较，得到 $e(t+\Delta t)$和 ec$(t+\Delta t)$，将这两个量输入控制器，计算得到加药变化量 $\Delta u(t)$，然后修正当前的加药量 $u(t)$，进而完成加药量的自动调整。这一控制量同时输出到预测模型作为预测模型的一个输入参数，由预测模型计算在这一加药量的作用下，系统下一时刻的出水 COD。由于建模不可能完全精确，因此由预测模型输出的出水 COD 和期望出水 COD 之间存在误差，将误差信号和该时刻的期望出水 COD 进行比较，再作为输入量的控制模型，得到下一周期应加给系统的控制量，依此循环进行，从而实现废水处理系统的在线预测和实时控制。

10.5　用于高级氧化工艺的 BP 神经网络模拟

10.5.1　高级氧化工艺出水水质预测系统模拟

本节建立模型的数据来源于过硫酸盐（PS）高氧设备调试正常运行后采集的数据。对采集到的数据剔除明显异常值后，共得到有效原始数据 120 组，实际建模采用的数据为 64 组，其中 48 组作为训练数据，8 组作为测试数据，其余 8 组作为验证数据。运行数据原始参数包括进水流量、过硫酸盐用量、亚铁盐用量、氢氧化钠用量、絮凝剂用量、进水 COD、出水 COD。其中，进水流量、各药剂用量均由加药管道所安装的流量计获取，进、出水 COD 为水质化验员每日实际检测数据。在数据选择上，为了保证数据预测的合理性和有效性，训练与测试数据包括设备启动运行与调试不同时期的各个阶段的数据，验证数据均来自正常平稳运行后的数据。数据采集完成后，为消除量纲影响，对原始数据进行归一化处理。经归一化处理后的数据在 MATLAB 2021a 软件中进行 PCA 降维操作，通过分析各个变量的相关性降低输入数据维数，去除冗余信息，减少计算量。

以 PS 高级氧化技术深度处理造纸废水好氧生化出水为研究对象，以预测出水 COD 浓度为研究目的，基于 PCA-BP 神经网络的出水 COD 预测模型的主要流程如图 10-2 所示。

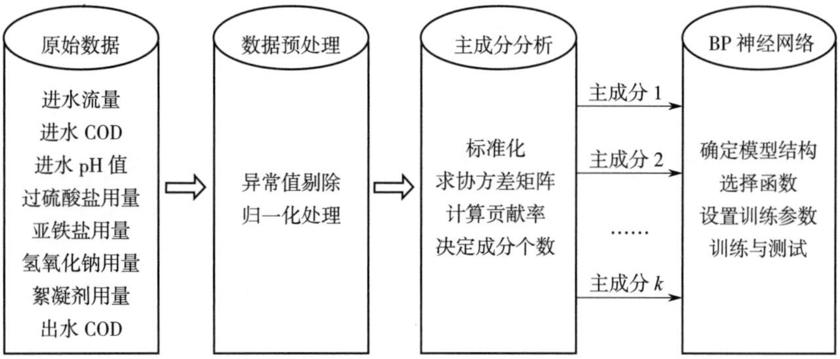

图 10-2　PCA-BP 模型流程

（1）确定辅助变量，选取能直接检测并且与出水 COD 密切相关的水质变量与药量。

（2）采集数据，建立训练样本数据库，根据该系统实际运行的每日进出水水质数据与用药量，构建模型输入输出向量的集合，其中初始输入向量包括进水流量、进水 COD、进水 pH 值、过硫酸盐用量、亚铁盐用量、氢氧化钠用量与絮凝剂用量，输出数据为出水 COD。

（3）由于工业现场采集到的数据难免会存在随机误差甚至是过失误差，这些误差会对模型的预测结果造成很大的影响，因此需对步骤（2）中采集到的模型输入输出数据进行异常值剔除及归一化处理，建立辅助变量数据样本集和预测变量数据集。

（4）利用主成分分析（PCA）法分析辅助变量集，借助正交变换将初始相关的随机变量变换成不相关的新变量，最终确定辅助变量为进水流量、进水 COD 和过硫酸盐用量。

（5）搭建 PCA-BP 神经网络出水 COD 预测模型，确立 BP 神经网络的初始权值和阈值，并通过试错法确定隐藏层的神经元数。利用步骤（3）中的辅助变量数据样本集和预测变量数据集组成数据集，将数据分为训练样本数据、测试样本数据、验证样本数据，利用训练样本数据对模型进行训练，直到满足条件为止。

模型参数的选择与设定对模型的构建极为关键，所要建立的基于 PCA-BP 神经网络的出水 COD 预测模型，其输入层变量包括进水流量、进水 COD、过硫酸盐用量，输出层变量为出水 COD。因此，可以确定模型输入层节点数为 3，输出层节点数为 1。隐藏层的设置对 BP 神经网络来说十分重要，当隐藏层神经元选取过少时，系统容易出现过度拟合的现象。通过试错法，最终确定隐藏层为 2 层，第一隐藏层神经元节点数为 8，第二隐藏层神经元个数为 5。模型的最终拓扑结构为 3-8-5-1。

BP 神经网络各参数设置：各层之间的传输函数 TF_1=tansig，TF_2=logsig；训练函数选取 trainlm 函数；训练算法选取 Levenberg-Marquardt 算法，用来调整 BP 神经网络拓扑模型中各神经元的权值；最大训练次数为 10 000；训练目标为 0.1；学习率设为 0.01。

10.5.2 高级氧化工艺加药控制系统模拟

本节所述 PS 高级氧化技术智能加药控制系统的控制结构如图 10-3 所示。该系统由四个部分组成，包括 PS 高级氧化处理系统、BP 神经网络预测模型、模糊控制器和优化处理器。其中，BP 神经网络预测模型以进水流量（m^3/h）、进水 COD（mg/L）、过硫酸盐用量（L/h）为输入，以出水 COD（mg/L）为输出。模型的具体建立过程见 10.5.1 节。模糊控制器以 BP 神经网络预测模型出水 COD 的预测值与期望值之间的偏差 e 及偏差变化率 ec 为输入，以过硫酸盐用量修正量 $\Delta u(t)$为控制输出。通过该输出修正当前的过硫酸盐用量，进而完成加药量的自动调节。

废水处理过程具有时变性和不确定性，因此若预测模型不能很好地逼近对象的动态特性，则控制模型就不能很好地映射对象的逆动态特性。因此，本研究将现场采集到的实时数据作为预测及控制的训练样本，以保证控制效果的稳定性。由设备实际运行处理过程可知，影响 PS 高级氧化处理系统的因素主要包括：①进水 COD；②进水流量；③过硫酸钠用量；④硫酸亚铁用量；⑤初始 pH 值；⑥絮凝剂用量；⑦氢氧化钠用量等。现场长期监测数据显示，该进水 pH 值长期稳定在 6.5~7.5，故可不做考虑，同时结合主成分分析结果，最终确定的影响因素包括进水流量、进水 COD、过硫酸盐用量。

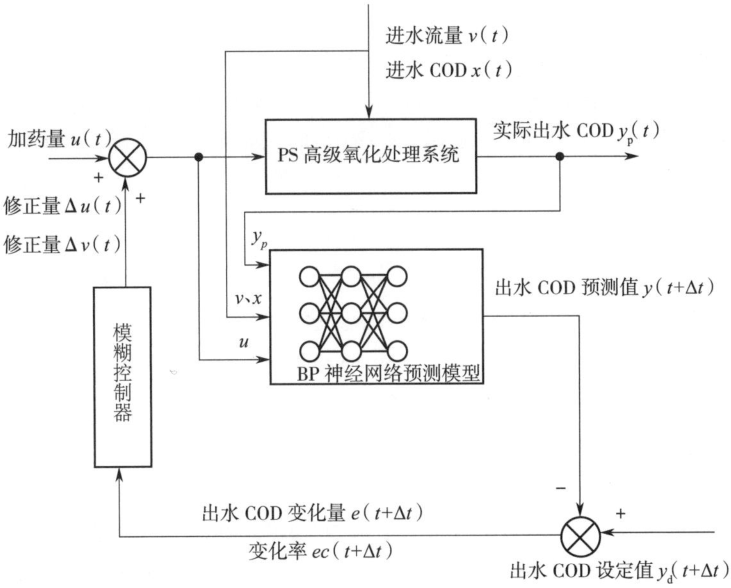

图 10-3　模糊 BP 神经网络控制结构

模糊控制器设计的主要步骤包括：模糊控制器结构选择；确定输入、输出变量；模糊化；建立模糊控制规则；解模糊化。

具体建模步骤如下。

(1)模糊控制器结构选择：一般来说，模糊控制器常见的结构形式包括一维、二维、三维，维度越高，精确度越高。但维度增加，会使得控制规则变得极其复杂。本例选取的模糊控制器为二维双输入单输出结构。控制器的两个输入分别为 $t+\Delta t$ 时刻期望出水 COD(设为定值)和预测值之间的偏差 e 及偏差变化率 ec，由这两个变量来体现被控对象的动态与静态特性。最终采用的结构为 2-14-49-49-1：第一层节点数为 2，代表偏差 e 和偏差变化率 ec；第二层有 14 个节点，代表 14 个隶属函数，此层完成隶属度函数值的求取；第三层有 49 个节点，代表 49 条模糊规则，此层完成模糊规则的前件计算；第四层有 49 个节点，代表 49 个隶属度的适用度；第五层有 1 个节点，代表 t 时刻过硫酸盐用量的修正量。

(2)确定输入、输出变量：该模糊控制器以 BP 神经网络预测模型出水 COD 的预测值与期望值之间的偏差 e 及偏差变化率 ec 为输入，以过硫酸盐用量的修正量 $\Delta u(t)$ 为控制输出。

(3)模糊化：根据废水处理系统的要求，出水 COD 的期望值为 60 mg/L，偏差 e、偏差变化率 ec、用量 $u(t)$ 的基本论域分别设定为 [−30, +30]、[−10, +10] 和 [0, 100]，对应的模糊论域分别为 [−3, +3]、[−3, +3] 和 [0, 4]；系统输入的各量化因子分别设置为 $K_e = 3/30 = 0.10$，$K_{ec} = 3/10 = 0.3$，$K_u = 100/4 = 25$。

(4)建立模糊控制规则：根据模糊集的定义和现场操作员在操作过程中遇到的情况及专家经验，可以得到 49 条模糊规则，模型可描述为

$$R_m:\ \text{if } x_1 \text{ is } A_i^1 \text{ and } x_1 \text{ is } A_j^2,\ \text{then } u \text{ is } B^m,\quad i = j = 1,2,\cdots,7;\ m = ij \tag{10-9}$$

其中：x_1、x_2 分别对应于偏差 e 和偏差变化率 ec；$A_i^1 = A_j^2 = \{$NB, NM, NS, NO, PS, PM, PB$\}$；u 对应于过硫酸盐加药量的调整量；$B^m = \{P_1, P_2, P_3, P_4, P_5\}$。

（5）解模糊化：用重心法解模糊化。将输入变量与输出变量的特性规则、隶属函数导入MATLAB软件的Fuzzy工具箱中进行编译，可得到不同输入量对应的输出量集合。

在完成基于PCA-BP神经网络出水COD预测模型及模糊控制器的设计后，在MAT LAB 2021a软件中利用Simulink建立该智能加药系统的最终仿真模型。

参考文献

[1] GOULA A M，KOSTOGLOU M，KARAPANTSIOS T D，et al. A CFD methodology for the design of sedimentation tanks in potable water treatment case study：the influence of a feed flow control baffle [J]. Chemical engineering journal，2008，140（1-3）：110-121.

[2] 韩占忠. FLUENT 流体工程仿真计算实例与应用 [M]. 北京：北京理工大学出版社，2004.

[3] 王福军. 计算流体动力学分析 CFD 软件原理与应用 [M]. 北京：清华大学出版社，2004.

[4] 张晶. 基于 CFD 的三相分离装置工作性能仿真与参数分析 [D]. 长沙：中南大学，2014.

[5] 魏海鹏，符松. 不同多相流模型在航行体出水流场数值模拟中的应用 [J]. 振动与冲击，2015，34（4）：48-52.

[6] 马贵阳，王岳，张育才，等. RNG k-ε 模型在内燃机缸内湍流数值模拟中的应用 [J]. 石油化工高等学校学报，2002，15（1）：55-59.

[7] 陆伟刚，王东伟，徐磊，等. 湍流模型在肘形进水流道三维流场数值模拟中的适用性研究 [J]. 水电能源科学，2018，36（9）：110-113.

[8] 董文楚. 微灌用砂过滤器的过滤与反冲洗 [J]. 中国农村水利水电，1996，25（12）：15-19.

[9] 董娜，常建芳，韩学烁，等，大时滞系统的无模型控制方法及应用 [J]. 哈尔滨工程大学学报，2018，39（12）：1987-1993.

[10] TAMURA S，HIGUCHI S，TANAKA K. Pattern classification based on fuzzy relations[J]. IEEE transactions on systems，man，and cybernetics，1971（1）：61-66.

[11] BEZDEK J C. Pattern recognition with fuzzy objective unction algorithms[M]. New York：Plenum Press，1981.

[12] 张震，张德聪. 实验设计与数据评价 [M]. 广州：华南理工大学出版社，2014.

[13] RODA I R. Development of a case-based system for the supervision of an activated sludge process [J]. Environmental technology，2001，22：477-486.

[14] DU Y G，TYAGI R D，BHAMIDIMARRI R. Use of fuzzy neural-net model for rule generation of activated sludge process [J]. Process biochemistry，1999，35：77-83.

[15] 杨智迪. 基于 BP 神经网络的印染废水处理组合工艺系统建模及优化控制研究 [D]. 镇江：江苏大学，2017.

第 11 章　污染地下水多相抽提工艺模拟及优化

地下水污染修复技术有多种分类方法。按照修复原理,地下水修复可分为生物修复、物理修复、化学修复和物理化学修复等。按照处置场所,地下水修复可分为原位修复和异位修复技术。原位修复减少了地下水中污染物的暴露,针对性较强,对周边环境的干扰较小,修复效果明显,具有良好的应用前景。目前,较为典型的原位修复技术有渗透反应墙技术、地下水多相抽提技术、地下水监控自然衰减、原位化学氧化/还原技术和原位生物通风技术等。

随着地下储油罐泄漏频发及有机溶剂的广泛使用,挥发性有机化合物(VOCs)进入土壤的概率增大,增大了含水层污染的风险。由于挥发性较强又不易溶解, VOCs 在地下介质中主要以非水相液体(NAPL)形式存在,同时形成非混溶多相流体系,在地下介质中通过挥发、溶解、吸附等作用,在 NAPL 相、气相、液相、固相(吸附相)间发生相间传质作用。多相抽提(multi-phase extraction, MPE)技术是常用的石化场地原位修复技术之一,它的原理是利用真空泵或潜水泵,同时抽取地下污染区域的土壤气、地下水和 NAPL,以达到同时修复受污染的地下水和土壤包气带的目的。该技术通过真空泵或潜水泵在土壤或地下介质中产生负压梯度,迫使周围的 VOCs 挥发或直接进入抽提管道,最后在地面进行相分离和处理,修复过程往往涉及 VOCs 在气、液、NAPL 三相之间的传质作用。

相比于传统的处理技术, MPE 技术对修复地块的扰动小,能够同时抽提饱和区与非饱和区中气相、水相、固相中的 NAPL,以及自由态 NAPL,具有较好的修复效果,已在国内外被广泛应用于污染场地修复。

11.1　污染地下水 MPE 技术的原理、工艺流程和应用场景

11.1.1　技术原理

MPE 同时结合了土壤气相抽提(soil vapor extraction, SVE)与地下水抽出处理(groundwater pump and treat, P&T)的特点,是 SVE 和 P&T 的综合产物。MPE 的原理是通过地面设备(真空泵、鼓风机、潜水泵等),向抽提井施加真空,或使用潜水泵提升等手段,同时抽取地下污染区的土壤气体、地下水和 NAPL 相污染物到地面进而进行处理的系统。根据抽提结构的不同, MPE 可分为单泵抽提系统和双泵抽提系统。单泵抽提系统将土壤气、地下水和 NAPL 通过单个真空源(真空泵或鼓风机)从抽提井中输送到地面;在双泵抽提系统中,土壤气、地下水和 NAPL 通过独立的泵或真空系统进入对应的导管,再被抽提到地面。MPE 系统主要包括抽提单元、相分离单元和污染物处理单元。

多相抽提系统是 MPE 技术的核心,包括仅由真空泵提供动力的单泵系统和由真空泵和潜水泵同时提供动力的双泵系统,可以同时抽取地下污染区的土壤气相、地下水相和 NAPL

相污染物到地面处理设备中。单泵抽提系统仅由真空设备提供抽提动力，抽提深度较浅；双泵抽提系统由抽提泵和真空泵共同提供抽提动力，抽提深度可大于 10 m，对一定范围内的含水层具有较好的适用性。

11.1.2 工艺流程

MPE 技术通常由多相抽提、多相分离和污染物处理三个主要工艺流程组成。如前所述，多相抽提即向抽提井施加一定的真空度，从与抽提井相连的地下包气带、毛细水带和饱水带中同时抽提出污染的气体和液体（通常包括土壤气、地下水和 NAPL）。相分离系统完成抽出物的气液分离及分离出的液相的油水分离，经过多相分离后，抽提出的含有污染物的流体被分为气相、水相和 NAPL 相等。污染物处理系统包括废气处理设备和废水处理设备，用于处理相分离后含有污染物的废气和废水，分离出的油相物质收集后一般作为危险废物处置。MPE 技术的工艺流程如图 11-1 所示。

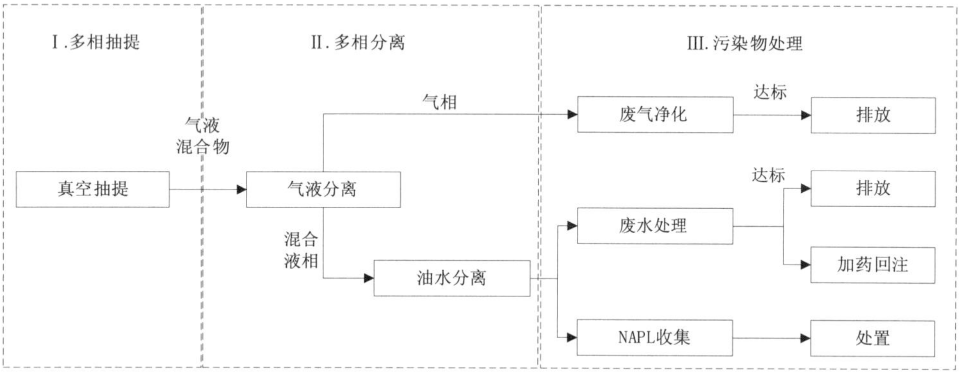

图 11-1 MPE 技术的工艺流程

11.1.3 应用场景

MPE 技术适用于处理挥发性强、易流动的有机污染物（如石油类、氯代烃），其对污染地块中有机污染物的削减存在多种机制。在真空泵作用下，抽提井附近地层中的流体响应压力梯度不断流入抽提井，地下水中的溶解态污染物和轻 NAPL（LNAPL）被抽离去除。与抽提井连通的土壤孔隙中气压下降，挥发性有机化合物（VOCs）和半挥发性有机化合物（SVOCs）向土壤气相加速转移，并随气流一起被抽离土壤。流通的气体使土壤通气状况得到明显改善，土壤孔隙中氧含量增加，有助于促进原位好氧微生物发挥降解作用。此外，MPE 技术抽取地下连续流体和土壤气体产生的真空脱水作用降低了抽提井周边的地下水位，导致周围地层的空气渗透率升高，滞留在土壤中的 VOCs 和 SVOCs 将再分配至气相中，从而提升污染物修复效率。

MPE 技术对土壤气体和地下水的抽提流量主要受污染地块的水文地质条件影响。通常认为，最适合 MPE 技术的渗透系数（K）为 10^{-5}~10^{-3} cm/s，对应于中低渗透性土质（砂—粉质黏土）。黏土的渗透系数 K 通常小于 10^{-6} cm/s，故 MPE 技术难以达到理想的修复效果。MPE 技术原位修复污染地块时，相对分子质量较小、易挥发和易溶解的有机污染物可被有效去除，而相对分子质量较大和挥发性较低的有机污染物难以被去除。

MPE 修复过程中往往伴随着气、水、NAPL 三相的相互转化，最终的修复效果受场地水文地质条件（含水量、渗透率、孔隙度等）、MPE 系统形式（单/双泵、抽提速率、抽提压强、抽提方式等）、污染物理化性质（相对分子质量、亨利系数、蒸气压等）等条件影响。

11.2　多相抽提技术中的多相流数值模拟

近年来，国内外研究者对 MPE 数值模拟的研究更为深入。Robert 等通过修改 TMVOc 的源代码，提出基于井中液位波动测量值预测 LNAPL 体积的模拟模型，并对模型进行了求解，验证模型的合理性，为完善污染场地的概念模型并确定潜在的 LNAPL 去除终点奠定了研究基础。Qi 等建立了一个数值模拟模型，可以通过输入或改变多孔介质类型、LNAPL 背景值，以及包括抽提泵位置、液相抽提速率等相关抽提系统工艺参数在内的模型参数，输出相应的修复效率（即苯的累积去除量），为进一步探究多相抽提修复效果与各项参数间的关系提供了科学方法和理论依据。赵科锋等利用 TOUGH2 中的 T2VOC 模块建立了多相流数值模型，探究在单井抽提和原位冲洗修复过程中 LNAPL 的时空变化规律，结果表明 MPE 系统可以有效清除包气带中的 LNAPL 污染物，为受 LNAPL 污染的土壤及地下水修复提供了理论依据。田蕾等使用 TOUGH3 中的 TMVOC 模块，以某典型污染场地为研究区，设置多种情景下的多相抽提方案，分析了渗透率对 MPE 去除效率的影响，结果表明，多孔介质的渗透率与 LNAPL 的去除效率正相关，且介质渗透率越低，NAPL 相的污染物越难以去除。

11.2.1　模型概化及参数设置

11.2.1.1　污染场地概化

选用全国不同地区 13 个典型苯系物（BTEX）污染场地（S1~S13）的水文地质数据，基于 Petrasim 软件（TOUGH2 的商用可视化模型）的 TMVOC 子模块，构建二维剖面模型，研究包气带和饱和带中的污染物迁移转化规律，从污染物的分布，气、液、NAPL 三相之间的相互转化，NAPL 相饱和度等角度进行分析。

11.2.1.2　污染场地概念模型

根据 13 个典型场地的资料数据，将每个场地的相关水文地质参数进行概化。基于 TMVOC 模块模拟 BTEX 的泄漏和迁移转化过程。由于 BTEX 的密度比水小，当污染物到达地下水面时，会随着水流方向产生较大的横向迁移，模型采用笛卡尔正交坐标系，模型的 X 轴（长度）按顺水流方向选取 100.002 m，Y 轴（宽度）选取 1 m。模型的 Z 轴（高度）按包气带和饱和带的厚度建立，左右两侧设置列宽为 0.001 m 表示模型的左右边界，顶部设置 0.001 m 高的单元格表示大气边界，模型边界均与外界保持联系，保证模型物料平衡。

11.2.1.3　参数设置

为了使模拟结果更具科学性，设置所有场地地下水流向一致，水力梯度计算公式为

$$I = \frac{H_1 - H_2}{L} \tag{11-1}$$

式中：I 为水力梯度；H_1 为上游水位埋深（m）；H_2 为下游水位埋深（m）；L 为模型长度（m）。

模型中的相关参数根据现场试验和相关文献中的经验参数获得。设置所有模型的岩性成分的密度均为 2 600 kg/m³，岩石颗粒比热容为 1 000 J/（kg・℃），模型温度均设置为 25 ℃。模型中只考虑对流、弥散、溶解、吸附，不考虑生物降解的影响；地下水的来源主要为大气降雨入渗和地下水流的汇入，降雨入渗量表达式为

$$Q = 2.74\alpha WA \tag{11-2}$$

式中：Q 为每个网格的入渗补给量（m³）；2.74 为经验参数；α 为入渗系数，取经验值；W 为年降雨量（m）；A 为集水面积（m²），即每个网格与大气接触的面积。

为使模拟结果更加符合实际情况，模拟 BTEX 迁移转化前，模型运行 1 年后，使模型达到重力和毛细压力的平衡状态。概念模型顶部设置为固定大气边界，压力为 1.013×10^5 Pa；概念模型左右边界设置为定水头边界。大气边界和水头边界在模拟过程中一直保持与外界联系，以保证概念模型中的物料平衡、气相流动和地下水流动。大气边界和水头边界与外界条件关联，以保证热物理化学反应和物料平衡。概念模型下边界为无通量边界。由于重力和毛细压力作用的影响，场地模型逐渐达到平衡状态。包气带中的压强由于土壤孔隙的存在与大气压强相差不大，但在饱和带中，随着深度增加，压强不断增大。

11.2.2 污染多相流数学模型

11.2.3.1 污染多相流基本方程

与单相系统不同，构成多相系统的孔隙空间中存在多种相态。在有效空间内，由单相占据全部的孔隙体积转变为不同相共同占据，且存在一定比例。若要计算某一组分在多相系统中的质量变化，结合质量守恒定律可以推出，该组分在单位时间单位体积内的流入、流出质量之差即为质量变化量，因此其数学表达式为

$$\frac{\partial\left(\varphi \tilde{C}_k \rho_k\right)}{\partial t} + \vec{\nabla}\left[\sum_{l=1}^{3} \rho_k \left(C_{kl}\vec{v}_l - \varphi S_l \vec{\vec{K}}_{kl} \vec{\nabla} C_{kl}\right)\right] = R_k \qquad k = 1,2,3 \tag{11-3}$$

式中：k 代表系统中的不同组分，k=1 代表气相组分，k=2 代表水相组分，k=3 代表 NAPL 相组分；l 代表不同的相，l=1 代表该相为气相，l=2 代表该相为水相，l=3 代表该相为 NAPL 相；$\tilde{C}_k$ 为组分 k 的总浓度，可以质量分数形式表示，但以体积分数的形式表示则更为常见；ρ_k 为组分 k 的密度；C_{kl} 为相 l 中组分 k 的浓度；$\vec{v}_l$ 为相 l 的渗透流速；φ 为孔隙度；S_l 为相 l 的饱和度，不同相态的饱和度之和恒定为 1；$\vec{\vec{K}}_{kl}$ 表示相 l 中组分 k 的弥散系数张量；R_k 表示组分 k 的源汇项。

式（11-3）中弥散系数张量 $\vec{\vec{K}}_{kl}$ 的具体表达式为

$$\vec{\vec{K}}_{kl} = \frac{D_{\mathrm{d}kl}}{\tau}\delta_{ij} + \frac{\alpha_{\mathrm{T}l}}{\varphi S_l}\left|\vec{v}_l\right|\delta_{ij} + \frac{\alpha_{\mathrm{L}l} - \alpha_{\mathrm{T}l}}{\varphi S_l}\frac{v_{li}v_{lj}}{\vec{v}_l} \tag{11-4}$$

式中：$D_{\mathrm{d}kl}$ 为在相 l 中任意一种组分 k 的分子扩散系数；τ 为扭曲系数（$\tau \geqslant 1$）；δ_{ij} 为克罗内克函数；$\alpha_{\mathrm{L}l}$ 和 $\alpha_{\mathrm{T}l}$ 分别为水平方向和垂直方向上的弥散度；v_{li} 和 v_{lj} 分别为相 l 在 i 和 j 两个

不同方向的渗流速度。

结合达西定律，可以对渗透流速 $\vec{N}$ 进行求解，计算式为

$$\vec{v}_l = \frac{k_{rl}\vec{\vec{k}}}{\mu_l}\left(\vec{\nabla}P_l - \rho_l g\vec{\nabla}z\right) \tag{11-5}$$

式中：k_{rl} 为相 l 的相对渗透率；$\vec{\vec{k}}$ 为固有渗透率；μ_l 为相 l 的黏滞度；P_l 表示相 l 的压力；ρ_l 表示相 l 的密度；g 为重力加速度；z 为垂直方向的距离。

11.2.3.2　初始条件

初始条件对建立模型至关重要。对于多相流数学模型，初始条件包含压力、各组分的浓度和饱和度三部分，可以分别表示为

$$P_l(x,y,z,t)\big|_{t=0} = P_l^0(x,y,z) \qquad (x,y,z)\in\Omega \tag{11-6}$$

$$C_{kl}(x,y,z,t)\big|_{t=0} = C_{kl}^0(x,y,z) \qquad (x,y,z)\in\Omega \tag{11-7}$$

$$\mathrm{S}_l(x,y,z,t)\big|_{t=0} = \mathrm{S}_l^0(x,y,z) \qquad (x,y,z)\in\Omega \tag{11-8}$$

式中：$P_l^0(x,y,z)$ 表示研究区初始压力分布；$C_{kl}^0(x,y,z)$ 表示研究区内在相 l 中组分 k 的初始浓度；$S_l^0(x,y,z)$ 表示相 l 在研究区内的初始饱和度。这三个函数均为已知函数。

11.2.3.3　边界条件

建立模型离不开对边界条件的定义。对于多相流模型，需要对压力和各组分的浓度边界进行讨论。

1）压力边界条件

Ⅰ. 已知边界压力

$$P(x,y,z,t)\big|_{\Gamma_1} = f_1(x,y,z) \qquad (x,y,z)\in\Gamma_1 \tag{11-9}$$

式中：$f_1(x,y,z)$ 为已定义的在边界 Γ_1 上的已知函数。

Ⅱ. 已知边界流量

$$\frac{\partial P}{\partial n}\bigg|_{\Gamma_2} = f_2(x,y,z) \qquad (x,y,z)\in\Gamma_2 \tag{11-10}$$

式中：n 为外边界的外法线方向向量；$f_2(x,y,z)$ 为边界 Γ_2 上的已知函数。

作为一种最常见的已知流量外边界，封闭边界的流量可以记为零，即

$$\frac{\partial P}{\partial n}\bigg|_{\Gamma_2} = 0 \qquad (x,y,z)\in\Gamma_2$$

Ⅲ. 混合边界

$$\left(\frac{\partial P}{\partial n} + \alpha P\right)\bigg|_{\Gamma_3} = f_3(x,y,z) \qquad (x,y,z)\in\Gamma_3 \tag{11-11}$$

式中：α 为常数；$f_3(x,y,z)$ 为边界 Γ_3 上的已知函数。

2）浓度边界条件

Ⅰ. 已知边界浓度

$$C_{kl}(x,y,z,t)\Big|_{\Gamma_1}=g_{kl}^1(x,y,z) \qquad (x,y,z,t)\in\Gamma_1 \tag{11-12}$$

式中：$g_{kl}^1(x,y,z,t)$ 为已定义的在边界 Γ_1 上的已知函数；函数中的三维坐标 (x,y,z) 在边界 Γ_1 上。

Ⅱ. 已知边界弥散通量

$$-\vec{\vec{K}}_{kl}S_l\frac{\partial C_{kl}}{\partial n}\Big|_{\Gamma_2}=g_{kl}^2(x,y,z,t) \qquad (x,y,z,t)\in\Gamma_2 \tag{11-13}$$

式中：$g_{kl}^2(x,y,z,t)$ 为已定义的在边界 Γ_2 上的已知函数；函数中的三维坐标 (x,y,z) 在边界 Γ_2 上。

Ⅲ. 已知边界对流弥散通量

$$C_{kl}\mu_l-\vec{\vec{K}}_{kl}S_l\frac{\partial C_{kl}}{\partial n}\Big|_{\Gamma_3}=g_{kl}^3(x,y,z,\mathrm{t}) \qquad (x,y,z,t)\in\Gamma_3 \tag{11-14}$$

式中：μ_l 为相 l 的实际平均流速；$g_{kl}^3(x,y,z,t)$ 为已定义的在边界 Γ_3 上的已知函数。

11.2.3 污染多相流 TMVOC 模型

TMVOC 模拟过程中假设同组分在不同相态之间分配的化学势是相同的，表达式为

$$\mu_{\mathrm{g}}^k=\mu_{\mathrm{w}}^k=\mu_{\mathrm{N}}^k \tag{11-15}$$

式中：μ_{g}^k、μ_{w}^k、μ_{N}^k 分别为组分 k 的气相化学势、液相化学势和 NAPL相化学势。

气相化学势的表达式为

$$\mu_{\mathrm{g}}^k=\phi_{\mathrm{g}}^kX_{\mathrm{g}}^kP_{\mathrm{g}} \tag{11-16}$$

式中：ϕ_{g}^k 为组分 k 的逸度系数；X_{g}^k 为组分 k 在气相中的摩尔分数；P_{g} 为气相压力。

液相和 NAPL 相化学势的表达式为

$$\phi_\beta^k=\gamma_\beta^kX_\beta^kf_\beta^{k,0} \tag{11-17}$$

式中：β 代表相态，β 取 w 时表示液相，取 N 时表示 NAPL 相；γ_β^k 为组分 k 的活度系数；X_β^k 为组分 k 在相态 β 中的摩尔分数；$f_\beta^{k,0}$ 为相态 β 中组分 k 在标准态时的逸度。

TMVOC 模拟过程中假定理想状态下混合组分中的逸度系数和活度系数为 1，各相态之间的分配系数根据摩尔分数的比例计算，从而以平衡常数表示，表达式为

$$\frac{\chi_{\mathrm{w}}^k}{\chi_{\mathrm{N}}^k}=K_{\mathrm{wN}}^k,\quad \frac{\chi_{\mathrm{w}}^k}{\chi_{\mathrm{g}}^k}=K_{\mathrm{wg}}^k,\quad \frac{\chi_{\mathrm{N}}^k}{\chi_{\mathrm{g}}^k}=K_{\mathrm{Ng}}^k \tag{11-18}$$

式中：K_{wN}^k 为液相与 NAPL 相之间的分配系数；K_{wg}^k 为液相与气相之间的分配系数；K_{Ng}^k 为 NAPL 相与气相之间的分配系数；χ 为组分 k 的摩尔分数。

TMVOC 中的质量和能量守恒方程为

$$\frac{\mathrm{d}}{\mathrm{d}t}\int_{V_{\mathrm{n}}}M^kn\mathrm{d}V_{\mathrm{n}}=\int_{\Gamma_{\mathrm{n}}}F^kn\mathrm{d}\Gamma_{\mathrm{n}}+\int_{\Gamma_{\mathrm{n}}}q^kn\mathrm{d}V_{\mathrm{n}} \tag{11-19}$$

式中：V_{n} 为流动单元体；Γ_{n} 为表面积；M^k 为单位体积内的质能累积量；F^k 为质能通量及扩

散通量；q^k 为单位体积的质源或能源；n 为内部单位法向量；上标 k=1，2，…，k= N_k +1，其中 N_k 代表组分（水、空气及溶质等）；t 为时间。

11.3　多相抽提技术中的工艺参数优化模型

作为研究问题、解决问题的基础，模型往往需要进行高频次的调用，在涉及不确定性分析、优化设计等相关研究中，对模拟模型的调用尤其频繁。当问题相对复杂时，对模型仅求解一次便会产生高昂的时间成本，多次调用模型则会让时间成本更加无法估量且难以接受。因此，如何优化多相流模型相关参数，并保证其具有足够高的精度成为关键性问题。在应用 MPE 技术对污染场地中的 LNAPL 开展修复的过程中，模型中的多相抽提系统工艺参数和污染物浓度相关信息均为待求解变量，导致输入维度较高，建立高精度替代模型更为困难。因此，需要在构建替代模型之前，对参数进行筛选，将灵敏度较高的多相抽提系统工艺参数作为变量，其他参数则视为常量，从而减少变量数量，提升模型精度。

近年来，越来越多的研究者使用 TMVOC、GMS、MT3DMS 等商业软件及模型，利用数值模拟研究土壤地下水修复过程，优化布井方案和操作工艺。部分研究者通过模拟软件建立实际污染场地模型，采用人工调参的方式，修改模拟参数，比选最佳修复工艺和布井方案。但是，人工调参试错法机械重复性强，往往只能涉及 50~100 次的工作量。为减少人工试参的过程，也有研究者基于模拟软件的模拟结果，建立简化替代模型，利用 MATLAB 等数据处理软件结合优化算法计算最优方案。但是，替代模型的精确度会影响优化结果的正确性。为此，部分研究者直接利用外部程序调用地下水模拟软件，结合优化算法计算最优布井方案和操作工艺，其中基于 MT3DMS 开发的模块化地下水优化软件 Modular Groundwater Optimizer（MGO）被广泛应用于地下水抽出问题，该方法在保证模拟准确性的同时也免除了人工调参过程。MGO 基于的模拟软件 MT3DMS 主要适用于地下水抽出修复，其修复区域主要为地下水含水层，而 MPE 过程涉及气、液、NAPL 三相变化，修复区域包含包气带和含水层，现有研究普遍采用针对多相运移问题开发的 TMVOC 软件模拟 MPE 修复过程。

11.3.1　构建 MPE 优化算法

利用 MATLAB 软件搭建基于 TMVOC 与遗传算法的联合优化程序，利用程序代替人工调参试错过程，改写输入文件和读取输出文件所用时间仅为 0.8 s，与人工设置参数相比，用时可忽略不计；相较人工优化，遗传算法可以在有限的次数中确定最优布置。其主要步骤包括建立输入文件与读取模型数据、编码参数集、运行并读取模拟结果、优化结果计算。

11.3.2　建立输入文件与读取模型数据

基于 PetraSim 快速建立场地水文地质和污染物分布模型，获得初始模型的 TMVOC 输入文件，MATLAB-TMVOC 优化程序可以通过对该输入文件的改写实现优化过程模拟。

根据 TMVOC 用户手册，抽提井网格的参数被编写在输入文件的 GENER（源和汇）模块，该模块中每一行为一个网格所具有的源汇属性，共 6 列，其中第 1 列内容为对应的网格编号，同一列连续的网格被视作一口抽提井；第 4 列为属性，其中 DELV 代表抽提井，COM1

常用于记录降雨入渗，COM2 设置为空气注入井；第 5 列、第 6 列分别为流量（曝气）和压力（抽提）。利用程序逐行读取文件后判定该行内容中是否存在 COM1、COM2、DELV 这三类 TMVOC 中 GENER 模块的“源和汇”属性，最终记录下 GENER 模块的所有参数，计算模型中井的数量以及网格数量。利用 COM1 入渗网格占据模型中一整行且上方仅存一行大气边界网格的原理，计算出模型的总网格数、列数、行数，总列数的计算公式为

$$X = \partial_{MAX} - \partial_{MIN} + 1 \tag{11-20}$$

式中：X 为模型总列数；∂_{MAX} 与 ∂_{MIN} 分别为具有 COM1 属性的网格的最大网格编号和最小网格编号。

总网格数为 ∂_{MAX} 与行数 α 之和，行数为总网格数与列数之商。

11.3.3 编码参数集

井网格参数集的确定及编码对遗传算法的运行至关重要。依照 TMVOC 将处于同一列连续的 DELV 属性网格判定为一口抽提井的原则，井网格参数集可以转化为每口抽提井最底部的井网格列编码和行编码。

显然，井深度可以通过单井范围给定参数集，而对于井水平位置，可以采用 nchoosek 函数穷举所有列组合，然后通过选择组合的编号确定每口抽提井所在的列。

11.3.4 运行并读取结果

在获得初始二进制编码转换的输入参数集后，修改输入文件，建立新工艺参数下的修复模型，通过 system 函数调用 TMVOC 便可求解该模型，生成输出文件，进而读取输出文件“TOTAL VOCs”模块的污染物残余量评价该参数的适应度。

11.3.5 优化计算结果

基于遗传算法对不同布井方案进行模拟以及优化迭代，最终确定最优布井位置。利用 MATLAB 软件的 TMVOC 优化布井方案及开筛位置可以有效减少模拟时间和运算次数，优化程序可以自动修改输入文件和读取模拟结果，所用时间可忽略不计，进行单次模拟的时长仅为 TMVOC 模拟运行的时长，约为 70 s，而对于相同模型，人工设置参数进行模拟所需的时间为 120~180 s，自动化运行可以节省 75% 以上的单次模拟时间。优化过程中，人工调参优化需要模拟尝试的次数具有不确定性，而遗传算法通过随机搜索可以在有限的次数中寻找到最优解，快速高效的处理更有利于抽提井布设方案与模型的优化。

在进行抽提井布设方案优化探究时，布设方案众多，本模型水平方向可选网格位置为 50 种，最小布井间距为单元格水平距离，为 2 m；竖直方向可选网格位置为 9 种。当布设 5 口抽提井时，仅水平方向就有 2 118 760（C_{50}^{5}）种组合可能。对于这种简单组合问题，遗传算法所需的种群大小远小于参数集大小，当遗传算法种群数为 150 时，经 25 次迭代运算的即可收敛获得最优解，总模拟次数为 3 150 次，相较穷举所有可能性，计算量简化率超过 90%。

参考文献

[1] 姜永海,席北斗,郇环,等. 垃圾填埋场地下水污染识别与修复技术 [M]. 北京:化学工业出版社,2021.

[2] 谷庆宝,张倩,卢军,等. 我国土壤污染防治的重点与难点 [J]. 环境保护，2018，46(1)：14-18.

[3] 宋易南,侯德义,赵勇胜,等. 京津冀化工场地地下水污染修复治理对策研究 [J]. 环境科学研究,2020,33(6):1345-1356.

[4] 胡黎明,邢巍巍,吴照群. 多孔介质中非水相流体运移的数值模拟 [J]. 岩土力学，2007(5):951-955.

[5] 周友亚,贺晓珍,李发生,等. 气相抽提去除红壤中挥发性有机污染物的去污机理探讨 [J]. 环境化学,2010,29(1):39-43.

[6] 王磊,龙涛,张峰,等. 用于土壤及地下水修复的多相抽提技术研究进展 [J]. 生态与农村环境学报,2014,30(2):137-145.

[7] 王颖,汪洋,唐军,等. 基于 TMVOC 的水位波动带土壤气相抽提模拟 [J]. 中国环境科学,2020,40(1):350-356.

[8] MISHRA M，SINGH S K，KUMAR A. Microbe mediated remediation of environmental contaminants[M]. Cambridge，UK：Woodhead Publishing，2021：47-58.

[9] LENHARD R J，SOOKHAK L K，RAYNER J L，et al. Evaluating an analytical model to predict subsurface LNAPL distributions and transmissivity from current and historic fluid levels in groundwater wells：comparing results to numerical simulations[J]. Ground water monitoring and remediation，2018，38(1)：75-84.

[10] QI S，LUO J，O’CONNOR D，et al. A numerical model to optimize LNAPL remediation by multi-phase extraction[J]. Science of the total environment,2020,718：137309.

[11] 张祥. 有机污染场地原位多相抽提修复研究进展 [J]. 应用化工,2020,49(1):207-211.

[12] 中华人民共和国住房和城乡建设部. 水力发电工程地质勘查规范：GB 50287—2016[S]. 北京:中国计划出版社.

[13] 杜鹏飞. 多相抽提修复苯系物污染场地数值模拟及效果预测研究 [D]. 保定:河北农业大学,2022.

[14] 田蕾,胡立堂,张梦琳. 低渗透石化污染场地多相抽提修复效率的数值模拟 [J]. 中国环境科学,2022,42(2):925-935.

[15] 申家宁,晏井春,高卫国,等. 多相抽提技术在化工污染地块修复中的应用潜力 [J]. 环境工程学报,2021,15(10):3286-3296.

[16] LI J B，HUANG G H，CHAKMA A，et al. Numerical simulation of dual-phase vacuum extraction to remove nonaqueous phase liquids in subsurface[J]. Practice periodical of hazardous，toxic and radioactive waste management,2003，7(2)：106.

[17] 赵科锋,王锦国,曹慧群. 含单裂隙非饱和带中轻非水相流体修复的数值模拟 [J]. 水文

地质工程地质,2020(5):43-55.

[18] 王颖,陈雷,杨洋,等.基于 TMVOC 的地下水位波动带苯系物迁移转化模拟 [J]. 环境科学研究,2020,33(3):634-642.

[19] 史俊祥.基于 SVE 的土壤苯系物优化去除研究 [D]. 南昌:南昌大学,2021.

[20] PRUESS K, OLDENBURG C M, MORIDIS G J. TMVOC Users Guide Version 2[R]. Washington DC:US Department of Energy,1999.

[21] 谭畅. LNAPLs 污染场地多相抽提数值模拟与修复方案优选 [D]. 长春:吉林大学,2023.

[22] 姜雪. DNAPLs 污染含水层修复方案优选及不确定性分析 [D]. 长春:吉林大学,2016.

[23] 王洪涛,周抚生,宫辉力.数值模拟在评价含油污水对地下水污染中的应用 [J]. 北京大学学报(自然科学版),2000(6):865-872.

[24] 王焰新.地下水污染与防治 [M]. 北京:高等教育出版社,2007.

[25] BUYANJARGAL A, KANG J Y, SLEEP E, et al. Sequential treatment of nitrate and phosphate in groundwater using a permeable reactive barrier system[J]. Journal of environmental management,2021,300:113699.

[26] 康学赫,姚猛,秦传玉,等.原位空气扰动技术影响因素研究:基于苯污染非均质含水层 [J]. 中国环境科学,2018,38(7):2580-2584.

[27] 王磊,龙涛,张峰,等.用于土壤及地下水修复的多相抽提技术研究进展 [J]. 生态与农村环境学报,2014,30(2):137-145.

[28] 金嘉路,杨逸文,王震,等.污染场地多相抽提低碳修复布井方案优化模拟研究 [J]. 环境科学研究,2023,36(8):1596-1606.

第 12 章 污水处理数据可视化与过程智能控制

当前污水处理的重点已从污水处理厂的设计和建造方向转移到运行控制方向，然而很多污水处理厂运行低效、事故频繁出现、运行费用较高，这在很大程度上是由于运行管理水平低。相对于其他工业过程，污水处理厂水质随环境因素的变化更明显，如进水量、水质的变化很大（有时相差数十倍），严重影响了系统的处理性能，有时甚至导致污水处理厂无法运行。因此，必须设计高效的控制策略维持污水处理厂的正常运行，提高出水水质，降低运行费用。

12.1 污水处理数据可视化与过程智能控制概述

对于控制和优化策略设计而言，复杂机理模型的使用受到限制。近年来，运用智能建模方法模拟污水处理系统较引人瞩目。主要的建模方法包括：模糊建模、模糊神经网络建模、时间延迟神经网络建模、递归神经网络建模、自适应模糊推理网络建模、神经网络建模。主要的建模对象是曝气池或整个活性污泥系统。另外，黑箱建模方法近年在污水处理系统的建模中也有较多应用，其优点是无须先验知识，但输入必须激励出可观测的输出响应，在实际中应用较多。

12.2 污水处理数据可视化技术体系

12.2.1 工艺数据分析技术流程

从数据科学角度看，与污水处理工艺有关的数据来源广泛，如工艺仪表、排水管网、气候条件、社会数据等。简单起见，本书主要讨论来自厂内工艺仪表的数据的特征与处理方法。污水处理工艺数据分析包括前处理、分析和后处理三个阶段，也可视为数据治理、数据建模和数据融合。前处理阶段包括数据的采集、探索和预处理，结果是规范可用的数据集；分析阶段包括选择方法、建模和情景分析，目标是获得可用的数据分析模型；后处理阶段一般包括可视化、决策支持等，获得可实时运行的管理决策支持系统。

12.2.2 工艺数据的采集、预处理与建模

12.2.2.1 工艺数据的来源和采集

污水处理工艺仪表一般配备有数据采集模块，通过传感数字或模拟信号进行数据采集和传输。通用采集模块一般采用外挂形式接入污水处理厂的自控系统，通过工业控制标准

协议(OPC)读取DCS系统各子站的实时数据。

12.2.2.2 工艺数据的预处理

污水处理工艺数据来源多样、维度多、时间间隔差异性大,需要进行预处理才能进行数据分析和建模。有报道认为数据挖掘过程70%的工作量在预处理部分。采用交叉检验可以识别重复数据,然后使用标准SQL语句就可以自动查找重复数据和完成数据去重。缺失值很容易识别,难点在于如何进行填充。当数据量较大、缺失变量较多时,可以直接删除缺失关键变量数据的记录。如果数据量较小或缺失变量不多,可以考虑采用变量外推和统计插值等方法进行计算填充。变量外推是指通过可靠变量的数据计算缺失或不可测量的变量。常见的例子有:采用进水COD和SS浓度组合计算BOD_5,通过泵额定流量和工作频率组合计算内回流、外回流的流量,等等。

12.2.2.3 工艺数据建模

由于机理模型使用的复杂程度和现实困难,很多研究者采用数据驱动模型研究污水处理工艺过程。数据驱动模型为黑箱模型,其本质是一系列非线性方程,通过采集的进水和出水流量和水质数据,对数据模型进行训练(确定非线性方程中的参数值),从而预测污水处理系统未来的表现。目前,数据驱动模型一般采用统计学习模型、大数据分析模型和深度学习模型等。数据模型的优点是过程简单、快捷、方便,对操作人员要求低,甚至可以自动完成。但是由于数据模型并不对实际反应过程进行模拟,且污水处理工艺的数据质量普遍偏低,导致模型的可解释性和可靠性不强。此外,数据模型的结果缺少规律性,且止步于表面关联性而无法深入分析潜在模式。这些问题都导致用户不容易建立起对数据模型的信心。

有些研究者将机理和数据模型结合,实时预测污水厂出水的SS、COD、NH_4^+-N和DO等,取得了较好的效果。此外,将专家系统与数据模型融合,能显著提高结果的解释性,这反映了技术发展的一种趋势。

12.2.3 工艺数据可视化监测系统设计

可视化系统直接面向用户的核心需求,提供核心业务应用和终端应用,全面提供现场污水处理设施、设备、泵站的运行监控数据及视频图像数据,主要包括基础信息管理系统、设备管理系统、可视化管理系统、数据分析管理系统、告警信息管理系统、事件预案管理系统、数据上报系统、生产运维管理系统等子系统,为用户的日常管理、设备监管、人员调度、分析决策提供辅助支持。

1)基础信息管理系统

基础信息管理系统对各污水处理厂所处的设施概况等基础信息、运行管理及维护单位组织架构、人员信息和用户权限等进行录入和维护。

(1)站点信息维护:进行站点基本信息(设施编号、行政区域、设施处理量、启用或禁用等)的管理。

(2)系统组织架构及业务操作人员基本信息维护:维护登录账号、姓名、性别、联系电话等。

(3)权限设置:根据平台各项功能的使用范围,按照用户性质设置系统功能使用权限,包括站点详情参看、录入、查询、修改、审核、远程遥控等权限及用户组维护、角色管理等设置。

(4)日志管理:对整个管理系统的登录、访问、操作、事件等行为进行记录,通过管理员权限在后台进行查询、导出,并进一步对日志内容加以统计,方便问题追溯。

2)设备管理系统

设备管理系统主要对各污水处理厂使用的各种设备、仪器仪表等进行维护管理,包括设备台账管理、设备养护管理、设备数据校准、备品备件管理等。

(1)设备台账管理:记录各所属厂(站)设备名称、安装时间、安装位置、品牌、型号及保养维修更换记录等信息。

(2)设备养护管理:通过设备档案中的各类维护要求信息,自动生成各类维护(巡检、检修、更新)计划,也可手动添加设备维护计划,形成维护计划。

(3)设备数据校准:在污水处理厂(站)设备更换工作中,对设备运行时间或其他累计值进行数据校准或清零,保证管理平台数据的连续性和准确性。

(4)备品备件管理:主要备品备件的基础资料管理;所属片区仓库管理;设备材料出库、入库、调拨管理及消耗统计;低库存告警;等等。

3)可视化管理系统

可视化管理系统可以在地图上精准定位到具体污水处理厂(站)所处的位置,也可通过搜索框进行模糊站名查找或按照镇、村、厂(站)点等结构进行列表查找。

设施类型、模式等不同工况用不同颜色进行标识;地图支持范围内的放大、缩小等功能。对于工作异常和正在运维中的站点,分别用红色和黄色表示,正常站点用绿色表示。支持人员轨迹和运维车辆轨迹定位功能。在地图中点击某个站点终端,可以查看该站点的详情信息,包括站点运行工况、监测指标、运维状况、报警详情、工艺图、远程控制等。

4)数据分析管理系统

数据分析管理系统通过对实际处理水量和处理水质情况进行比对分析,实现对减排量的实时统计和对水质监测指标的分析统计,体现农村污水治理工程的社会效益。

将各种监测数据进行分析对比并通过各种方式(图形或报表)展示,进行各种数据报表分析,如站点综合数据、设备综合数据、报警综合统计、水质监测数据、人员车辆统计、运维统计表、站点运行效率等,所有报表都可按日、周、月、年等方式统计汇总。

(1)站点综合统计表:通过各站点产水量、用电量、能耗比等参数统计各站点综合指标。

(2)站点设备综合统计表:通过各站点设备累计运行时间、故障时间等,对站点设备运行状况进行设备运行效率统计。

5)告警信息管理系统

当污水处理厂(站)设备报警或监测数据出现异常情况,如提升泵故障、COD 指标异常等,告警信息管理系统自动产生告警消息,同时发送给负责该站点的运维人员。运维人员可以通过移动客户端接收告警工单,进行处理;中控室管理员还可以接收突发性事件,如站点水淹、垃圾堆积等的报警并将报警信息发送给相关工程维护班组以进行处理。

6)事件预案管理系统

事件预案管理系统通过后台数据中心,将报警信息直接发给相关片区主管及负责该站点的运维管理人员。运维人员根据该事件的预案说明,进行报警事件处理,做到事件不遗漏、处置规范化，提高运维效率。

7）数据上报系统

数据上报系统将全区域污水处理综合指标、设备运行状况指标、运维管理考核指标、实时监测数据、重大报警事件等信息上报给上级主管部门。

8）生产运维管理系统

生产运维管理系统将生产运维及考核工作规范化、明确化，确保负责运维巡检及考核的人员按时、准确、完整、规范地提交相关内容并能够针对提交的内容进行自动统计与分析。

（1）考勤管理：对站点巡检维护人员进行考勤记录（到达时间、停留时间、离开时间、每月巡查次数），进行巡维位置定位及巡维轨迹跟踪管理。

（2）巡检计划管理：可自动制定巡检计划，也可以由管理人员手动下发临时巡检维护任务计划。巡检计划包括计划名称、内容、有效期及该计划所作用的片区小组、计划作用的站点等。

（3）日常巡检管理：巡检人员按照一定的巡检计划对终端运行的设备、环境状况、出水状况、水质状况等进行整体排查。现场巡检时，对终端进行维护，在手机APP（应用程序）中提交现场照片和文字描述，具体进行哪些操作，解决了什么问题等，并提交至管理平台。

（4）工单管理：包括临时工单处理、告警工单处理、工单执行情况。对未处理工单、正在执行的工单、已完成的工单进行汇总统计，允许重新派发工单、撤销工单等带权限的操作。

（5）工单告警：当运维人员没有按照工单要求或未在规定时间内完成事件的处理，系统会告警并将信息推送至责任人。

12.3 城市智慧污水处理厂

城市智慧污水处理厂（简称“智慧污水厂”）是把物料域、设备域、人力域要素通过物联网、人工智能、智能控制等新一代信息技术进行联合，实现生产控制、运营、管理和维护等各环节全过程、全方位、全智能管理、控制，通过信息交换、自发联动控制、管理有序等，建立智慧生产、智慧运营、智慧决策和智慧维护的污水处理厂。从传统污水处理厂到智慧污水厂或更广义的智慧污水厂的发展过程，先后经历了四个阶段，分别是自动化阶段、信息化阶段、智能化阶段和智慧化阶段。

第一阶段是自动化阶段，即建立自动化控制系统。在该阶段，污水处理厂需完善厂内自动化的基础建设，以自动控制系统为核心，将原有分散的污水处理单元通过控制系统进行集中控制，并且将原有的传统业务管理模式进行自动化管理。我国大部分污水处理厂的自动控制技术暂处于该阶段。该阶段的现状是，发达地区污水处理厂已经实现全过程自动/手动控制自主切换，但欠发达地区自动控制仅限于数据采集和简单自动控制功能，并不能实现反馈调节和一系列联动控制功能。

第二阶段是信息化阶段，即建立智慧感知系统。在该阶段，污水处理厂需完善厂内数字化、信息化的基础建设。在信息化阶段，应以物联网监测设备为核心，依托互联网对信息系统进行升级，实现厂内数据采集和存储。目前，我国信息化阶段的现状是信息化建设的耗资较大，需要购买硬件设备去配置物联网系统，维持信息化服务的正常运行也需要资金。因此对于小型污水处理厂来说,资金不足成为限制其实现信息化的重要因素。

第三阶段是智能化阶段,即建立智慧控制系统。在该阶段,发展方向将逐渐由传统人工操作向人工智能技术转变,污水处理厂基本实现无人化和智能控制的目标。污水处理厂可实现基于信息基础建设数据参数的简单智能控制应用,包括智能加药控制策略、精确曝气控制策略和智能排泥控制策略等。未来,污水处理厂的控制平台必将得到提升而被智慧控制系统取代,智慧型自动控制系统将占领主导地位。但这一阶段的应用瓶颈主要在于污水处理厂协同能力欠缺,导致可智能化应用的业务深度与广度拓展严重不足。

第四阶段是智慧化阶段。在该阶段,污水处理厂的发展方向将得到质的飞跃,污水处理厂将拥有一个具有高度智慧型、高效型和自适应能力的污水处理系统。利用污水处理厂采集到的数据,经过标准化处理和有效的信息提取,充分利用大数据、人工智能学习、故障诊断及工艺水质模型等技术手段为智慧决策提供支撑手段。但目前由于数据采集、处理、应用的方法不明确以及在污水处理行业缺乏具体的应用场景,污水处理厂的智慧化建设存在较大应用瓶颈。

在目前污水处理量不断提升以及排放标准日趋严格的背景下,精细化、数字化、智慧化的管理模式逐渐成为当今的研究热点。

1)生产系统方面(实现智慧生产管理层面)

生产系统是污水处理厂的核心,实现生产系统的智慧化,相当于完成智慧污水厂建设的一半。以活性污泥法工艺为例,生产系统基本由硝化系统、反硝化系统、除磷系统组成,将三大系统完成智慧化即可实现智慧生产系统。通过对污水处理厂的三大系统的智能控制,可实现高效、全面覆盖,进而实现安全生产和稳定运行。河南省第一座新概念污水处理厂采用污泥高干厌氧技术制备沼气技术,产生的沼气全部用于发电,有效降低了电量的损耗。

2)自动控制方面(实现智慧控制层面)

建设智慧污水厂的首要目标是实现自动化,实现污水处理厂的自动化即为设备控制的自动化和运行管理的自动化,以提升污水处理厂的智慧控制水平,进而实现智慧污水厂目标。根据《环保装备制造业高质量发展行动计划(2022—2025 年)》,我国将推动环保装备制造、污染治理和环境监测等向数字化智能转型,深入推进 5G、大数据、人工智能等新一代信息技术在这些领域的应用,这表明以数字化、智慧化、可视化为引领的新模式,成为新的发展方向。

3)自动监测方面(实现智慧感知层面)

智慧污水厂应具备自动化、智能化、互动化,在原有自动化的基础上,增加先进智能监测设备,以提升污水处理厂的智慧感知水平,通过实时数据传输,获取各环节的生产状态。在线分析仪负责监测污水处理厂的运行状态,并且根据污水处理厂的运行状态,对污染物的排放标准和排放要求等进行相应的调整。污水处理厂的监测采样点需依据相关技术规范设置,监测站点内设有在线分析仪,对污水处理厂水质、工艺参数进行在线监测,采集的监测数据经过一定传输方式可传送至监控中心和污水处理厂。

数字孪生技术是用数字化的方法构建一个与现实污水厂一模一样的数字世界的技术,通过该技术可实现对污水厂物理实体的了解、分析和优化。充分利用基于建筑信息模型(BIM)的三维数字物理模型、传感器协议数据传输、运行历史存储等数据,在数字化的虚拟空间中完成污水厂设施的物理映射,形成物理维度上的实体世界和信息维度上的数字世界同生共存、虚实交融的格局。基于 BIM 三维可视化平台可实现实转虚、虚控实的过程，将数据、算法和决策分析结合在一起，建立模拟，即对物理对象的虚拟映射过程实现生产监控的一体化、精细化管理。数据采集依靠可靠的工业通信设计，保证采集任务的稳定运行，为平台提供一个完整的数字化表现奠定了基础，智慧污水厂的数字孪生是以数据与模型的集成融合为核心的新模式，通过在数字空间实时构建物理对象（包括资产、行为、过程等）的精准数字化映射，用数字化的方法构建一个与现实污水厂一模一样的数字世界，由此实现对污水厂物理实体的了解、分析和优化。基于分析预测形成最佳综合决策，实现全业务流程闭环优化。在数字孪生技术的支持下，智慧污水厂得以构建智慧化水资源处理控制系统，将各个生产环节集约化，形成了较为完善的运行管理中心体系，整个生产、管理过程实现了可追溯性、可视化，加之 BIM、传感、虚拟现实（VR）等多种技术的综合运用，污水厂每一项生产任务均可以实时跟踪、高效管理，设备运维全过程监控，可以说数字孪生技术在智慧污水厂建设中具有非常好的应用前景。构建数字孪生模型并非目的，而是一种推进智慧污水厂系统实现高质量发展的有效方法，在智能化平台的支持下可以快速收集更多的水文信息，同时为污水厂选址、设计、处理工艺、水价标定等综合管理决策提供重要的数据信息；在技术支持下实现设备智能化监测及远程运维；以工艺机理为基础，结合大数据技术与 AI 算法，搭建符合业务特征的智能模型。先进的技术、信息网络为水务行业数字化、智能化发展奠定了良好的基础，这也是未来发展的必然趋势。

智慧污水厂不等于全自动污水厂、无人污水厂，而是利用信息化智慧运营管理平台，打造透明立体净水工厂；把污水厂运营管理相关人、物、事的信息整合在智慧大脑上进行综合管理；充分利用物联网信息采集技术手段，全面感知污水厂的运行工况；通过高效的工艺设备、控制系统以及电气系统确保安全可靠供水；利用人工智能、大数据分析、专家模型系统实现污水厂高效节能运行；利用平台打造国内领先的工业 4.0 顶级污水厂。最终实现全厂的无人化，关键工艺、电气和自动控制设备的节能，污水厂的药耗和水耗降低，设备保障率提高，应急处置能力提升，监视监管移动化和远程化；以智慧污水厂的运营管理平台为核心，进行模板化的复制、整合和延伸；打破公司和污水厂的多层管理层级，形成统一的制水智慧运营管理模式。智慧水务建设通过整合内部资源、集合企业资源、收集面向用户的底层数据，对用户、产品、服务等信息，进行分析挖掘并建立模型，向供水企业、合作商、政府提供基于大数据的决策依据，提升营销效率，降低运营成本，提高客户满意度，增强政府服务能力，搭建以用户为核心的生态圈。未来，通过高效利用水环境监管系统、用水过程监管系统、水资源调配系统、水旱灾害防御系统等的综合信息，将对整个水务行业乃至生态环保行业的业务进行梳理重构，对业务流程进行再造。城市智慧水务系统建设将结合水景观系统、水生态系统、水处理系统、防内涝系统以及城市供水排水决策系统等进行大联合，形成城市大水务系统，构建新的管理生态圈。

参考文献

[1] GIBERT K, IZQUIERDO J, SÀNCHEZ-MARRÈ M, et al. Which method to use? An assessment of data mining methods in environmental data science [J]. Environmental model-

ling and software, 2018, 110:3-27.

[2] HUANG R, MA C, MA J, et al. Machine learning in natural and engineered water systems [J]. Water research, 2021, 205:117666.

[3] 李冰,邱勇,田宇心,等. 面向污水处理厂提标改造的效能测试与模型模拟实践 [J]. 环境工程,2020, 38(7):93-99.

[4] QIU Y, LI J, HUANG X, et al. A feasible data-driven mining system to optimize wastewater treatment process design and operation [J]. Water, 2018, 10(10):1342.

[5] 李天宇,吴远远,郝晓地,等. 数据清洗对污水处理厂生物建模可靠性影响研究 [J]. 环境科学学报,2020, 40(9):3298-3310.

[6] THERRIEN J, NICOLAÏ N, VANROLLEGHEM P A. A critical review of the data pipeline: how wastewater system operation flows from data to intelligence [J]. Water science and technology, 2020, 82(12):2613.

[7] CASTILLO A, CHEALI P, GÓMEZ V, et al. An integrated knowledge-based and optimization tool for the sustainable selection of wastewater treatment process concepts [J]. Environmental modelling and software, 2016, 84:177-192.

[8] XU R, CAO J, FANG F, et al. Integrated data-driven strategy to optimize the processes configuration for full-scale wastewater treatment plant predesign [J]. Science of the total environment, 2021, 785:147356.

[9] EERIKÄINEN S, HAIMI H, MIKOLA A, et al. Data analytics in control and operation of municipal wastewater treatment plants: qualitative analysis of needs and barriers [J]. Water science and technology, 2020, 82(12):2681-2690.

[10] NEWHART K B, HOLLOWAY R W, HERING A S, et al. Data-driven performance analyses of wastewater treatment plants: a review [J]. Water research, 2019,157:498-513.

[11] VERMA A, WEI X, KUSIAK A. Predicting the total suspended solids in wastewater: a data-mining approach [J]. Engineering applications of artificial intelligence, 2013, 26(4): 1366-1372.

[12] 忻培强. 好氧微生物污水处理系统的专家系统建立 [J]. 环境工程,2014,32(S1): 364-366.

[13] 朱虹,吴佳,苏德龙,等. 智慧化污水厂新型安全管控模式研究 [J]. 自动化仪表, 2022, 43(3):79-82,87.

[14] PRABAVATHI R, DUELA J S, CHELLIAH B J, et al. An intelligent stabilized smart sewage treatment plant (STP)[C]// 2021 4th International conference on computing and communications technologies. New York: IEEE, 2021: 381-385.

[15] YANG S S, PANG J W, JIN X M, et al. Let a sewage plant running smart[C]// IOP Conference Series: Earth and Environmental Science, 2018, 127(1): 012013.

[16] SIMONOV V N, LOSHMANOV L P, MARKOVA E B. Composite model of the dependence of mechanical properties of anodic aluminum oxide on porosity[J]. Inorganic materials: applied research, 2017,8(5): 813-815.

[17] 徐国凯. 自动控制原理 [M]. 北京:清华大学出版社,2007.

[18] LI B J，CHENG C T. Monthly discharge forecasting using wavelet neural networks with extreme learning machine[J]. Science China technological sciences，2014，57(12): 2441-2452.

[19] 周庆峰. 污水处理厂在线监测系统的建设与实践 [J]. 福建建设科技，2010(3):63-65.

[20] 赵宇. 智慧水厂数字孪生技术应用 [J]. 科技创新与应用，2023，13(35):193-196.

[21] 牛豫海，张娟，韩星航，等. 水务企业智慧水务建设的意义及痛点突围分析 [J]. 中小企业管理与科技，2023(13):118-120.